U0394446

纺织服装高等教育“十三五”部委级规划教材
设计全攻略系列丛书

服装人体动态及着装表现1000例

FUZHUANG RENTI DONGTAI JI ZHUOZHUANG BIAOXIAN 1000 LI

著：郭琦 葛英颖 王丹 宋佳

東華大學出版社
·上海·

内容简介

本书把握时下流行趋势，结合我国现有的教学特点，既注重专业基础理论的系统性与规范性，又重视专业教学的多样性和实践性，主要从人体绘制的骨骼特点、不同角度男女人体的绘制方法、工艺表现、人体的常用动态、人体局部的画法、人体着装动态画法、服装款式图人体模板与绘制技巧等方面讲述了服装人体绘制的内在规律和方法。

本书可以作为服装高等学校教师及学生、服装设计专业技术人员及服装爱好者的学习用书，也可与《时装画手绘表现技法(第二版)》《手绘服装款式设计1000例》两本书配套使用，能使读者在短时间内快速、全面地掌握服装效果图的表现技法。

图书在版编目（C I P）数据

服装人体动态及着装表现1000例 / 郭琦等著. -- 上海：东华大学出版社，2016. 5
ISBN 978-7-5669-1023-3

Ⅰ. ①服… Ⅱ. ①郭… Ⅲ. ① 服装设计-绘画技法
Ⅳ. ①TS941.28

中国版本图书馆CIP数据核字（2016）第055051号

责任编辑：马文娟

装帧设计：新锐卓越文化

服装人体动态及着装表现1000例

著：郭琦　葛英颖　王丹　宋佳

出　　版：东华大学出版社（上海市延安西路1882号，邮政编码：200051）

本社网址：http://www.dhupress.net

天猫旗舰店：http://dhdx.tmall.com

营销中心：021-62193056　　62373056　　62379558

印　　刷：苏州望电印刷有限公司

开　　本：889mm×1194mm　　1/16　　印张：16.75

字　　数：590千字

版　　次：2016年7月第1版

印　　次：2016年7月第1次印刷

书　　号：ISBN 978-7-5669-1023-3/TS·693

定　　价：58.00元

总 序

General Preface

近年来，国内许多高等院校开设了服装设计专业，有些倾向于理科的材料学，有些则偏重于文科的设计学，每年都有很多年轻的设计者走向梦想中的设计师岗位。但是随着服装行业产业结构的调整和不断转型升级，服装设计师需要面对更加苛刻的要求，良好的专业素养、竞争意识、对市场潮流的把握、对时代的敏感性等，都是当代服装设计师不可或缺的素质，自身的不断发展与完善更是当代服装设计师的必备条件之一。

提高服装设计师的素质不仅在于服装产业的带动，更在于服装设计的教育体制与教育方法的变革。学校教育如何适应现状并作出相应调整，体现与时俱进、注重实效的原则，满足服装产业创新型的专业人才需求，也是中国服装教育面临的挑战。

本丛书的撰写团队结合传统的教学大纲和课程结构，把握时下流行服饰特点与趋势，吸纳了国际上有益的教学内容与方法，将多年丰富的教学经验和科研成果以通俗易懂的方式展现出来。该丛书既注重专业基础理论的系统性与规范性，又注重专业教学的多样性和可行性，通过大量的图片进行直观细致的分析，并结合详尽的步骤讲述，提炼了需要掌握的要点和重点，让读者轻松掌握技巧、理解相关内容。该丛书既可以作为服装院校学生的教材，也可以作为服装设计从业人才的参考用书。

目　录

FUZHUANG RENTI DONGTAI JI
ZHUOZHUANG BIAOXIAN 1000 LI

服装人体动态及着装表现1000例

第一章 人体结构的基本知识

第一章　人体结构的基本知识

第一节　常见男女人体骨骼特点

人体由骨骼和肌肉组成，骨骼是人体的架子，肌肉依附于骨骼。人体共有 206块骨头，其中有颅骨29块、躯干骨51块、四肢骨126块。

躯干骨是由脊柱、胸廓和骨盆三部分组成。躯干是人体结构最大的基础体块，它由脊椎连接胸廓和骨盆构成躯干形体。它的外形特征明显地反映着男女性别差异，因此研究躯干的内部结构和外形关系，对画好男女两性人体及服装、设计、制图都有很大的作用。

上肢骨包括上肢带骨和自由上肢骨两大部分。上肢带骨包括锁骨和肩胛骨，自由上肢骨包括臂部的肱骨、前臂部并列的耻骨、桡骨及手的 8 块腕骨、5 块掌骨和14节指骨。

下肢骨包括下肢带骨和自由下肢骨。下肢带骨即髋骨，自由下肢骨包括股骨、髌骨、胫骨、腓骨及7块跗骨、5块跖骨和14块趾骨。

画人体要知道骨骼的外形对服装的影响，特别是与服装结构密切相关的一些部位，如头骨、锁骨、骨盆、腕骨、趾骨、髌骨等。

研究人体骨骼后可以看出造成男女人体外形差别的主要原因是人体的骨骼结构。从正面观察人体，可以看到女性骨骼细小，男性骨骼粗大；女性胸廓狭小，男性胸廓宽大；女性骨盆较宽，男性骨盆较窄。从背面观察人体，男性锁骨长、肩骨宽、髋骨窄，形成了倒梯形；女性锁骨短长、 肩骨窄、髋骨宽，形成了正梯形。由于生理功能不同，女性骨盆比男性骨盆宽而短，且前倾，造成了女性臀部阔大后突的特点。

女性骨骼的特点是骨骼相对纤细、修长（图1–1–1）。从青春期开始，男女两性第二性征逐渐明显。女性骨骼以上下窄、中间宽为特点。随着不断发育，女性骨盆明显变大，肩部相对较窄，腰部的纤细衬托出胸部的线条和丰满的臀部。男性骨骼的特点表现为肩宽背阔，呈上宽下窄型（图1–1–2）。

女性肌肉的特点在于胸部和臀部的肌肉呈现出优美的曲线，手部和腿部的肌肉健美有力，女性特征明显。女性的体态美主要体现在胸、腰、臀的肌肉形成的曲线上。因为女性表皮下脂肪增厚，乳房增大，腰部、臀部和下肢部的曲线日趋明显，呈现出曲形线条美。这与骨骼发育变化有关，但更多的因素是女性脂肪厚（图1–1–3）。

在描绘服装画人体时，既要明确女性肌肉的形态，又要能够用服装画人体的画法来表现。也就是说，既要结构准确，又要修长、苗条。

男性肌肉的特点与女性肌肉特点之间区别的关键是脂肪和肌肉。男性则表现为肌肉明显发达，尤其是背肌、臂肌和小腿肌明显增多，逐渐显现出力量和阳刚之气，表现出身躯魁伟的男子汉气质（图1-1-4）。

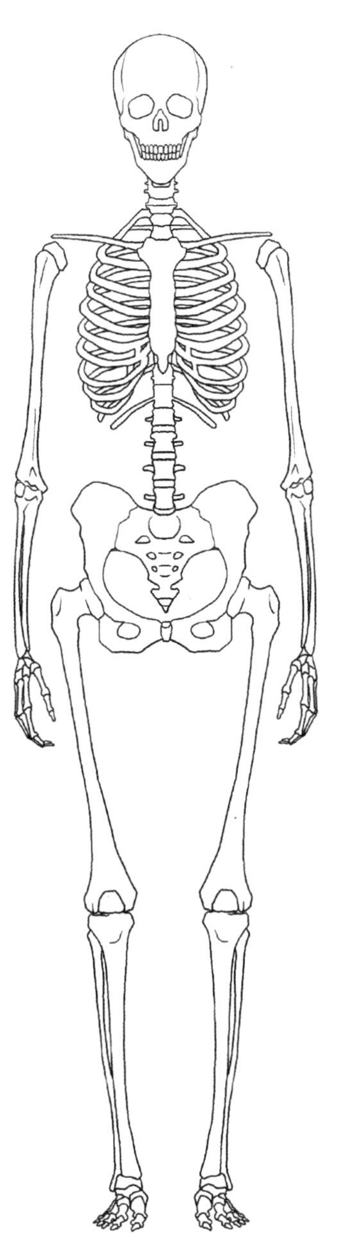

图1-1-1 女性骨骼正面

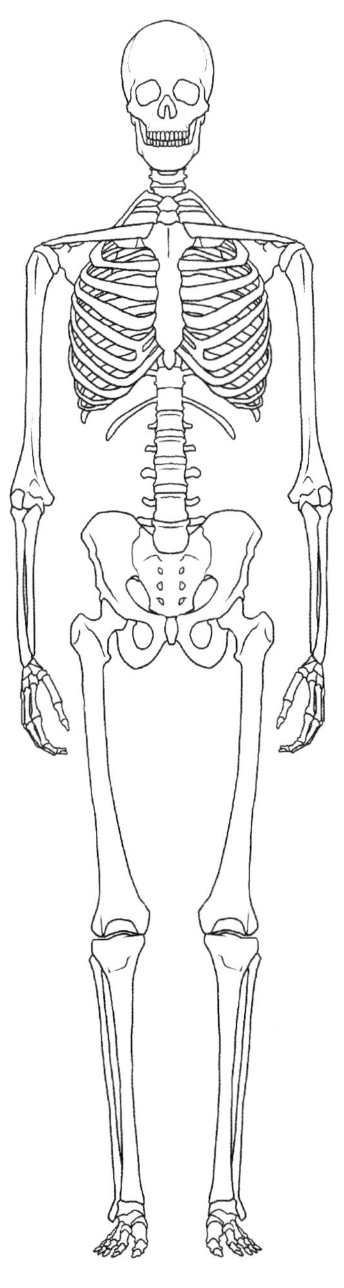

图1-1-2 男性骨骼正面

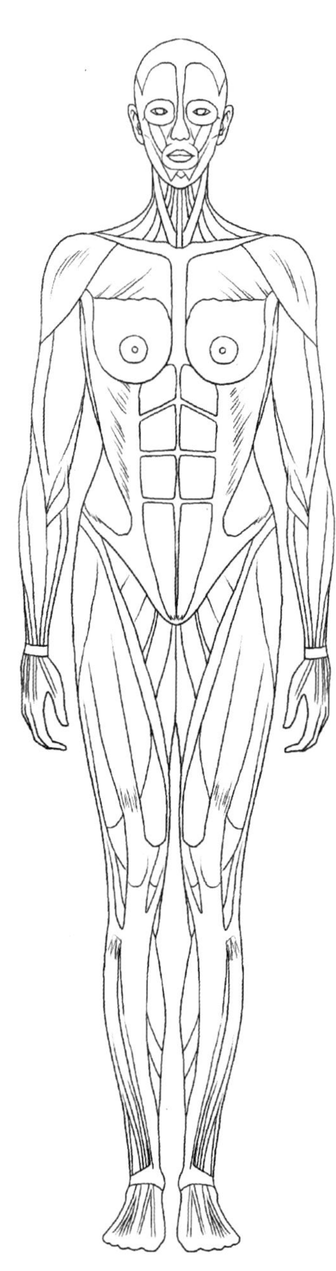

图1-1-3　女性肌肉解剖正面

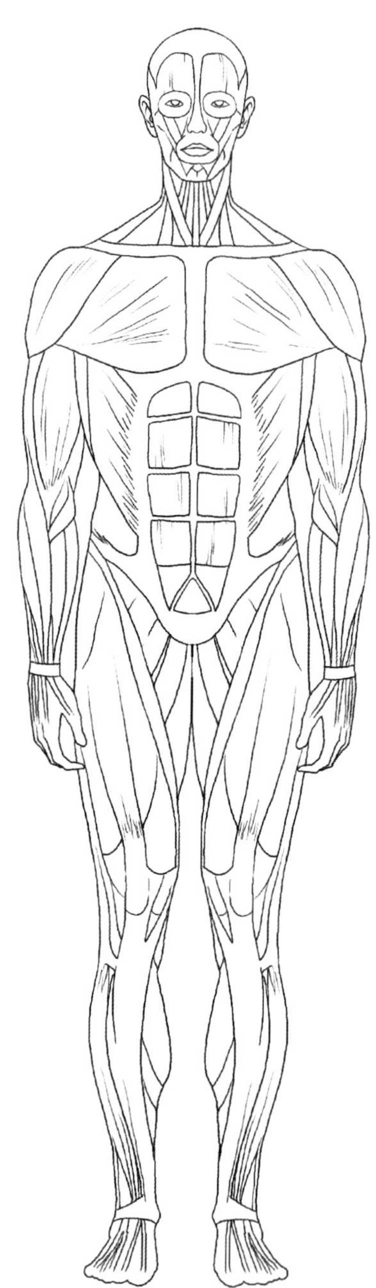

图1-1-4　男性肌肉解剖正面

女性人体绘制通常采用柔美的曲线，所以在绘制女性体态和肌肉组织时，应表现得柔和含蓄，不宜过于强调肌肉感。

重心是指人体重量的支撑点，常以肚脐为重心点。

第二节 服装效果图中的人体与常见人体比例

服装效果图中的人体绘制对人体的体积感、空间感和层次感不做过多的要求，只需强调服装表现的独特美术技法，所以为了更好地体现服装的风格，表现出着装者的整体气质和完美效果，在画正稿之前必须对人体动态进行周密分析，选择适合的人体动态，使人体和服装更为准确和优美。

服装画人体是指在服装画作品和服装设计图稿中所呈现的专门表现服装的人体。它来源于真实的人体比例和结构、动态，也可以是正常人体经过拉长和美化的再现。服装画中的人体有别于写实的人体，它是在写实人体的基础上，经过夸张、提炼和升华得到8.5个头或更长一些比例的人体。服装画人体整体上是夸张、唯美的人体表现，以表现出人体的完美曲线，更好地展示服装设计。

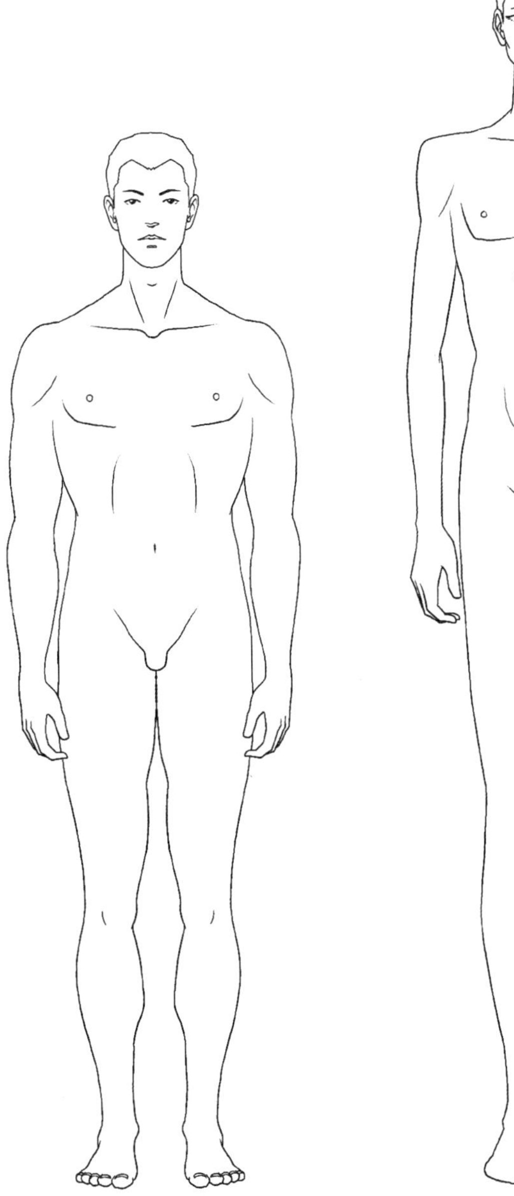

图1-2-1 真实男人体比例　　图1-2-2 服装效果图中常见男人体比例

一、服装效果图的人体与真实人体的异同

服装效果图的人体比例是在正常人体体型的基础上变化以后得到的，通过把正常人体体型变细拉长来适应时装流行趋势。普通人站立时的人体比例大概为6.5个头长至 7 个头长，服装效果图中人体的体型虽然来源于真实人体体型，没有改变人体肌肉骨骼的结构特征，但是服装效果图中的人体比例可以画到9.5个头长至10个头长（图1–2–1、图1–2–2）。服装效果图中人体比例选用几个头长，可以根据服装的风格特点和时代的流行特征来决定。把正常人体体型和服装画人体体型进行对比，可以很清楚地看到服装画人体中夸张和保持不变的部分（图1–2–3、图1–2–4）。

服装效果图中采用的人体比例，通常是 9 个头以上，以这样的人体比例为标准，来分析人体各部分之间的关系。一个简单划分女性身体比例的办法是：从脚踝到膝盖、膝盖到腰部、腰至头部的长度，各占人体高度的 1/3；从下巴到腰部，为 2 个头长的比例；从腰部到大腿中部，为 2 个头长的比例；从膝盖到脚跟，为 3 个头长的比例。这是一种机械的划分方法，在不能熟练绘制效果图的情况下，可以作为一种参考。但这样的比例关系不是绝对的，随着人物角度的变化，比如仰视或者俯视，适当夸张局部的比例更符合视觉效果，能加强画面的形式感。

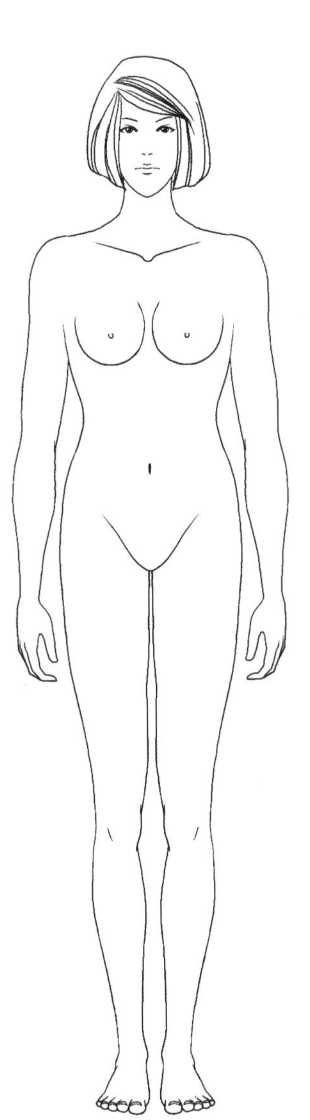

图1-2-3 真实女人体比例

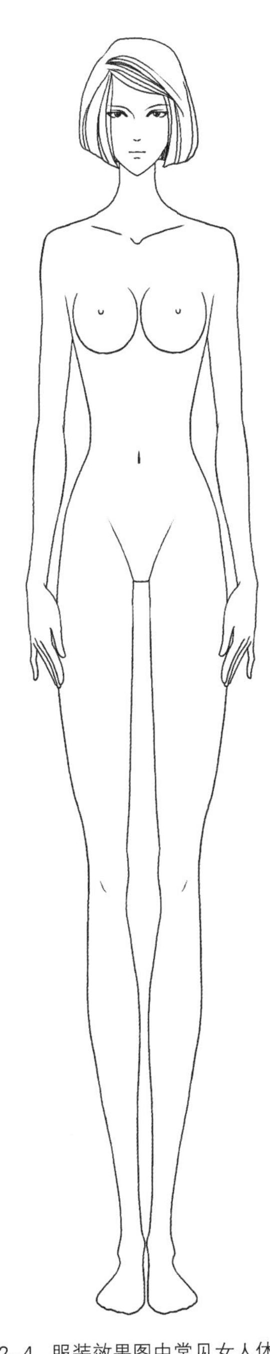

图1-2-4 服装效果图中常见女人体比例

二、从人体写生到变形

服装效果图人体变形是指在服装效果图绘制中将自然人体拉长、夸张和美化。服装画人体的用途是展示服装，适当地拉长人体可以展示着装的完美状态，但同时也不能忽略比例的协调性与合理性，因此在绘制服装人体时，不可无节制地拉长或极度变形，这样会失去服装画的实际意义。

在服装画人体的变形中主要使用拉长变形的手法（图1-2-5）。对于加长的部分，通常是采用以下的比例分配方法来调整的：不加长或少量拉长上半身，加长腿部的比例，增加的长度主要在下肢，躯干拉长的比例相对较小。这些都表明服装画人体是理想化的，是被简化、美化的人体。

腿部的拉长是指腿部整体拉长，小腿要适当地拉得更长，大腿内侧的线要画得较直、外侧要刻画得有力，膝盖画得纤细紧凑，脚的长度要画够，不能将脚画得太小。

手臂和手要随着腿部的比例相应拉长，使体态修长、优雅。绘制服装效果图时，要把握肩部和手臂骨骼的位置、长度。骨骼的位置要正确，手臂和躯干要适当拉长，变形不是指不需要画准人体，而是将人体美化和拉长。

服装画中的人体是在人体形态准确的基础上变形、夸张而得到的。如若人体比例的基础不扎实、形不准，再怎么变形也难有美感。

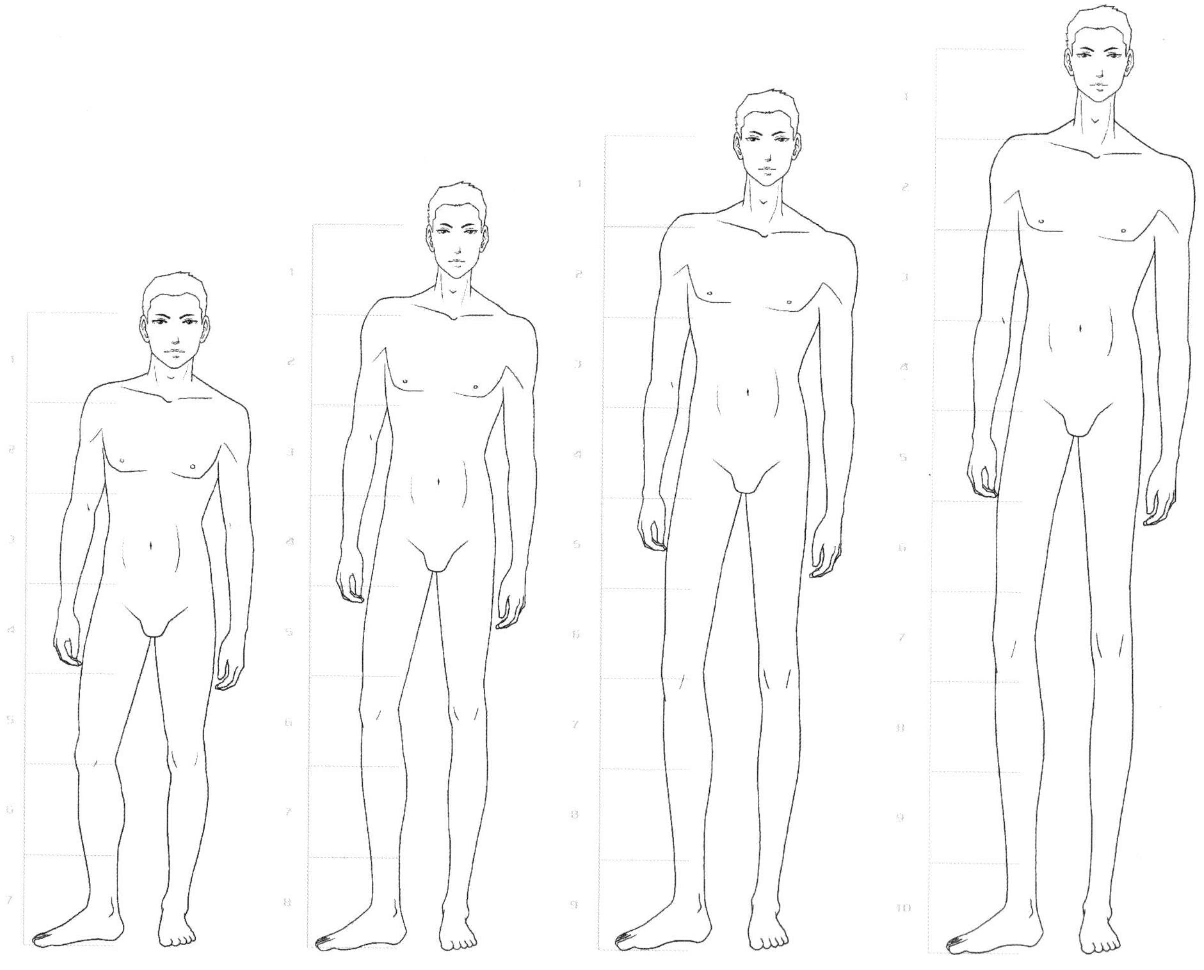

图1-2-5 7~10个头长人体比例拉长变化对比图

躯干的拉长幅度很小，为了强调腿部的修长，会用比例正常的躯干来反衬，可适当地强调高耸的胸部、纤细的腰部。

三、服装画人体比例关系

在绘制服装画时，人体比例可以适当拉长。一般来说，以将人体身高拉长至 9 个头至10个头长为宜，这是一个比较适中的比例。10个头长的人体比例能获得很好的效果，但主要以夸张下半身为主（图1–2–6、图1–2–7）。当胳膊自然下垂时，指尖位于大腿的 1/2 处，肘关节在腰围线处，乳头在胸线上，肚脐比腰线低一些，胸部在第 2 头个长的位置，腰在第 3 个头长的位置，臀的底部在第 4 个头长

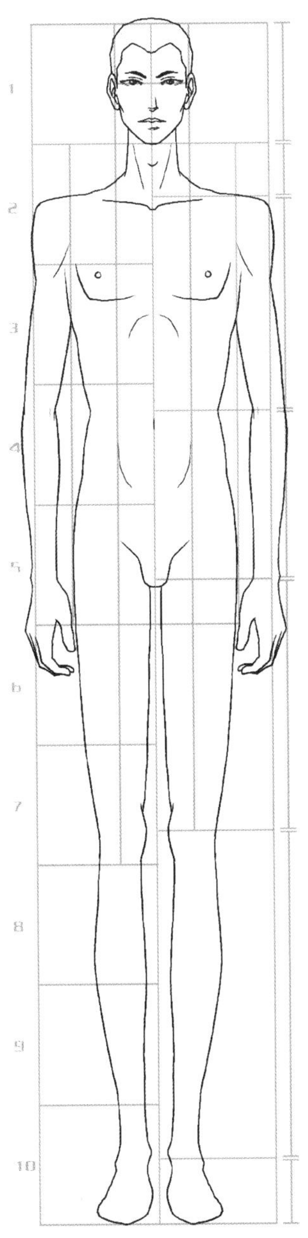

图1–2–6　男性正面人体格律比例图

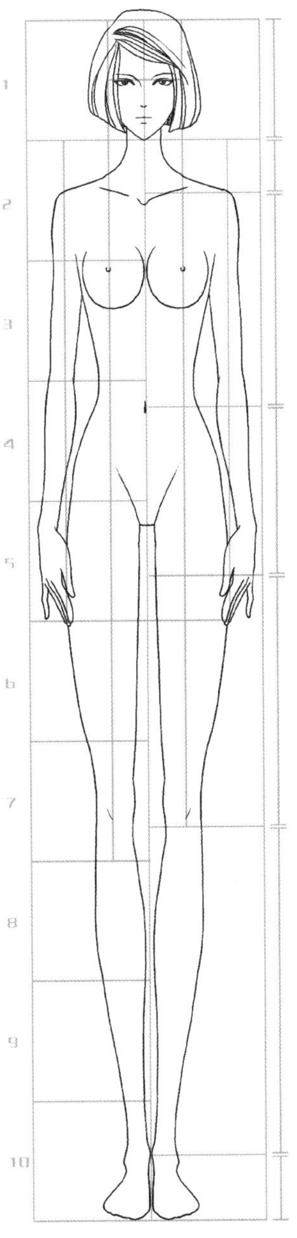

图1–2–7　女性正面人体格律比例图

的位置；腿部是夸张的重点，占5个头长，膝盖骨在第6个头长往下一点的位置；脚踝在第9个半的头长的位置；如果算上高跟鞋，脚也可以算1个头长。胳膊也较长，腰身可适当拉长，而胯部可以缩短。肩部可以宽而平，也可以狭而溜，视个人喜好和流行情况而定（图1-2-8、图1-2-9）。

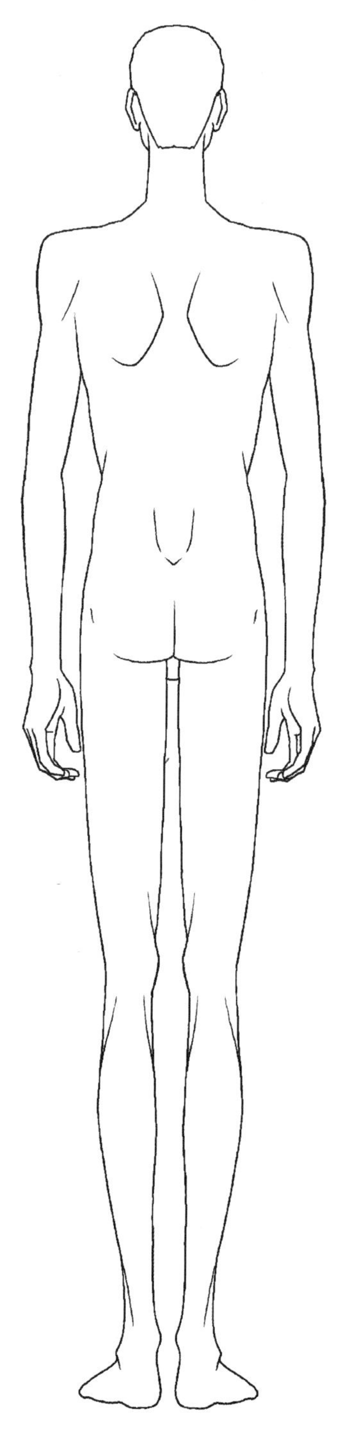

图1-2-8 男性背面人体示意图

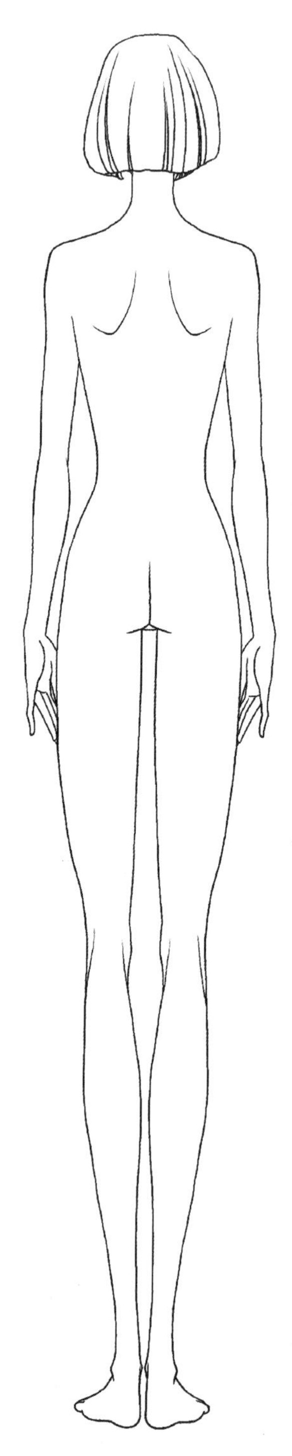

图1-2-9 女性背面人体示意图

除了人体高度的比例外，身体的宽度也有一定的比例关系，主要是肩、腰、臀的关系。不同时期的时装画在表现上是有差异的，20世纪60年代头身比例比较大，80年代的肩比较宽平，90年代的肩、臀都比较狭窄。一般来说，女性的肩宽小于 2 个头长，腰宽 1 个头长左右，臀宽1.5头长左右。

虽然生活中男性的身高要高于女性，但比例上与女性人体比例大致相同，只是脖子比较粗，肩宽2个头长左右，比较平直，腰宽略小于 1 个头长。过于拉长男性的腿部是不适宜的，夸张时要注意总体协调。 由于男性的身体曲线较为平直，为了避免线条呆板，必须要适当强调肌肉的线条，以突出性别的差异。

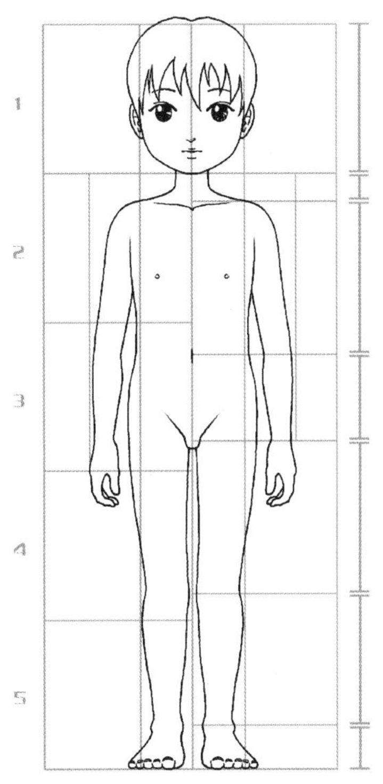

图1-2-10 儿童正面人体格律比例图

儿童的人体比例与成人的人体比例差别较大，夸张的部位也和成人相反，头大、腿短、肚皮圆。成人要画得瘦长，儿童要画得矮胖才显得可爱（图1-2-10）。

幼童的头部与身体的比例要大于比成年人，肩宽、腰围线和臀围线宽度相似，长度也几乎相等。

画幼童的时候，也同样用服装画里的“头长比例”方法，但要注意全身的比例要接近真实的体型，而不是拉长。

第三节　不同年龄段的人体比例及结构特点

一、各年龄段男性人体比例（图1-3-1）

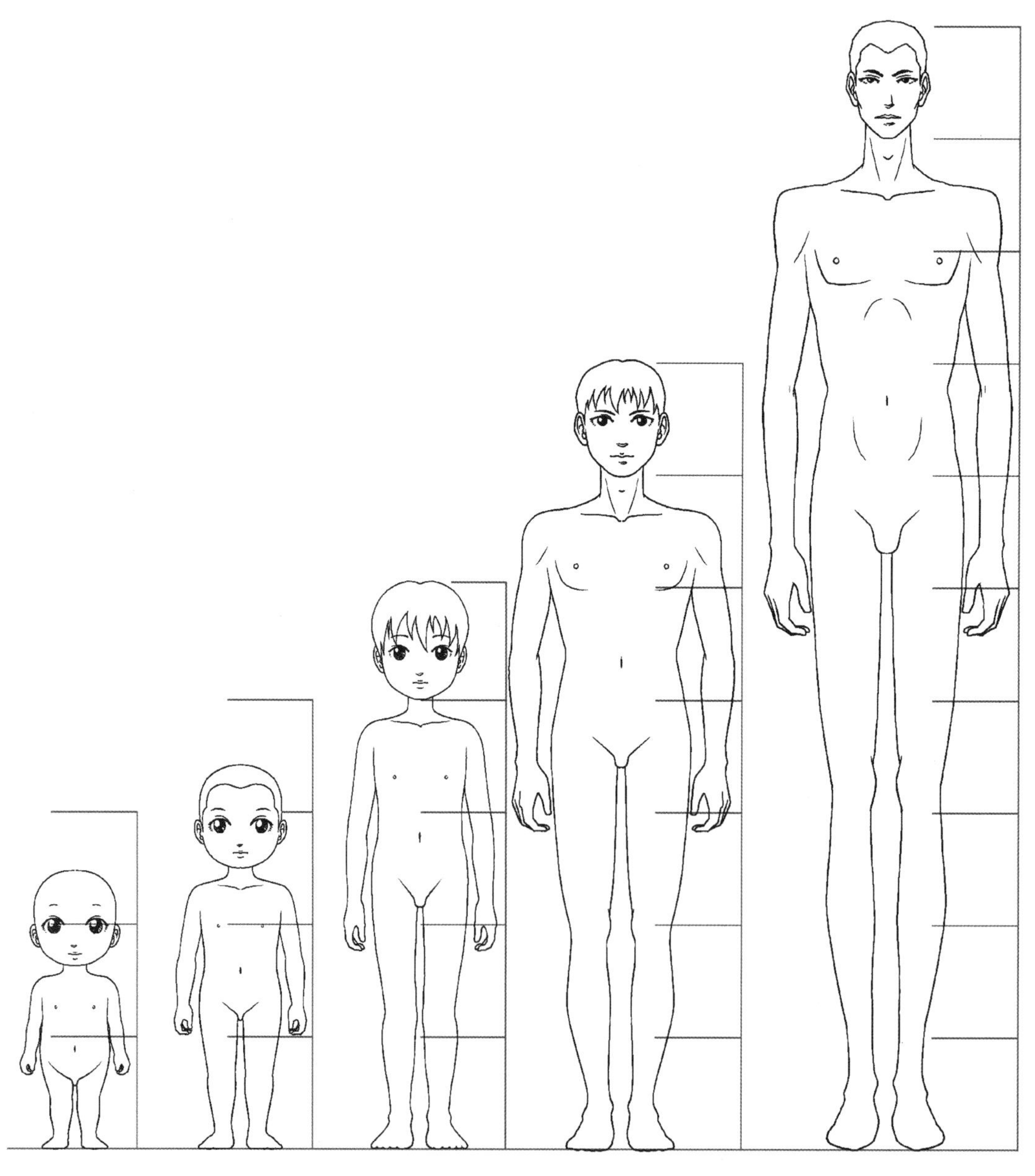

图1-3-1　幼童、少儿、少年、青年、成人男性比例图

二、各年龄段女性人体比例（图1-3-2）

小贴士 时装人体的刻画不像绘画人体的刻画那么细致，只需画准外形和主要部位的特征即可。

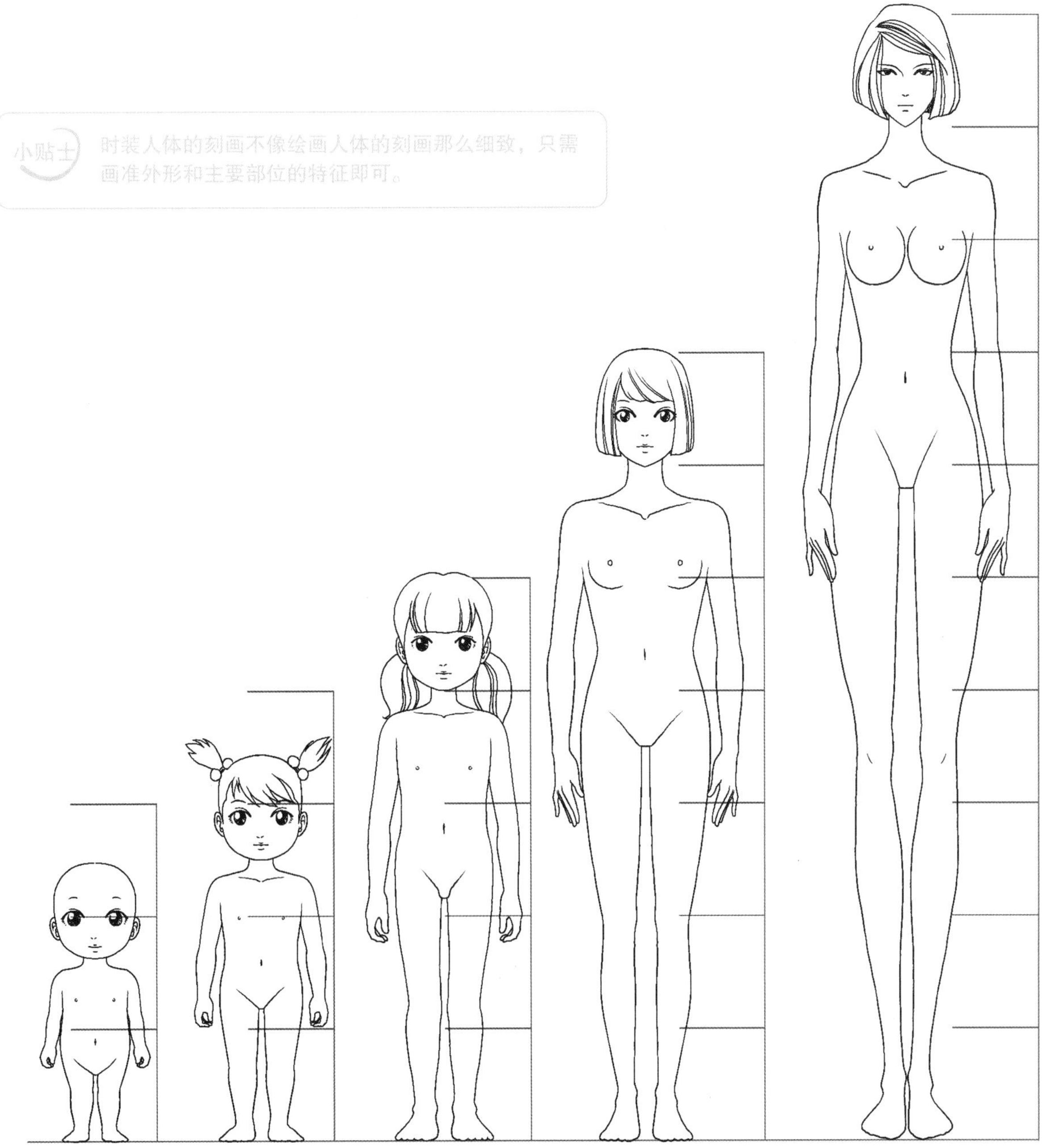

图1-3-2 幼童、少儿、少年、青年、成人女性比例图

三、人体的正面、侧面可活动范围示意图

人的关节有活动空间，图1–3–3、图1–3–4为男女人体正常肢体关节活动范围，在这些范围内绘制肢体都是合理的。

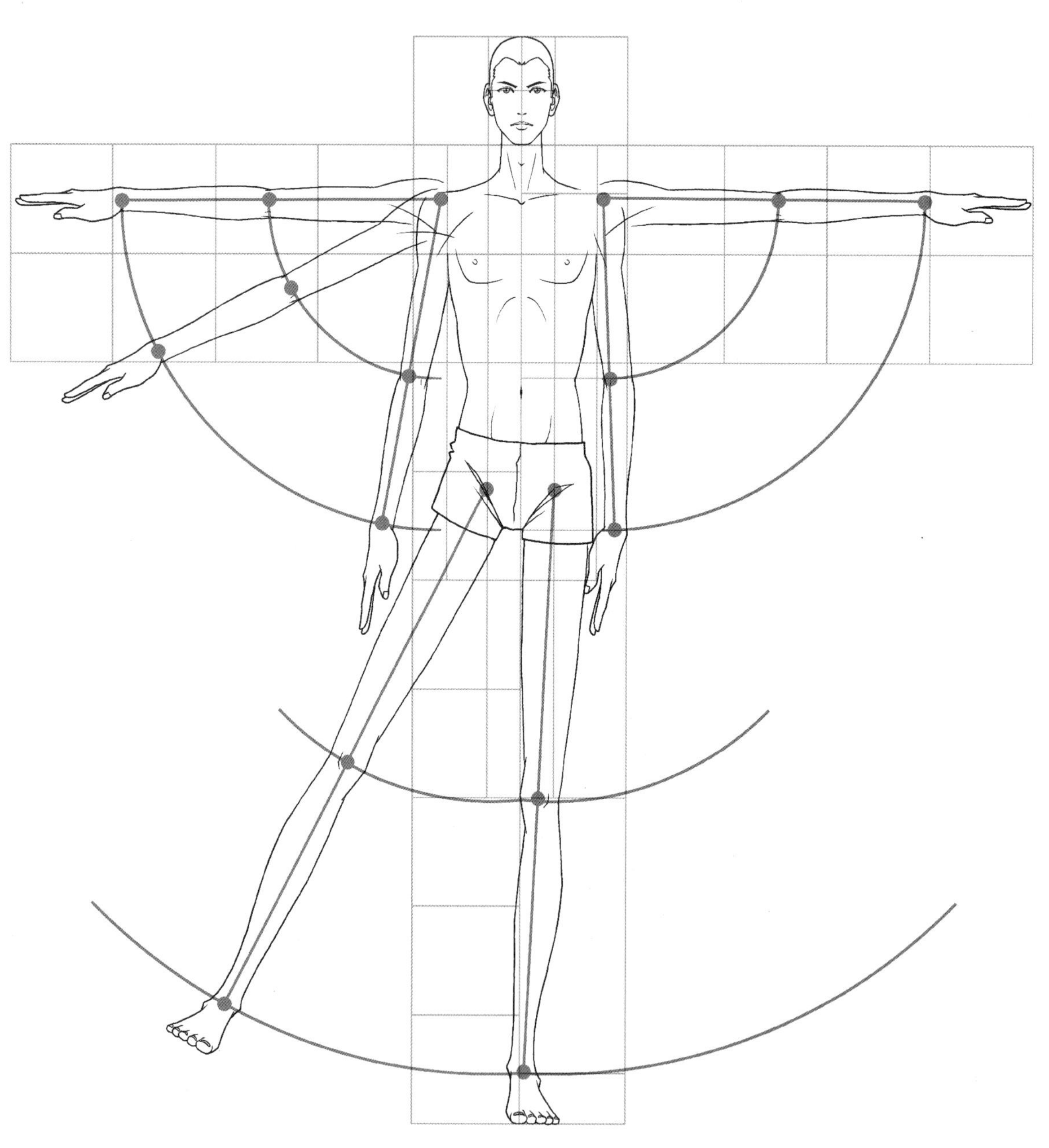

图1–3–3　正面手臂及腿部常见活动空间示意图

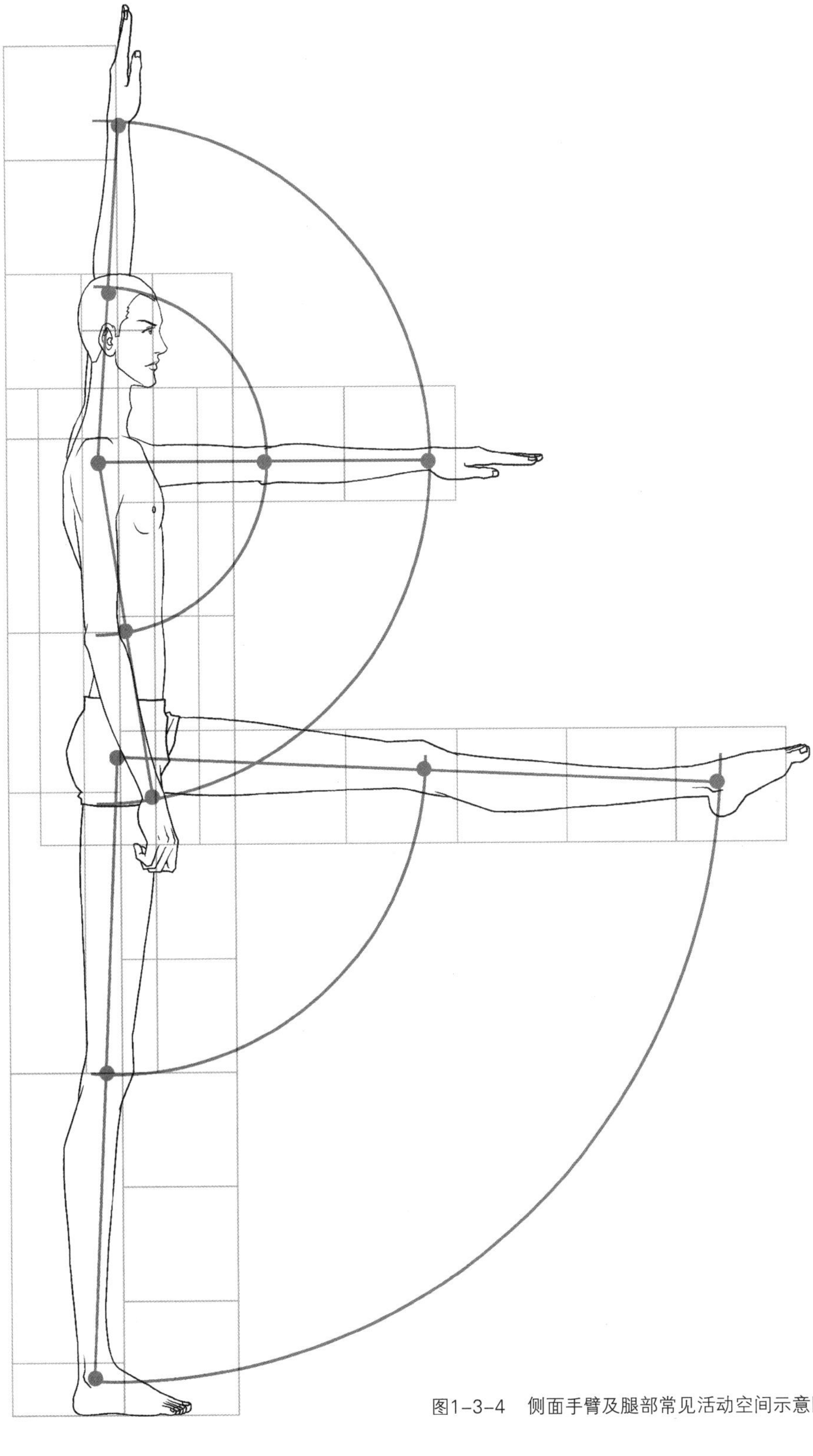

图1-3-4 侧面手臂及腿部常见活动空间示意图

服装人体动态及着装表现1000例

第二章　服装效果图中不同角度男女人体的绘制方法

第二章　服装效果图中不同角度男女人体的绘制方法

第一节　正面男女人体的绘制步骤图解

一、正面直立男女人体的画法

时装画中男女人体绘制的方法基本相同，都是经过外形的拉长和理想化处理，使其更具艺术感。画男女人体时，可以采用用打格子的方法，以头长为基础度量长度，绘制出身体各部位的比例和位置。

正面直立男人体画法（图2–1–1～2–1–14）。

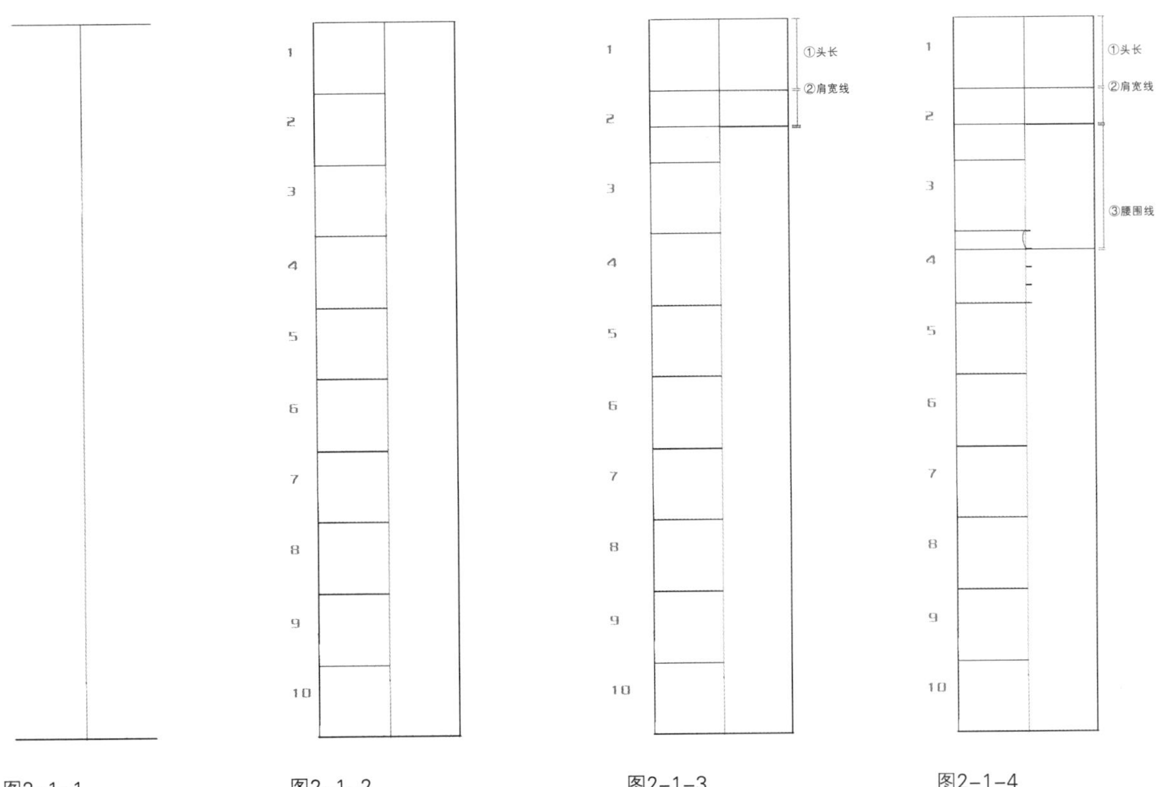

图2–1–1
确定人体总高度及中心线

图2–1–2
将人体总高度平均分为10份，每份高度即为1个头长。以中心线为中心，2个头长为宽度，绘制人体外框形

图2–1–3
在第2格1/2处向右侧画标注线，为肩宽线。肩宽线为重要的人体绘制动势线

图2–1–4
第4格 1/4处为腰围线。腰围线与肩宽线共同构成人体动势线

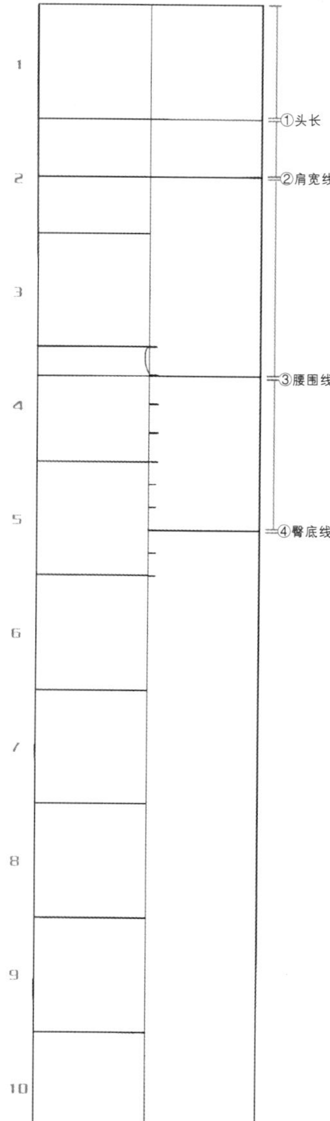

图2-1-5
将第五格均分为5份，取下2/5
处向右画标注线为臀底线

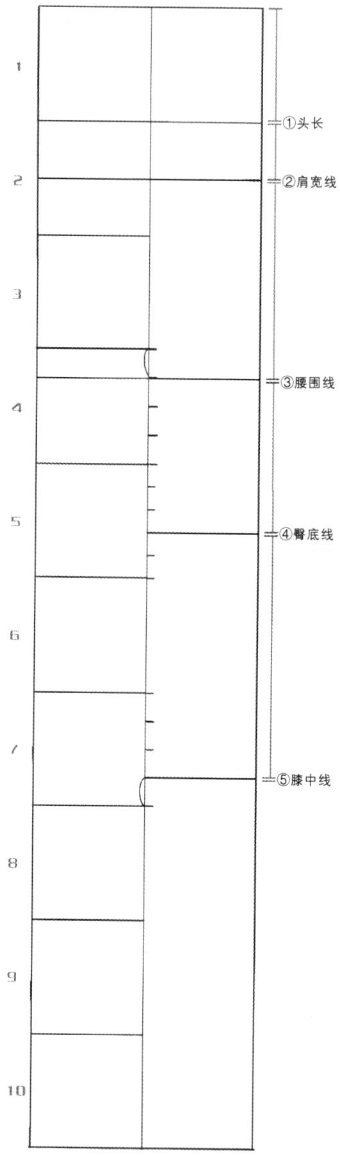

图2-1-6
取第7格下1/4处为膝中线

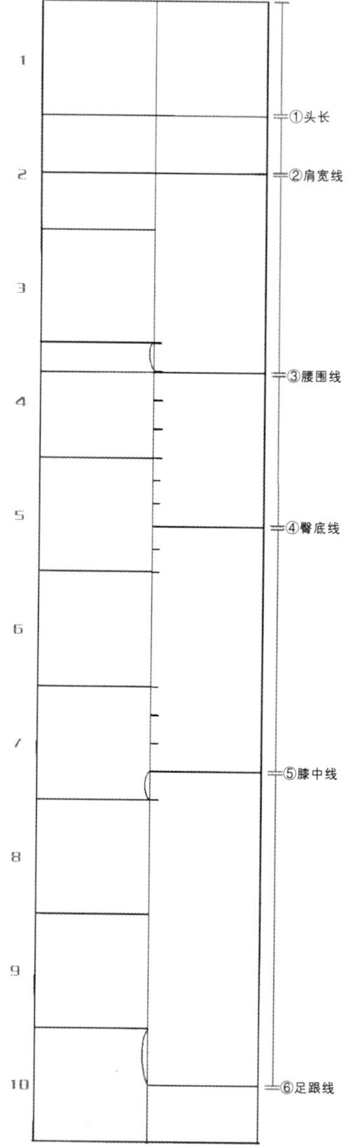

图2-1-7
取第10格1/2处为足跟线

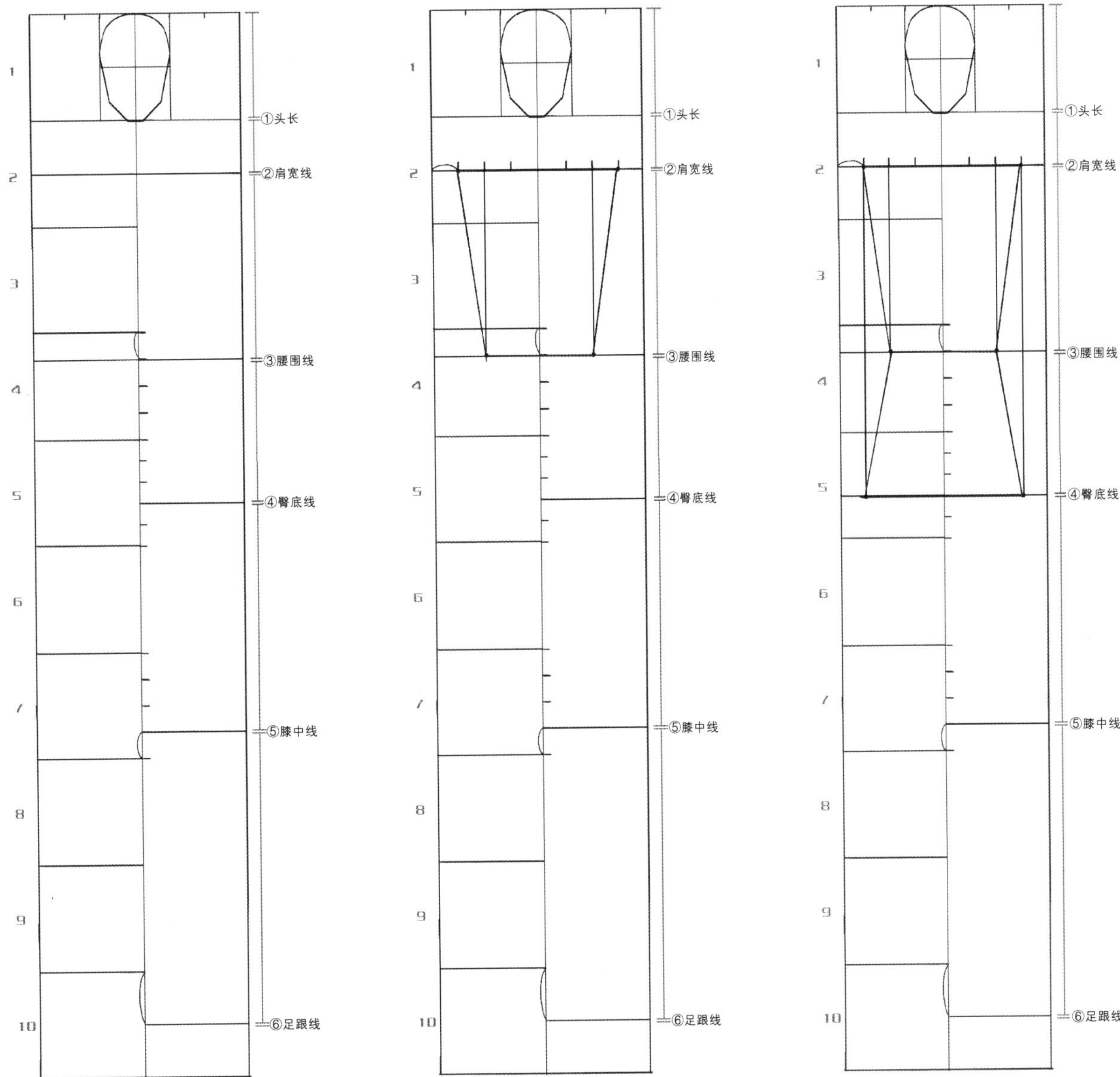

图2-1-8
从顶部第1条线上以中心线为轴线，分别向左、右取1/3距离为头宽，绘制出头部曲线。头部高度1/2处为眼位线

图2-1-9
在肩宽线上，以中心线为中心，向左、右分别取3/4为肩宽。在腰围线上，以中心线为中心向左、右两侧取1/2位置为腰围宽度。连接肩宽端点和腰围端点，形成上体箱型

图2-1-10
从肩宽点向臀底线做垂线，得出臀围。连接腰围端点和臀围端点，得出下体箱型结构

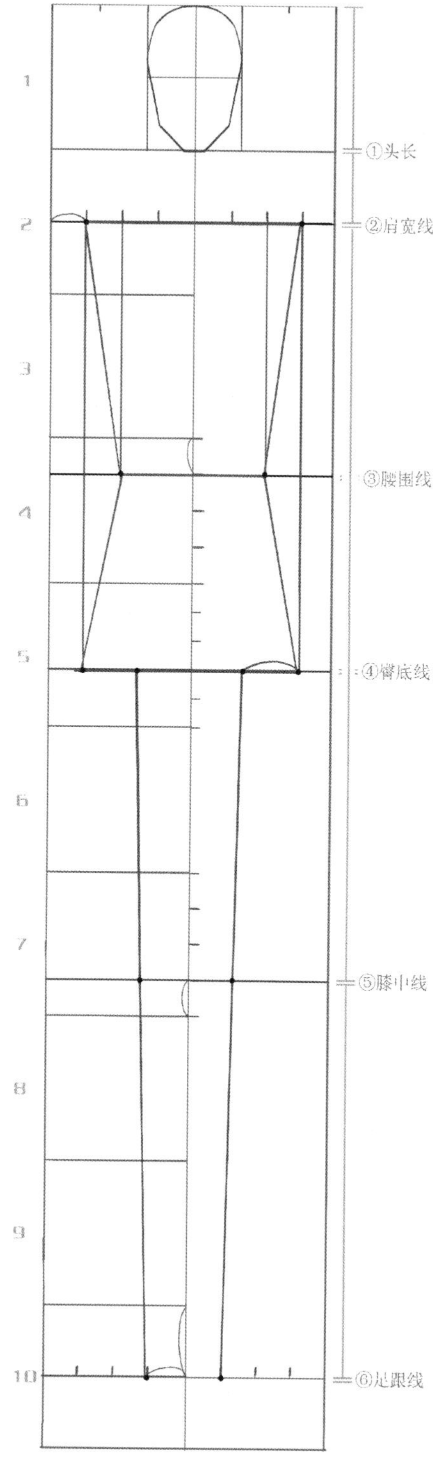

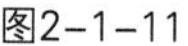

图2-1-11
在臀底线上，以中心线为中心向左、右两侧取臀宽点的中点为腿部动势线的起点。足跟线上，以中心线为中心向左、右两侧取1/4点为腿部动势线的终点，连接腿部动势线的起点与终点，得出腿部动势线。动势线与膝中线的交点为膝中点。至此，人体基础轮廓及动势线绘制完毕

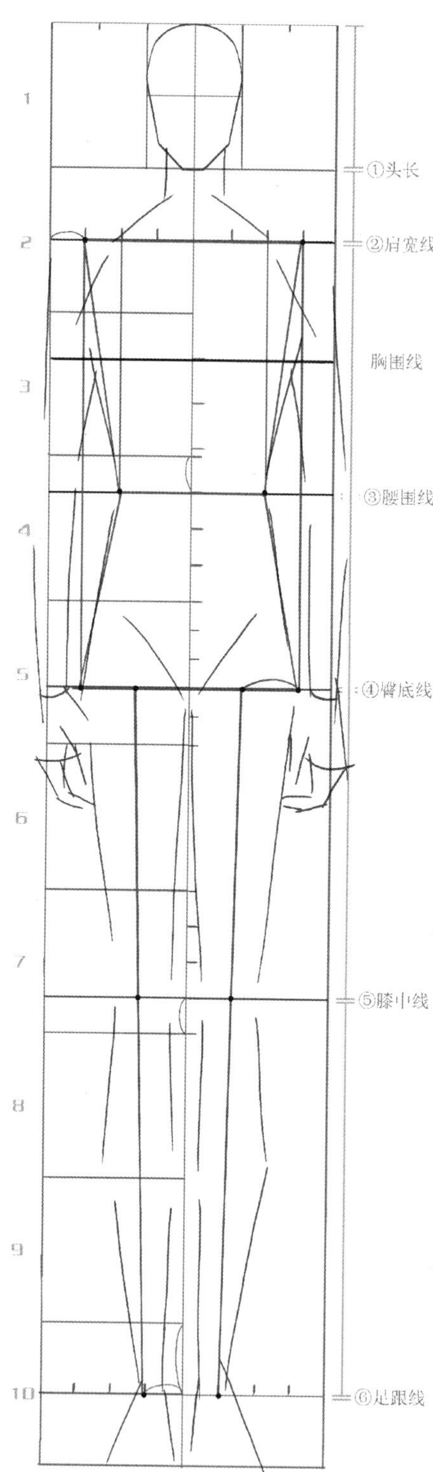

图2-1-12
根据参考线简略绘制出人体轮廓。下颏线与肩宽线的中点位置为肩部的起点。脖颈宽度约为头宽的1/2，从第3格的上线条处向下取1/10头长的距离为胸围线。手部在第5格处，手长约为头长的4/5，手腕一般在臀围线上。肘部转折在腰围线上。小腿最宽处应为第8格的1/2处

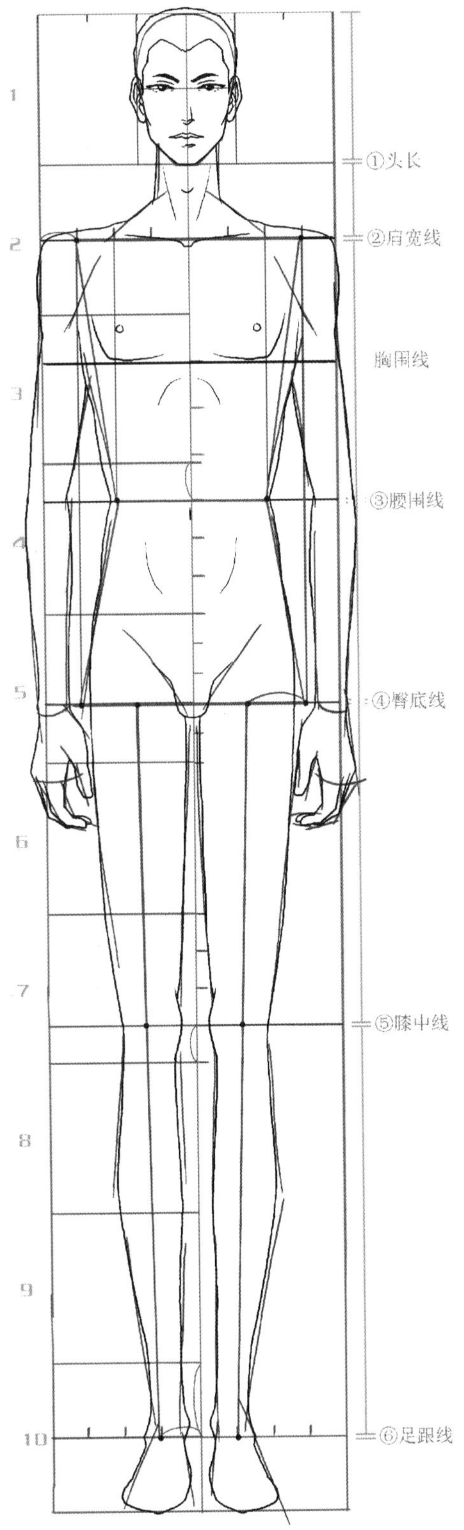

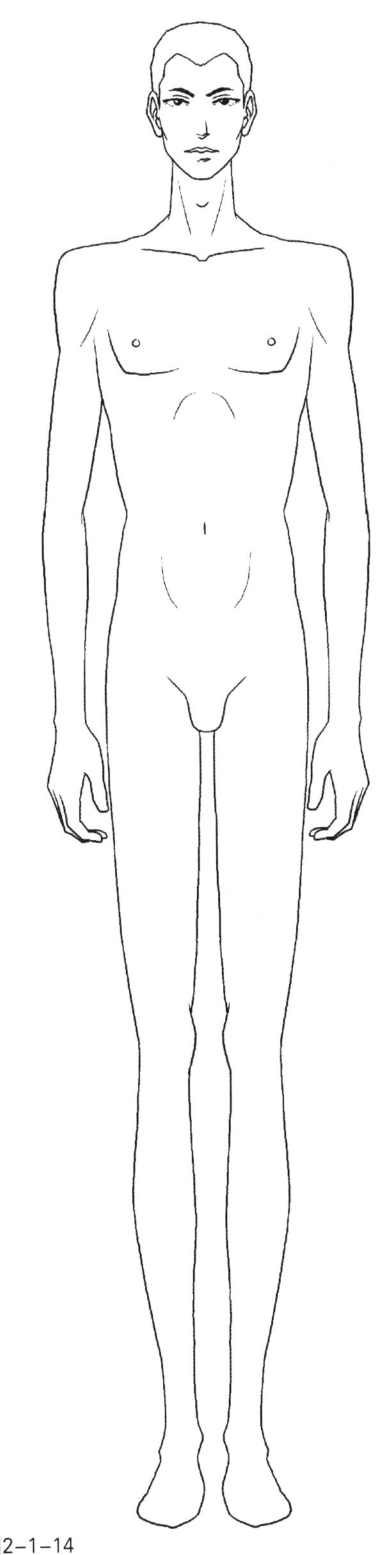

图2-1-14
正面直立男人体绘制完成，拓出完成稿

图2-1-13
细致绘出人体及手足线条，并绘制出人体五官和头发。男人体的肩宽扩展至框格边缘，即肩宽等于2个头长。绘制中要注意肩部、肘部、胯部、脖颈、大腿与小腿连接处等部分的线条，注意人体结构随骨骼的变化

男性的整体廓形比较粗壮，绘制时为了避免线条呆板，必须适当强调肌肉的线条，突出性别的差异。

正面直立女人体画法（图2-1-15～图2-1-28）。

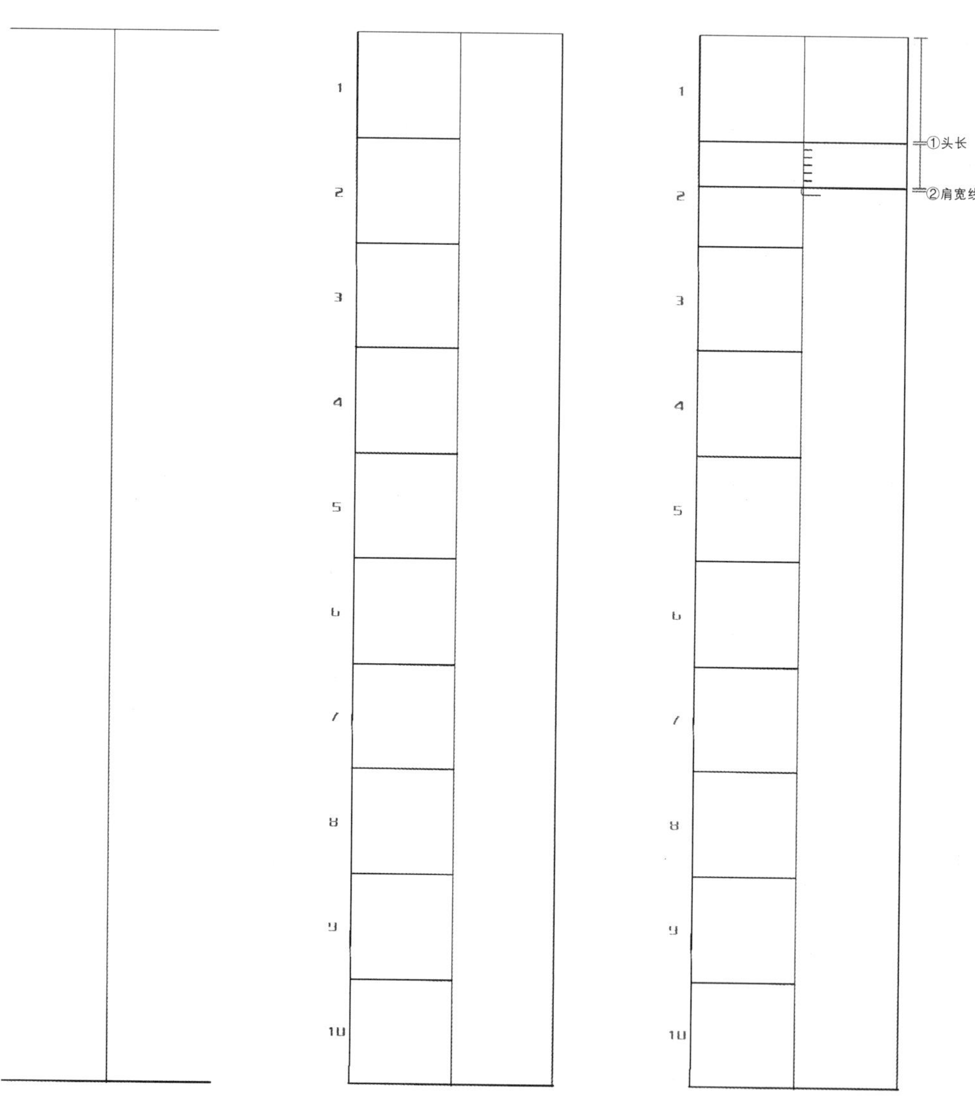

图2-1-15
确定人体总高度及中心线

图2-1-16
将人体总高度平均分为10份，每份高度即为1个头长。以中心线为中心，2个头长为宽度，绘制人体外框形

图2-1-17
将第2格高度均分，在上1/2高度取1/7，向右侧画标注线，为肩宽线。肩宽线为重要的人体绘制动势线

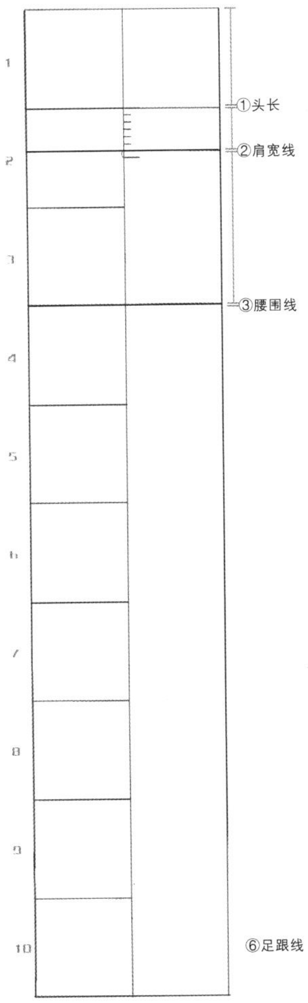

图2–1–18
第 3 格底线为腰围线。腰围线与肩宽线共同构成人体动势线

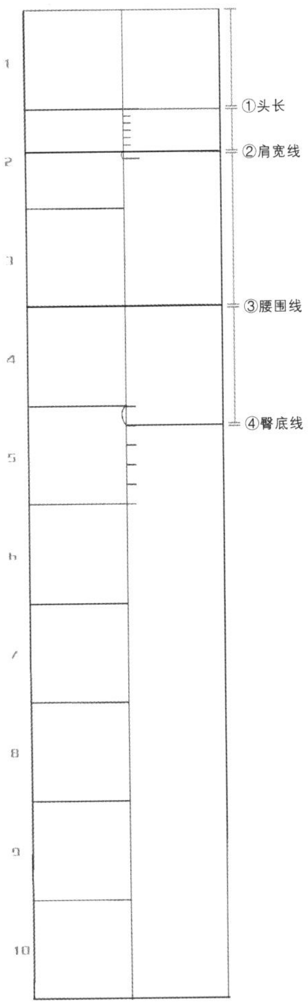

图2–1–19
将第 5 格均分为5份，取上1/5处向右画标注线为臀底线

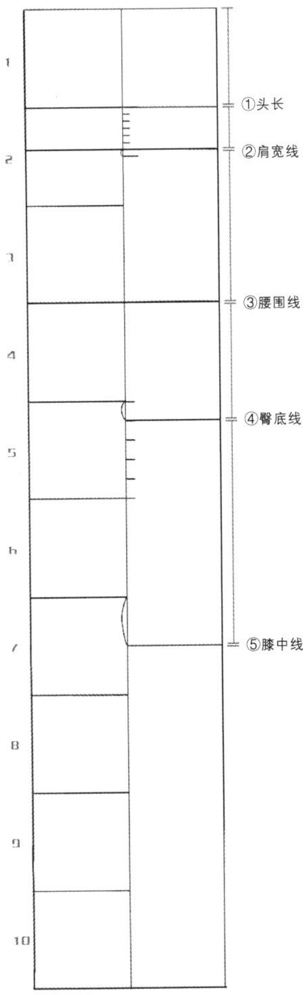

图2–1–20
取第7格1/2处为膝中线

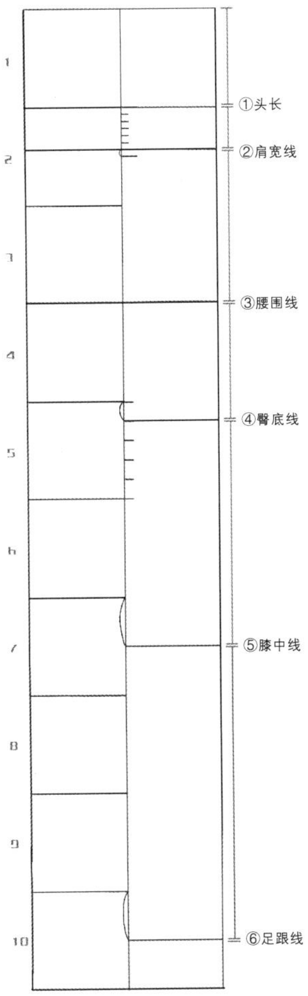

图2–1–21
取第10格11/2处为足跟线

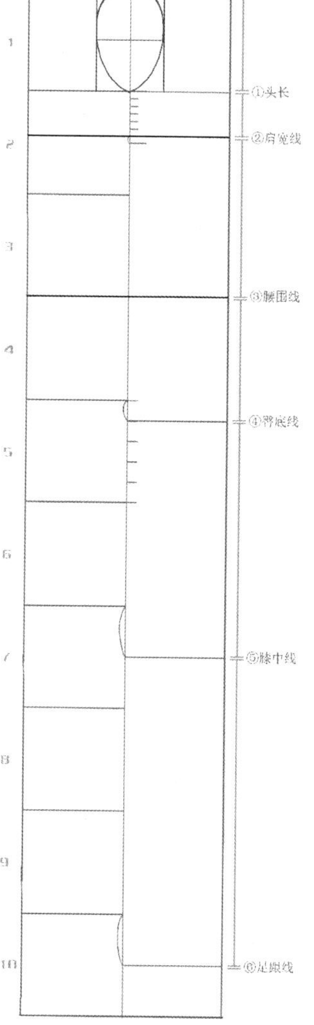

图2-1-22
在顶部第一条线上以中心线为轴心，分别向左、右两侧量取1/3为头宽，绘制出头部曲线。头高1/2处为眼位线

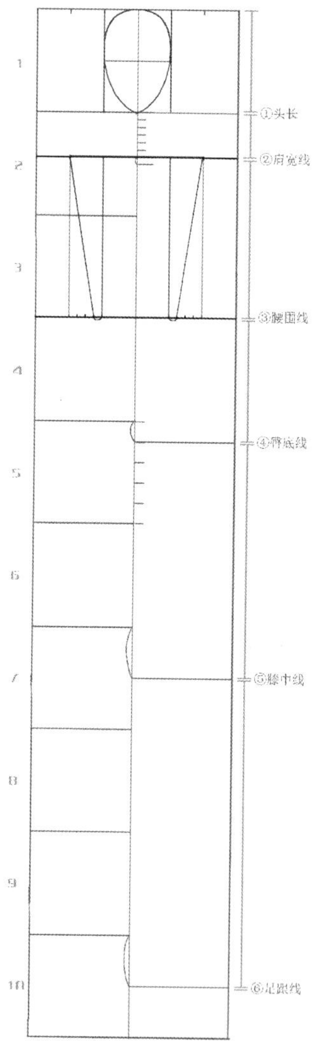

图2-1-23
在肩宽线上，以中心线为中心向左、右两侧分别取1/3点、2/3点向腰围线做垂线，获得两点，两点之间取1/4宽度为腰部宽度，连接肩宽端点和腰围端点形成上体箱型

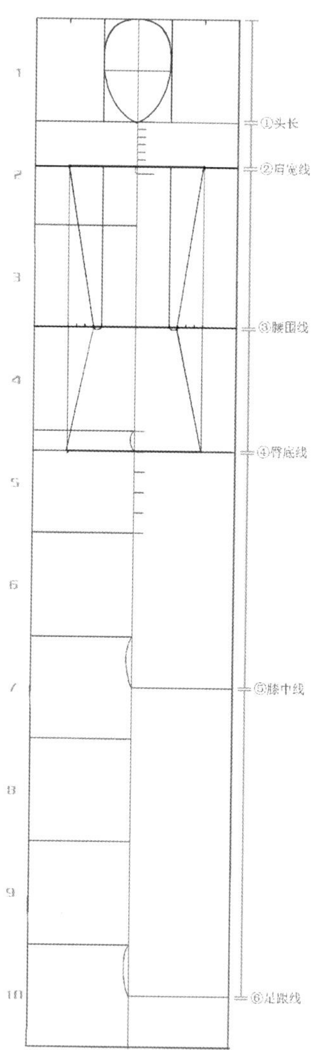

图2-1-24
从肩宽点向臀底线做垂线得出臀宽度，连接腰围宽端点和臀围宽端点，得出下体箱型结构

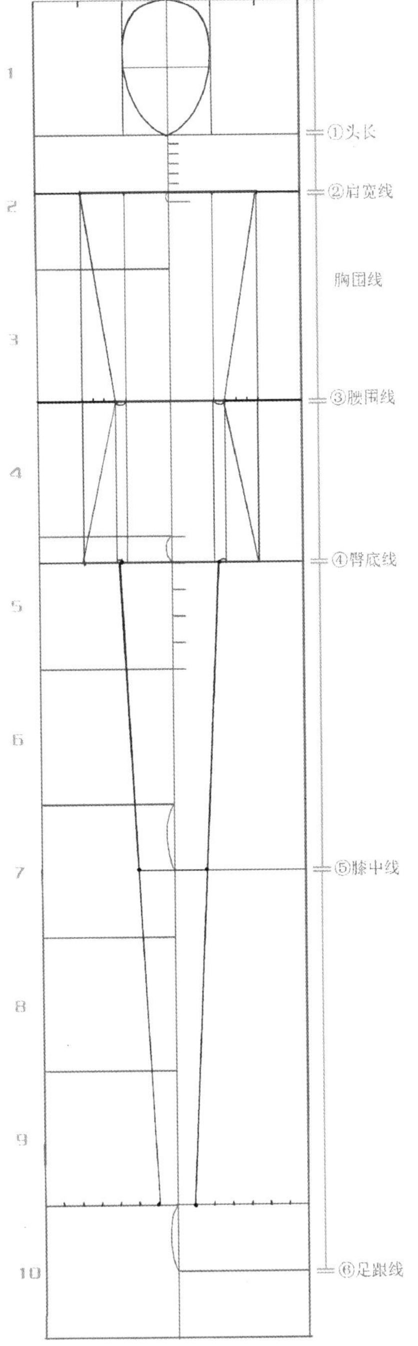

图2-1-25
从腰宽点向臀底线做垂线，该交点与臀底线1/3点的中点为腿部动势线的起点，第10格从中心线分别向左、右两侧取1/7点为腿部动势线的终点，连接腿部动势线的起点与终点得出腿部动势线。腿部动势线与膝中线的交点为膝中点，至此，人体基础轮廓及动势线绘制完毕

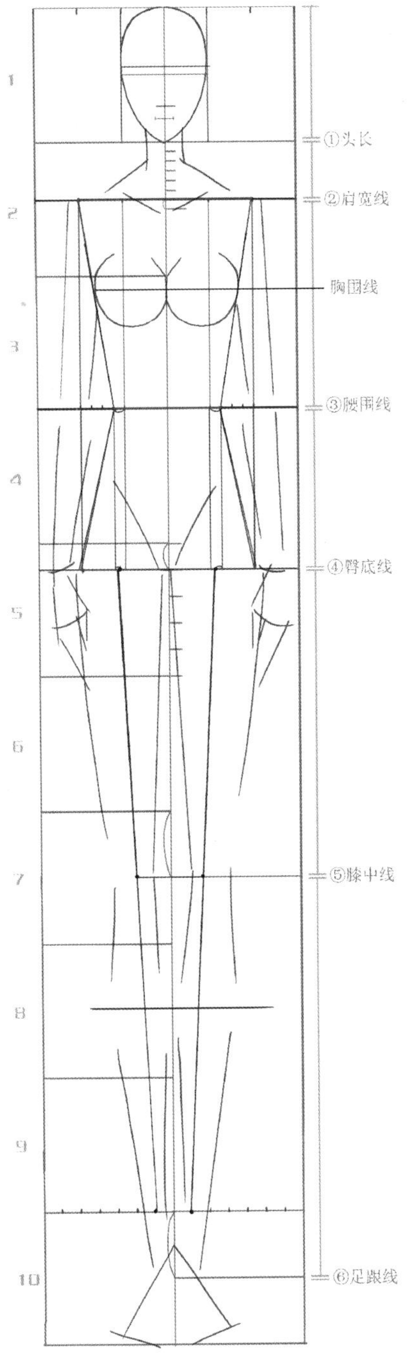

图2-1-26
根据参考线简略绘制出人体轮廓。下颏线与肩宽线的中点位置为肩部的起点，脖颈宽度约为头宽的1/2，从第3格向下取1/10头长的距离为胸围线，手部在第5格处，手长约为头长的4/5，手腕一般在臀围线上，肘部转折在腰围线上，小腿最宽处应为第8格的1/2处

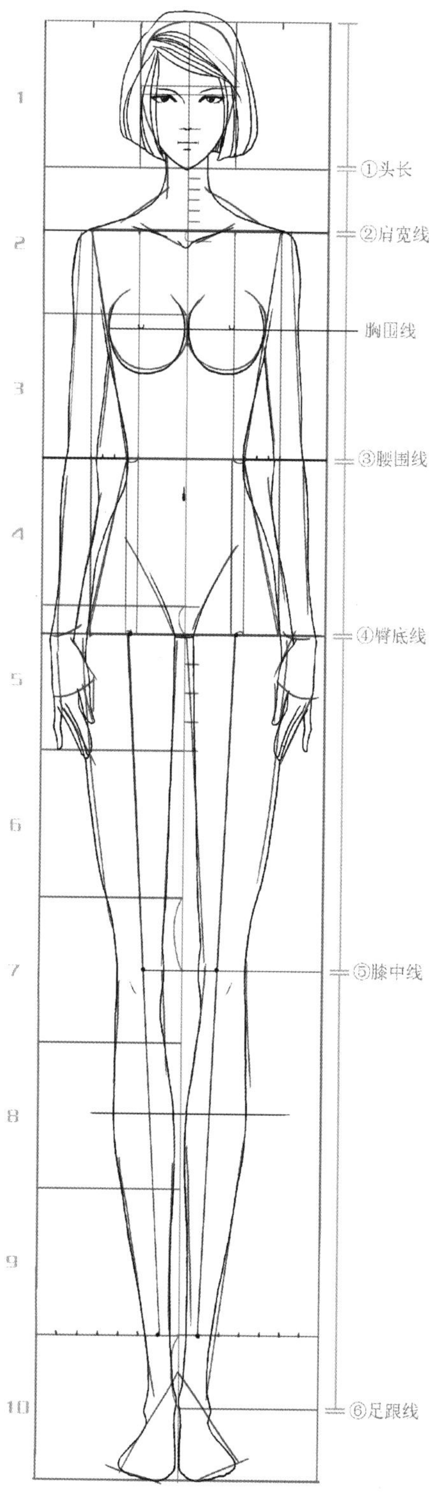

图2-1-27
细致绘出人体及手足线条，并绘制出人体五官和头发。绘制中要注意肘部、胯部、胸部、大腿与小腿连接处等部分的线条，注意人体结构随骨骼的变化

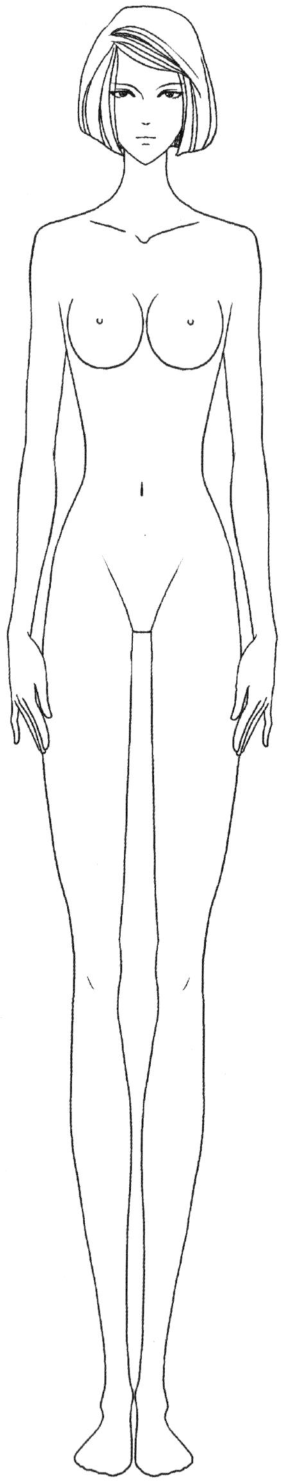

图2-1-28
正面直立女人体绘制完成，拓出完成稿

从肚脐向地面做垂线为重心线，重心线不等于中心线。

男女人体绘制中差别较大，主要区别在于颈部与肩部的连接和肩宽与腰宽、胯部宽度的比例关系。男子脖根很粗，与肩部呈斜线型连接；女子颈部较细，与肩部连接曲线急转（图2–1–29）。男子以宽肩细腰为健美，故而男体肩宽远大于胯部宽度，而女性肩宽大致与胯宽相同即可。在线条运用上，男体线条刚劲有力，多用直线转角连接；而女性线条柔顺圆滑，多以曲线柔和转接。

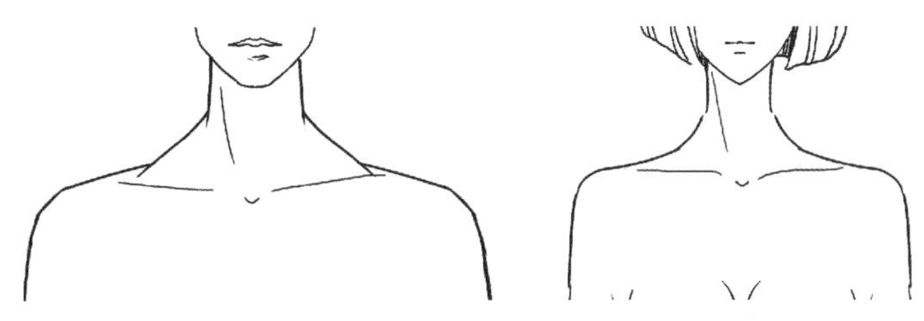

图2–1–29 男女颈部绘制线条比较

这部分的内容，需要在掌握人体骨骼结构的基础上，多观察实际人体及参看大量相关图片而逐步掌握。凭空想象的脱离人体骨骼结构的人体，即使机械性地按照书中介绍的比例关系绘出基础轮廓，也是很难得到流畅合理的人体线条。

二、正面两脚开立男女人体的画法

要想准确地表现动态，首先要抓准动势线，强调身体的拉伸和扭转。首先观察人体的动势，确定重心，从动势线开始画起，再画人体的前中心线，确定肩线、腰围线、臀位线的角度。

根据对骨骼的了解和对模特儿的观察，画出胸廓和臀部，再画出连接腰和臀的腰线，表现完整的胸腰体态。

根据人体的中心，画出腿的位置和主要线条，这样可以使所画的人体立于地面之上，并且保持重心稳定。然后画出头部、颈部的形态和扭转角度，根据身体的转动来画出手臂的位置和长度，要强调身体的透视。最后用概括的笔触画出五官和发型，并完成手和脚的绘画。

正面两脚开立男人体的画法（图2–1–30～图2–1–34）。

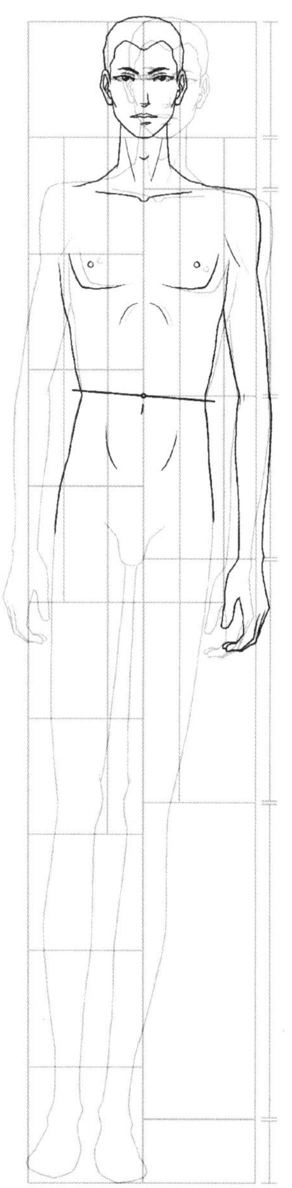

图2-1-30
在之前绘制好的男人体模板上附一张白纸，直接可以描画出腰线以上部分和右侧手臂，底版以腰围中线点为圆点略微右倾,绘出左高右低的胯部结构

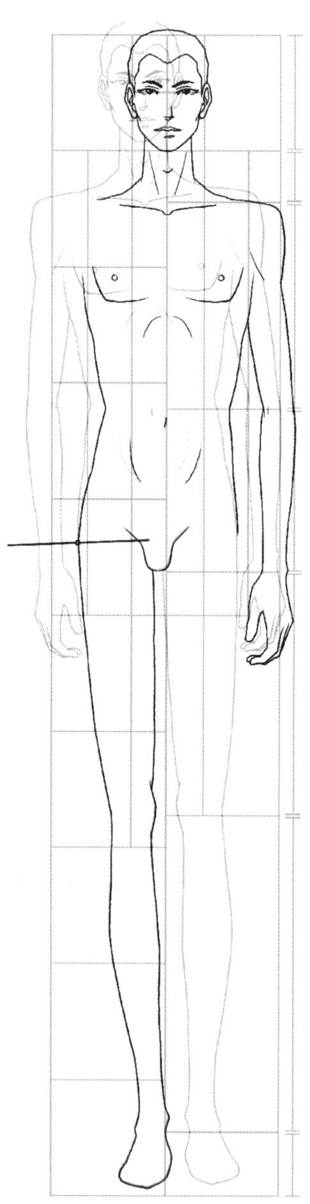

图2-1-31
再将底版以左侧大腿根部为圆心向左略微倾斜，绘出左侧支撑腿，足跟部位于中心线上

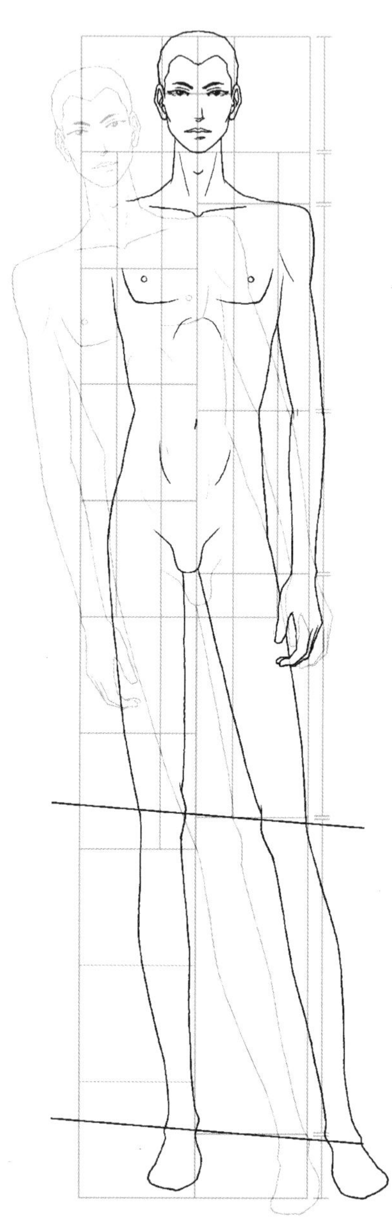

图2-1-32
将底版以右侧大腿外侧与胯部连接点为圆点，继续向左倾斜适度角度，绘出右腿

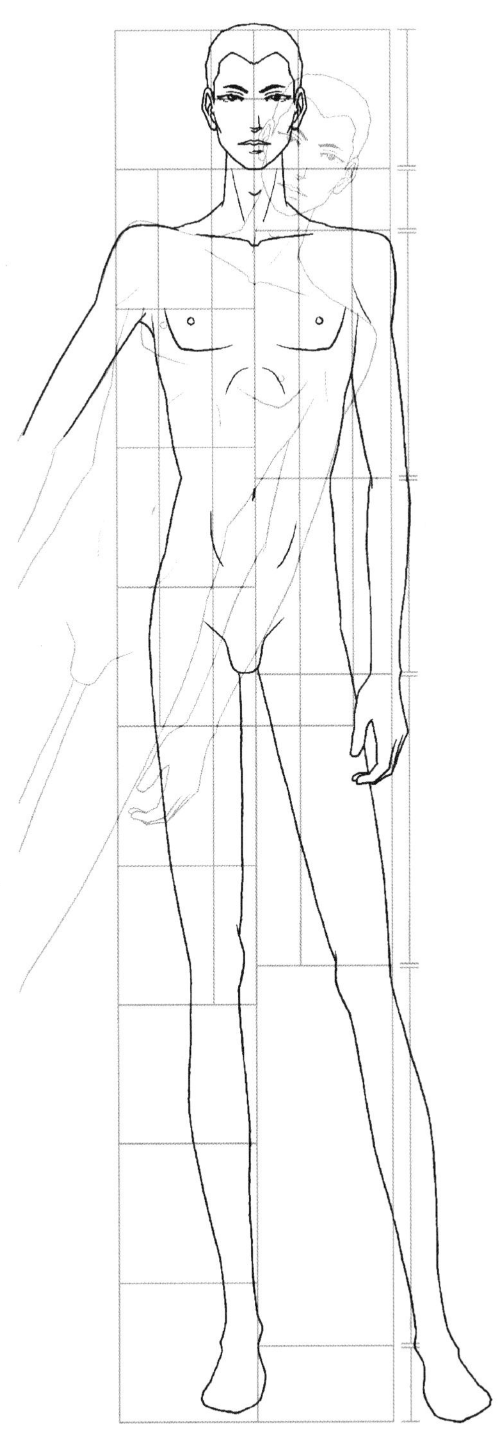

图2-1-33
将底版以锁骨和肩部连接点为圆形，向右适度倾斜，绘出右臂线条

人体站立常见有两种承重方式：一种是双腿承重，另一种是单腿承重。

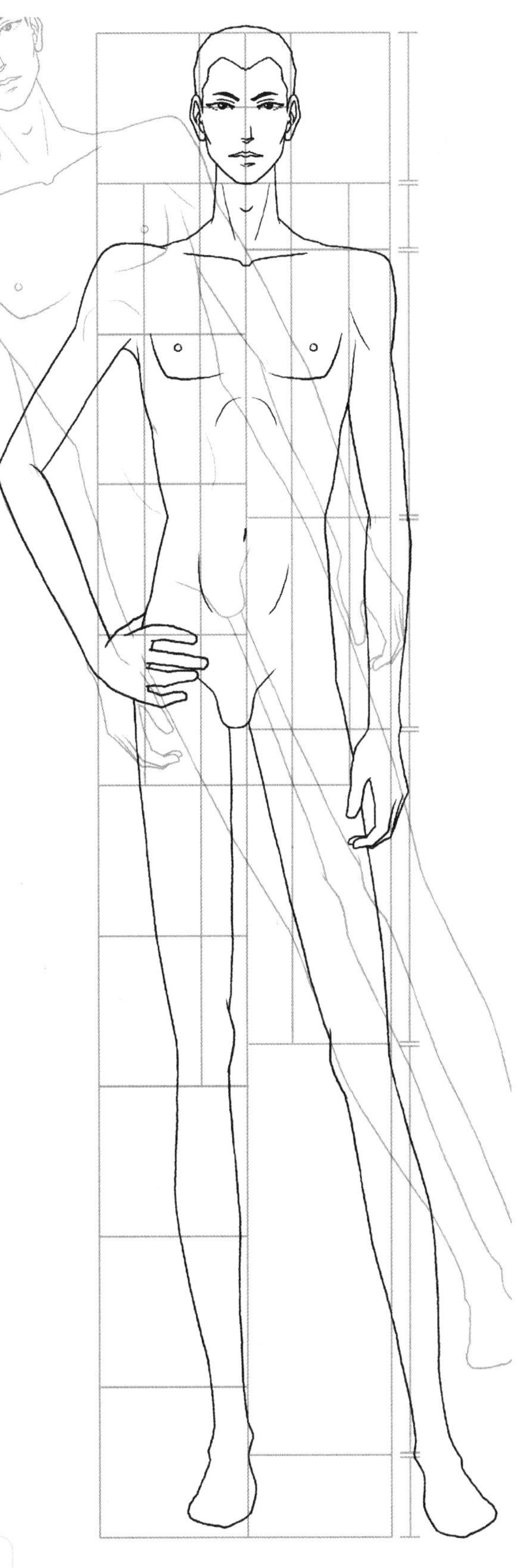

图2-1-34
右臂下半部连接至腰部，并绘出手部结构，绘制完成

正面两脚开立女人体的画法（图2-1-35～图2-1-40）。

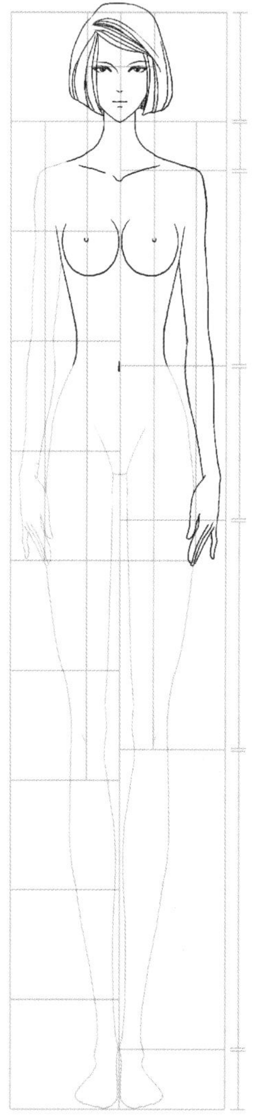

图2-1-35
在绘制好的女人体模板上附一张白纸，描画出腰线以上部分和右侧自然下垂的手臂

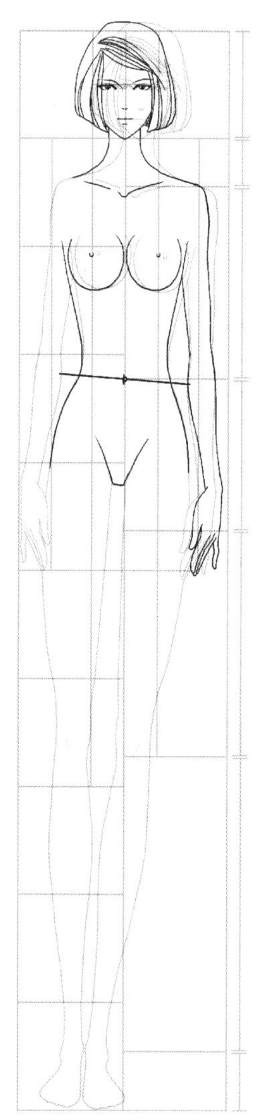

图2-1-36
将底版以腰围中心点为圆形向右倾斜，绘制出左高右低的胯部线条

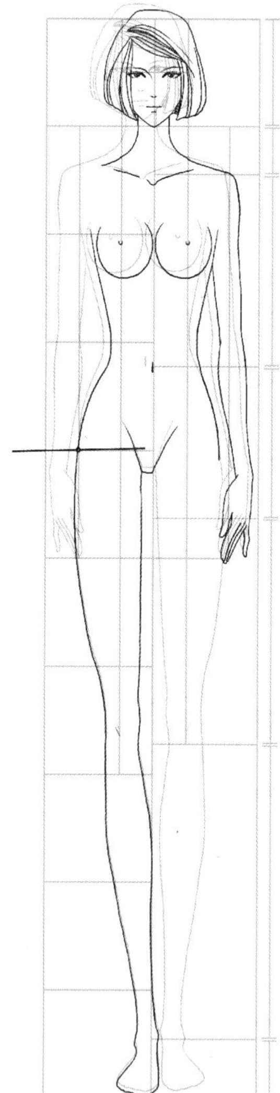

图2-1-37
将底版以左侧大腿根部为圆点向左倾斜，绘出左侧腿部线条，足跟回到中心线上

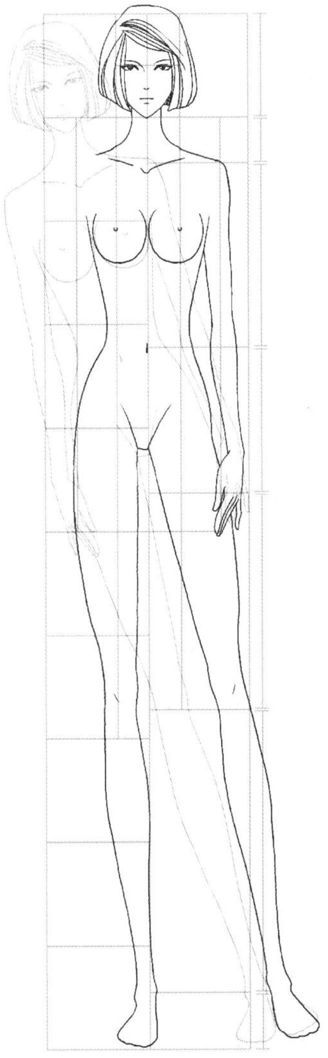

图2-1-38
将底版以右侧大腿外侧与胯部连接点为圆心，继续向左倾斜至适当角度，描绘出右侧腿部线条

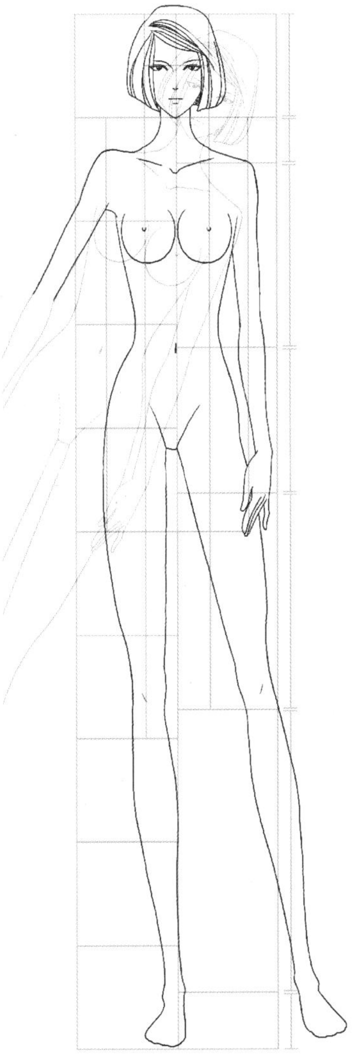

图2-1-39
将底版以做侧锁骨与肩部连接点为圆心，向右适度倾斜，描绘出右侧手臂线条

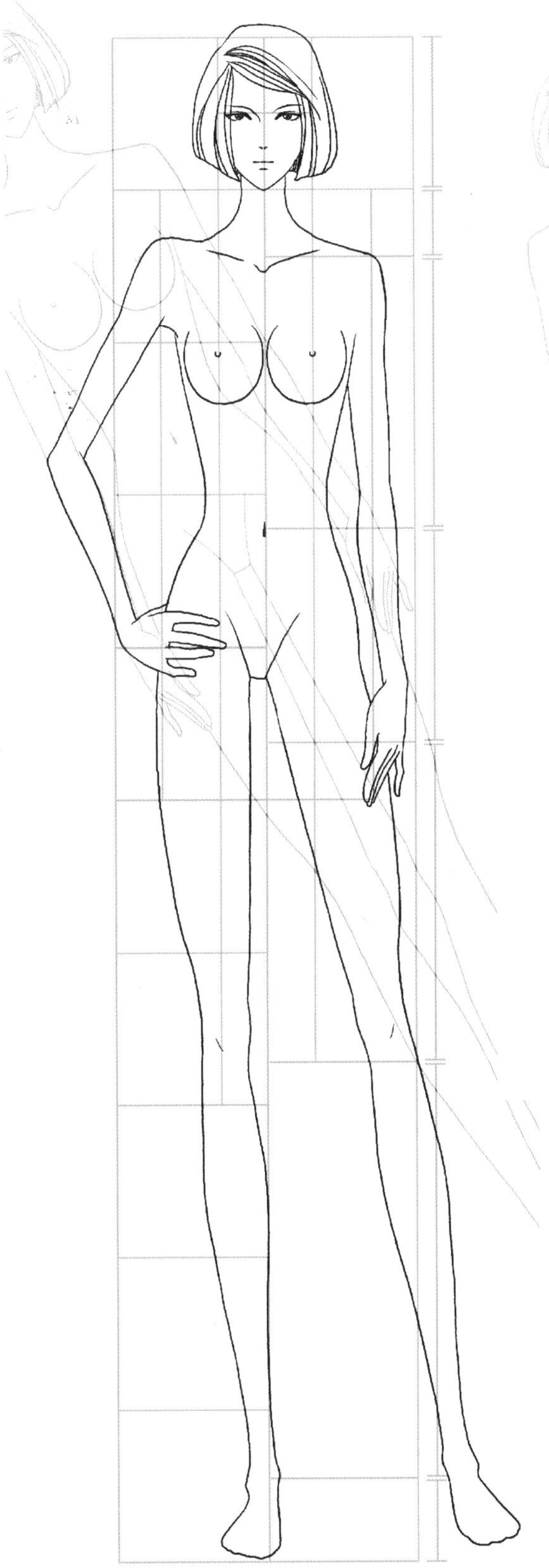

图2-1-40
从肘部连接至腰部，完成手臂的线条，并绘制出手部结构，绘制完成

小贴士 单腿支撑时，重心穿过受力的脚。

第二节　3/4侧面男女人体的绘制步骤图解

绘制3/4侧面人体时，首先要强调人体的透视关系。人体转动时身体的角度发生变化，身体各部位的线条，特别是女性的胸部、腰部和肩部线条，都将随之发生相应的变化。绘制3/4侧面人体时，要借助前、后中心线和动势线来理解人体的转折和扭动关系。

3/4侧面男人体的画法（图2-2-1～图2-2-6）。

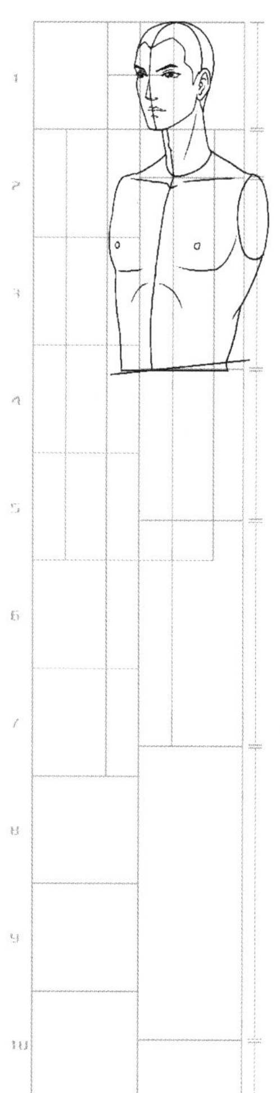

图2-2-1
在腰线和前中心线交汇处把支撑腿一侧的腰线倾斜抬高，然后找脸部的透视线，以前中心线为中心，支撑腿一侧的脸部和身体占的面积较大

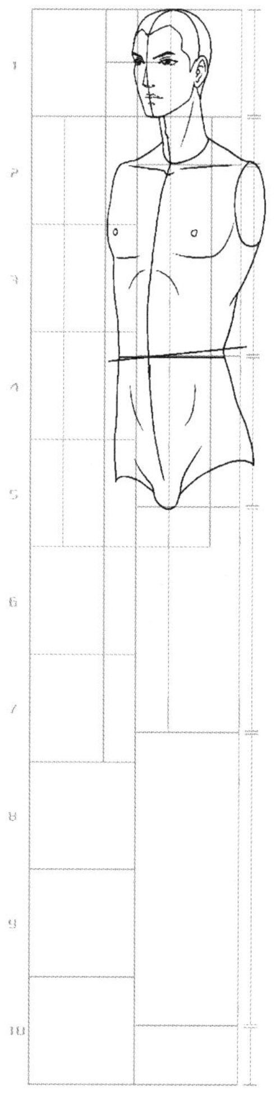

图2-2-2
按透视关系画出臀部

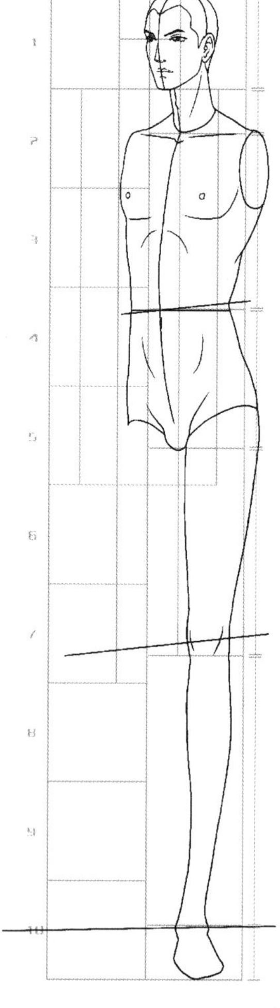

图2-2-3
支撑腿勾线，与上半身相连

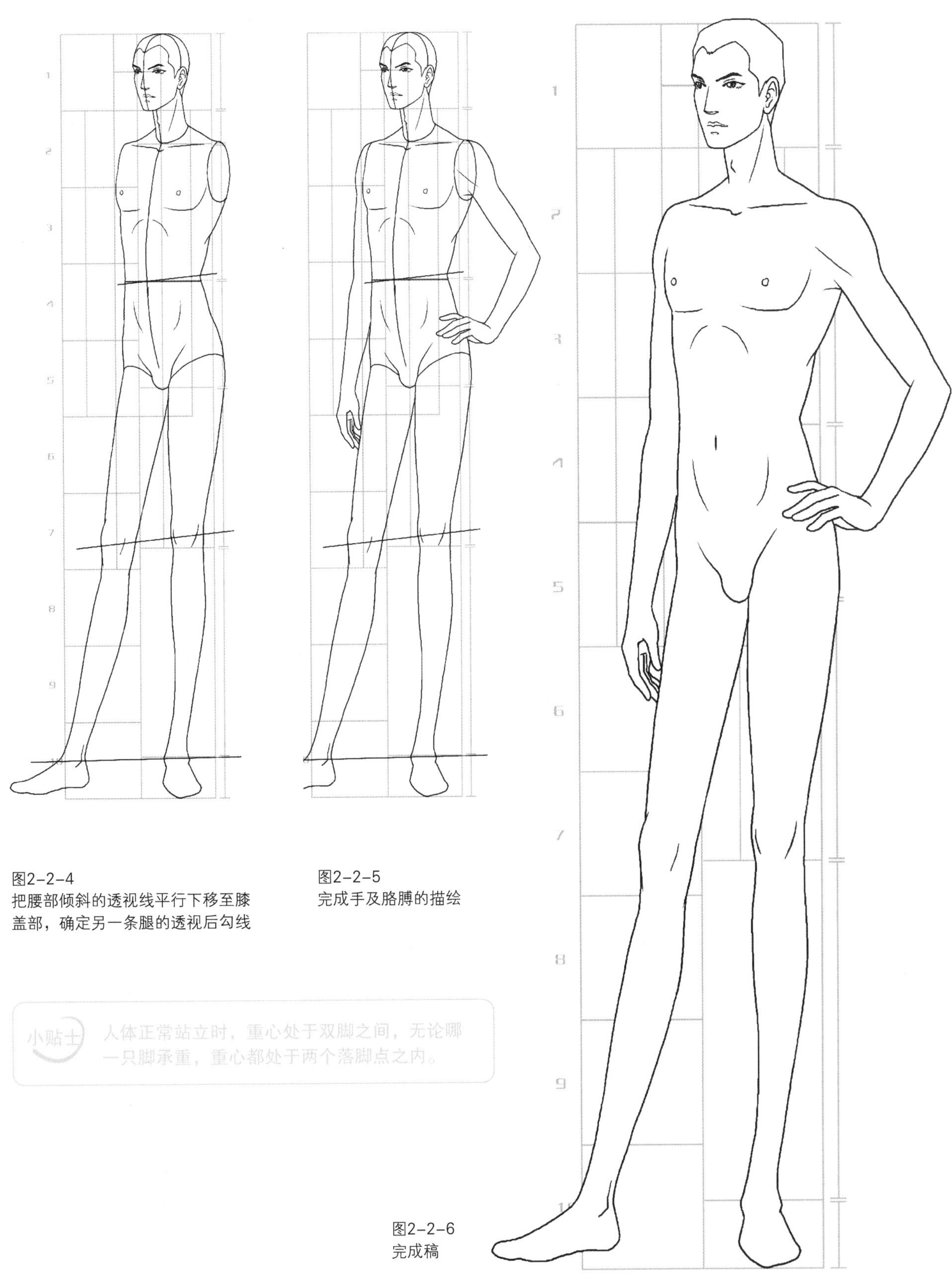

图2-2-4
把腰部倾斜的透视线平行下移至膝盖部，确定另一条腿的透视后勾线

图2-2-5
完成手及胳膊的描绘

小贴士　人体正常站立时，重心处于双脚之间，无论哪一只脚承重，重心都处于两个落脚点之内。

图2-2-6
完成稿

3/4侧面女人体的画法（图2-2-7~图2-2-12）。

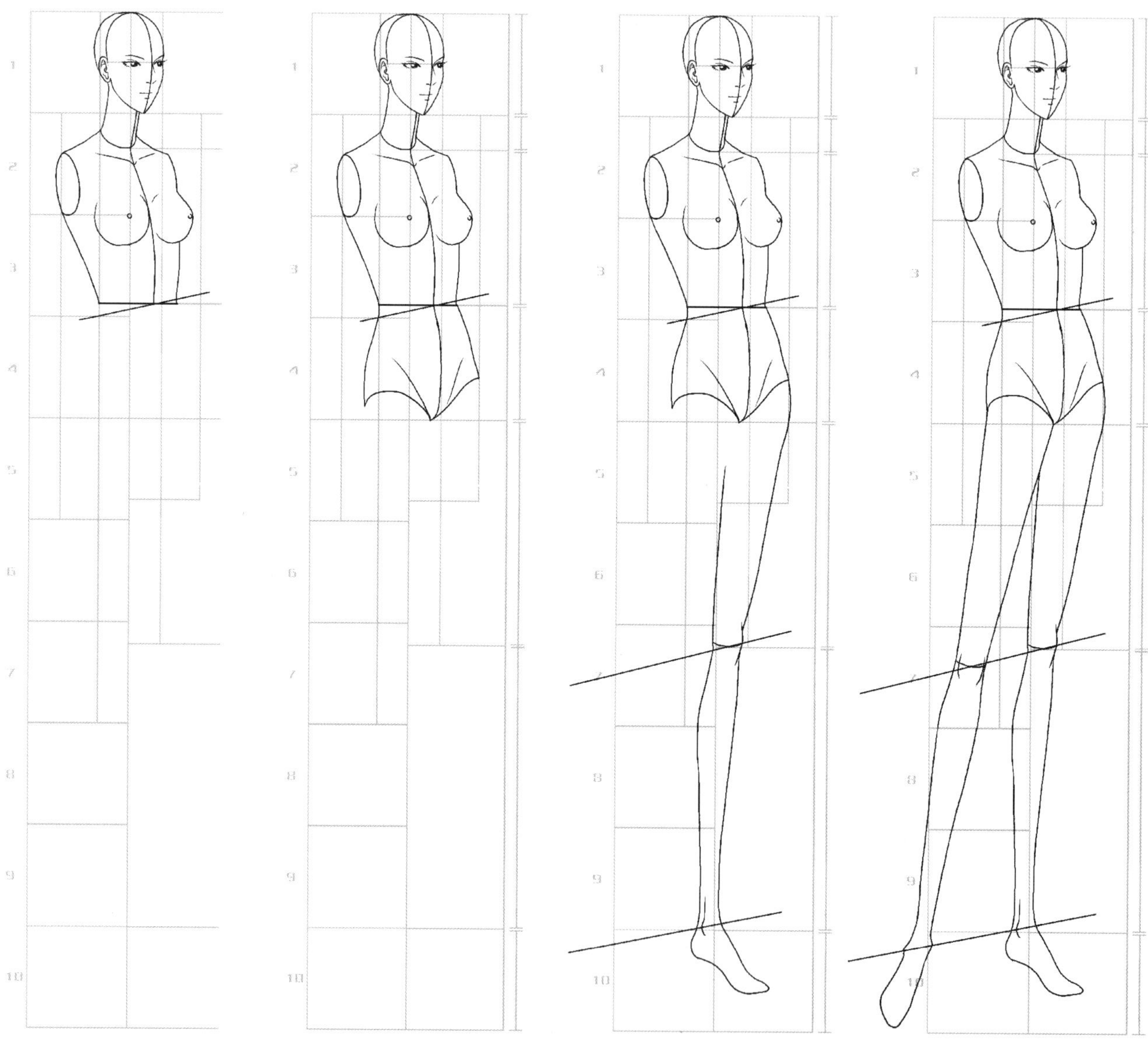

图2-2-7
观察透视关系，腰线左低右高，画出上半身

图2-2-8
按透视画出臀部关系

图2-2-9
膝盖及脚踝的透视角度与腰线相同，支撑腿勾线

图2-2-10
按透视画出另一条腿

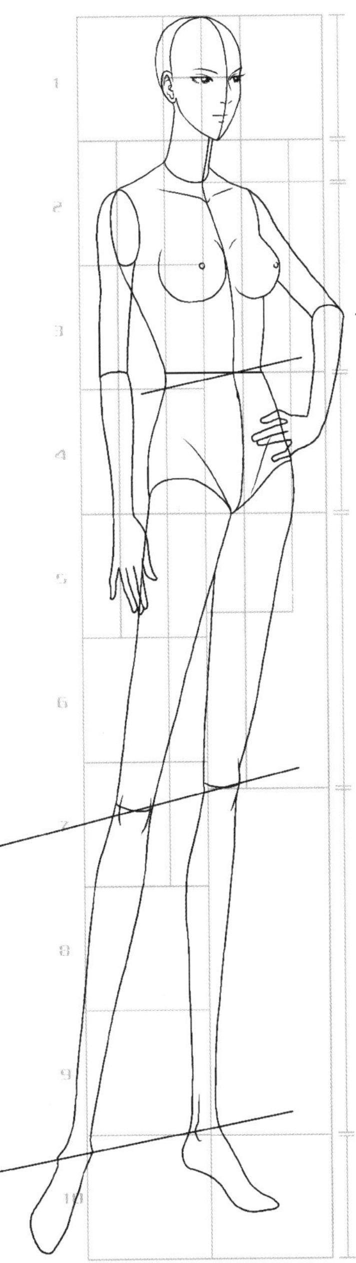

图2-2-11
完成手及胳膊的描绘

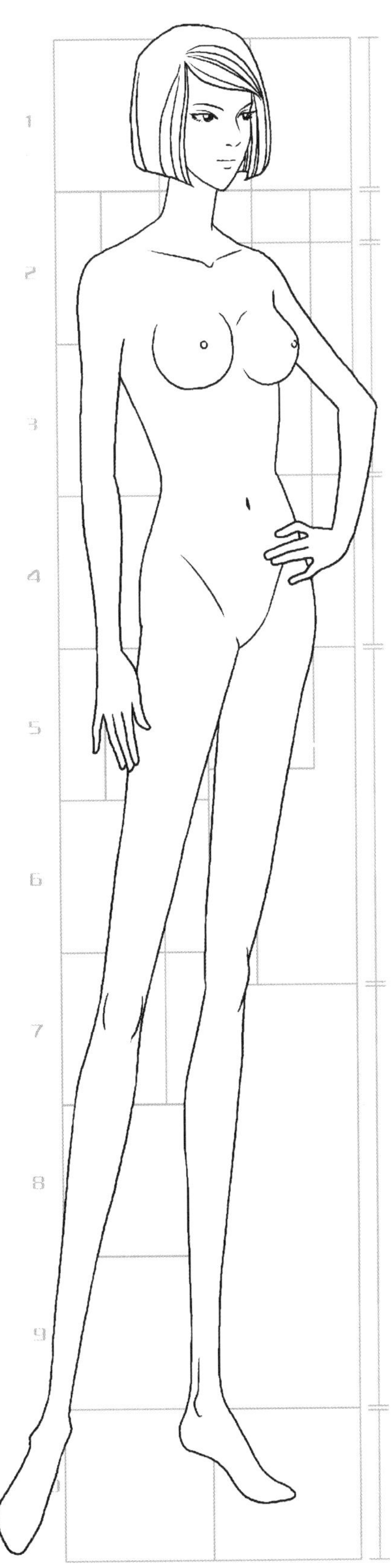

图2-2-12
完成稿

第三节　侧面男女人体的绘制步骤图解

绘制侧面人体时，首先要确定人体的重心线和背部线条，使人体在画面上站稳，再观察人体侧面的动态和比例。要仔细观察和体会人体侧面的扭转、倾斜、弯曲程度，特别是女性胸、腰、臀的侧面曲线，以及脖子的扭转、腿的支撑、手臂的平衡。

侧面男人体的画法（图2-3-1～图2-3-6）。

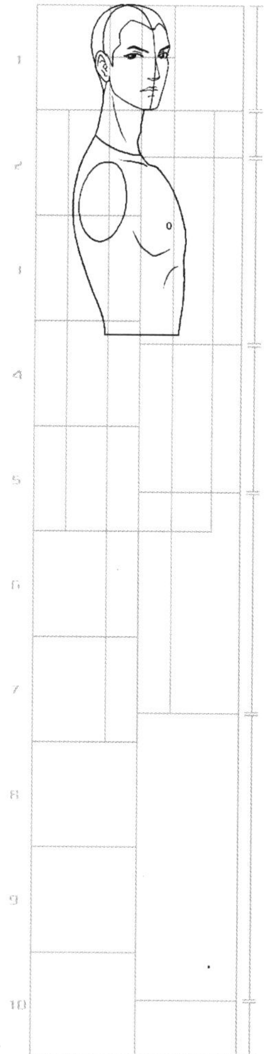

图2-3-1
观察脸部及颈部的透视关系，画出头部细节及腰线以上部分

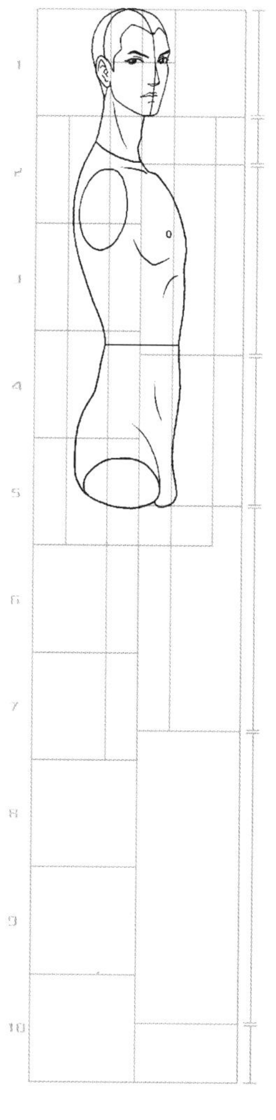

图2-3-2
按透视关系画出臀部曲线

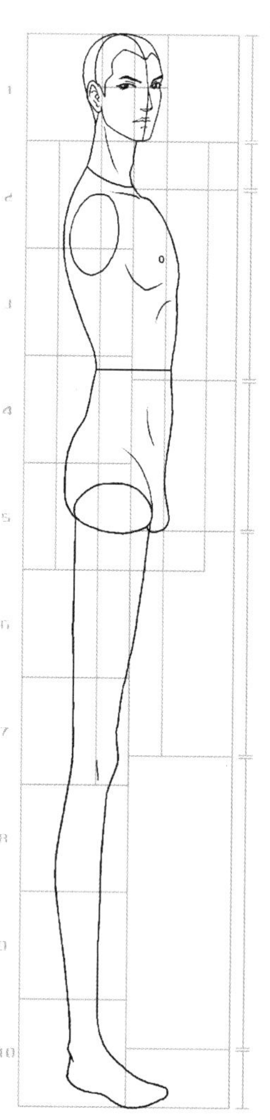

图2-3-3
先画近处的腿，腿与臀的勾线处要注意衔接

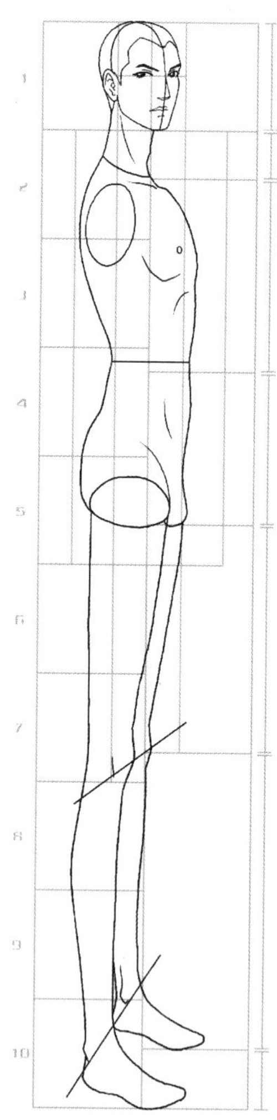

图2-3-4
膝盖的透视线倾斜角度比较大，按透视规律画出另一条腿

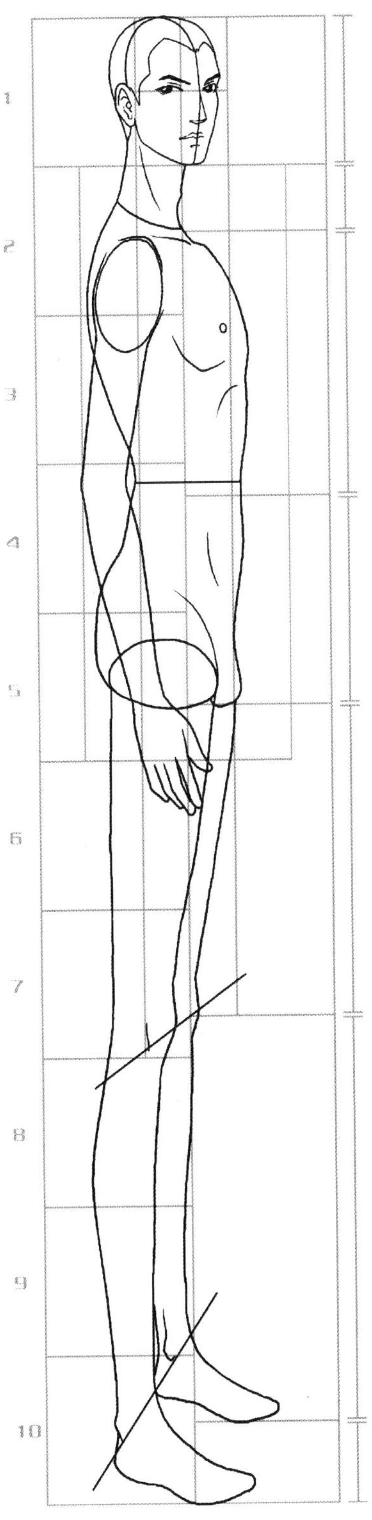

图2-3-5
由于是侧面，只能看见一只手臂，手臂和胳膊的线条要稍微粗壮些

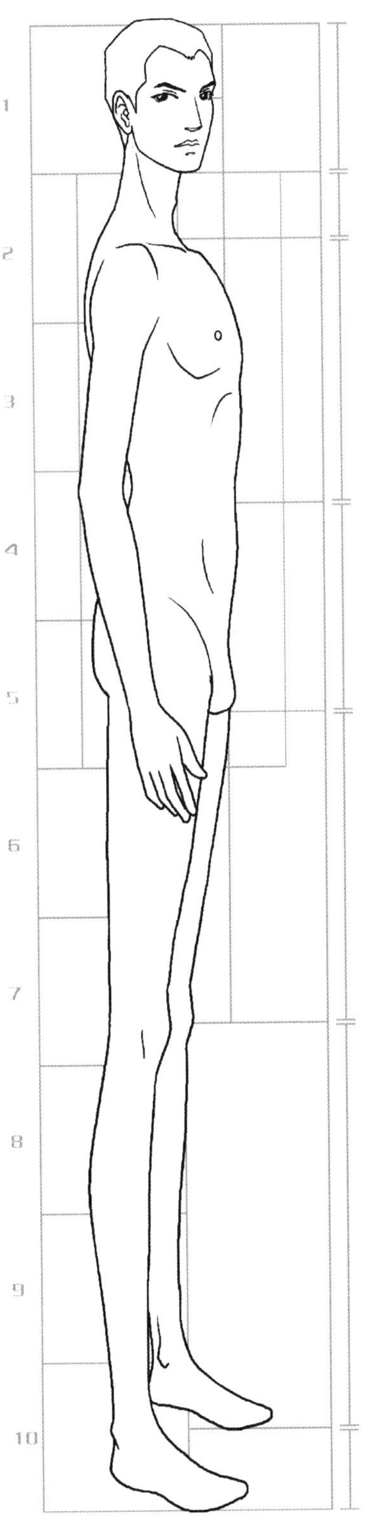

图2-3-6
绘制完成

侧面女人体的画法（图2-3-7～图2-3-12）。

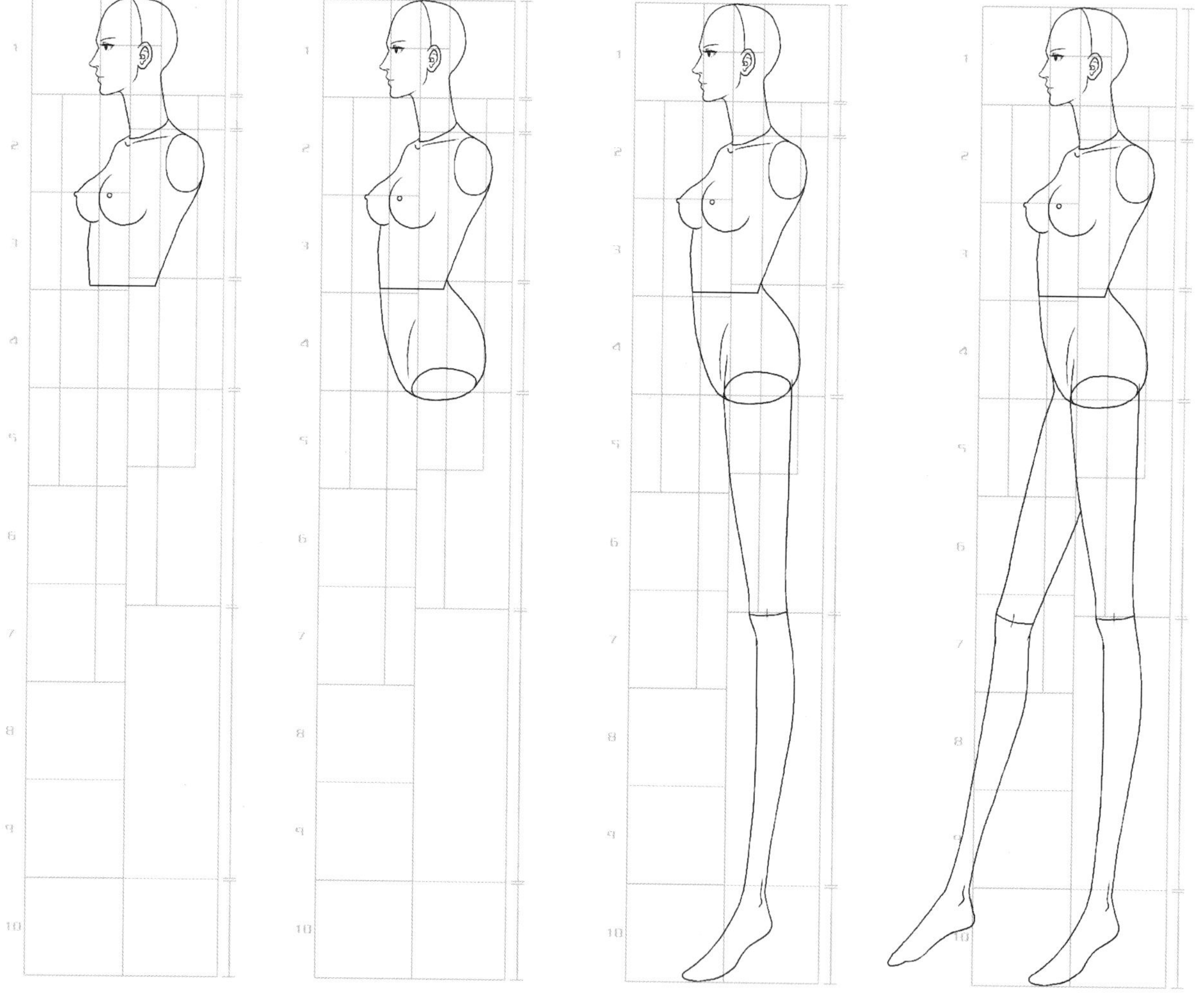

图2-3-7
观察脸部及颈部的透视关系，画出侧面头、五官一级腰线以上部位，胸部处理很关键

图2-3-8
按透视关系画出臀部曲线，注意背面的衔接处

图2-3-9
先画近处的腿，线条要圆润流畅

图2-3-10
按透视规律画出另一条腿，与上半身连接处有小的回转关系

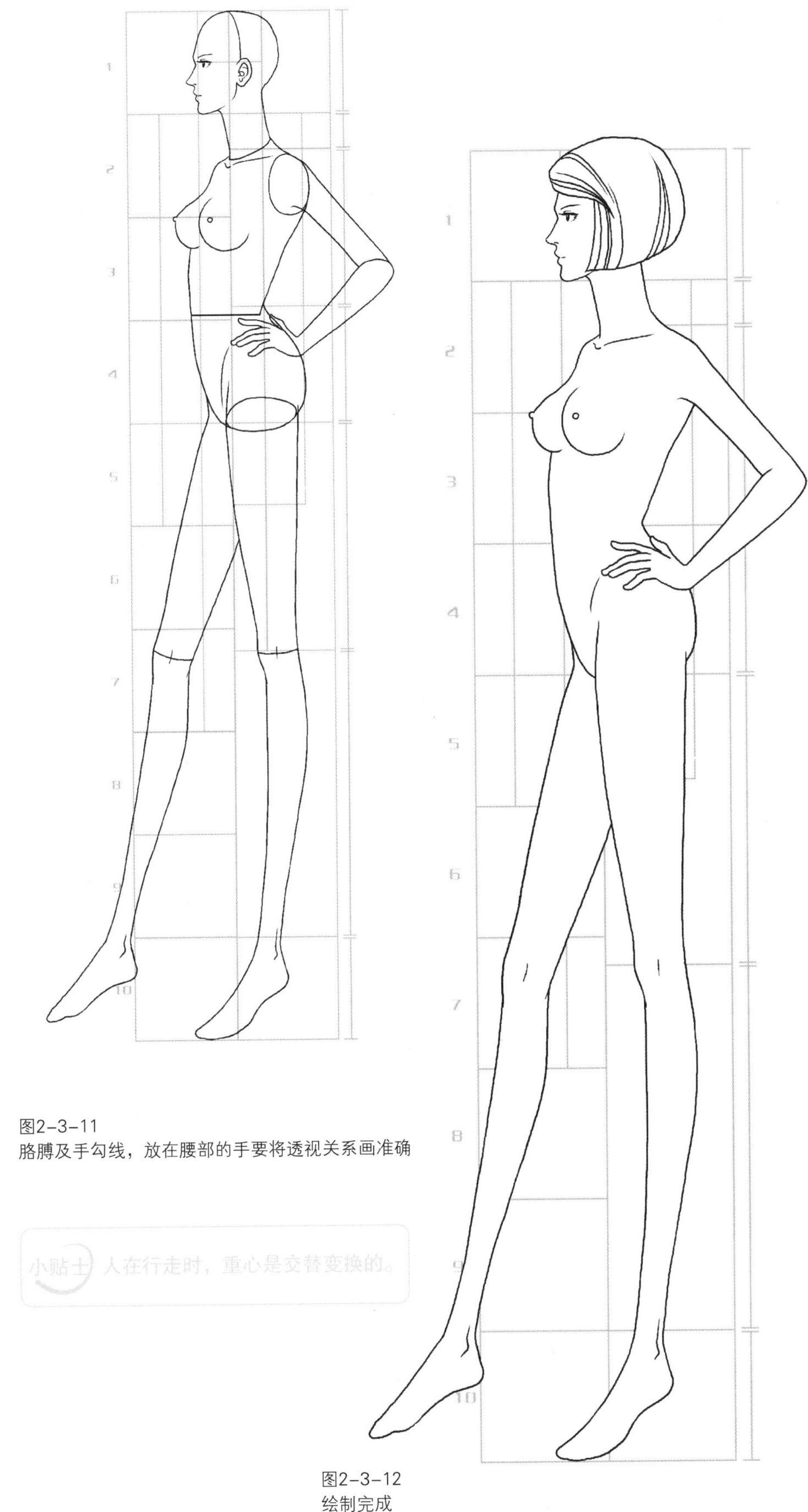

图2-3-11
胳膊及手勾线，放在腰部的手要将透视关系画准确

小贴士 人在行走时，重心是交替变换的。

图2-3-12
绘制完成

第四节 背面男女人体的绘制步骤图解

绘制背面人体时，先画一条垂直中轴线，定出中心点。将垂直线分成10个头长，头部对称于中轴线。然后绘制出外轮廓，利用头身比例，确定胸、腰、臀、膝盖的位置。

背面男人体的画法（图2-4-1～图2-4-6）。

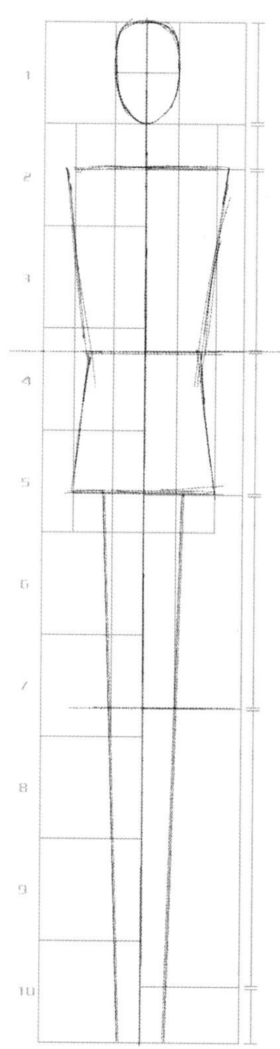

图2-4-1
画一条垂直中轴线，以轴线为中心，把上半身概括成正反两个梯形，左右对称，画出头、肩和腰部

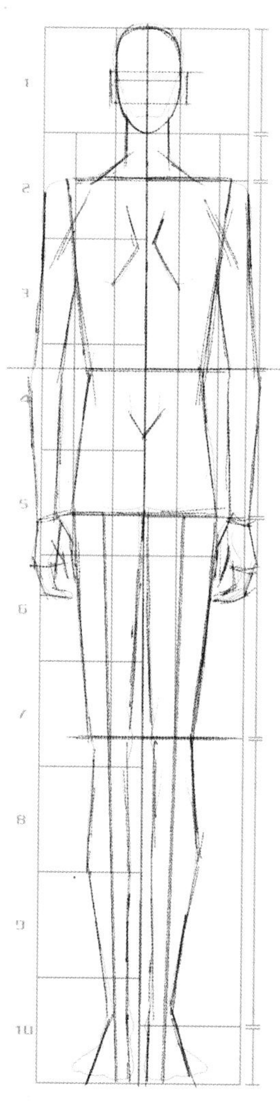

图2-4-2
画出手臂和腿的轮廓，注意手肘与腰线水平、手腕与臀部水平

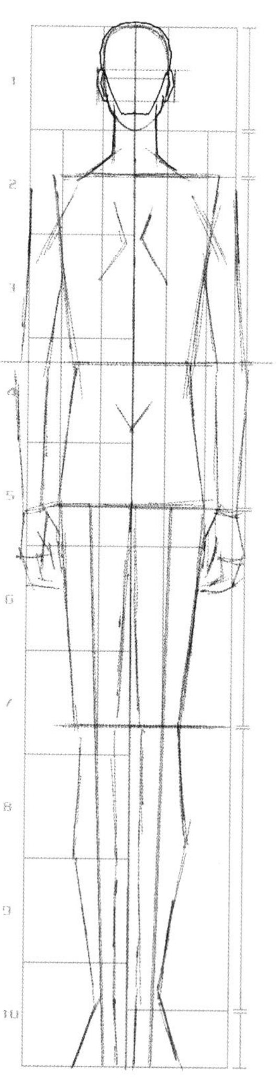

图2-4-3
脑后部勾线，注意头和颈部的衔接

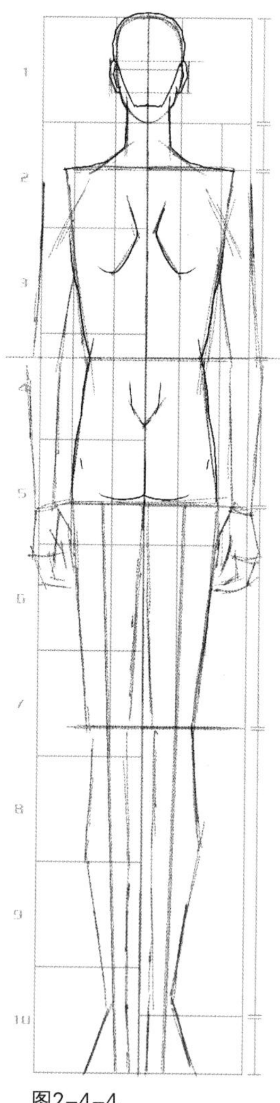

图2-4-4
刻画后背和臀部细节

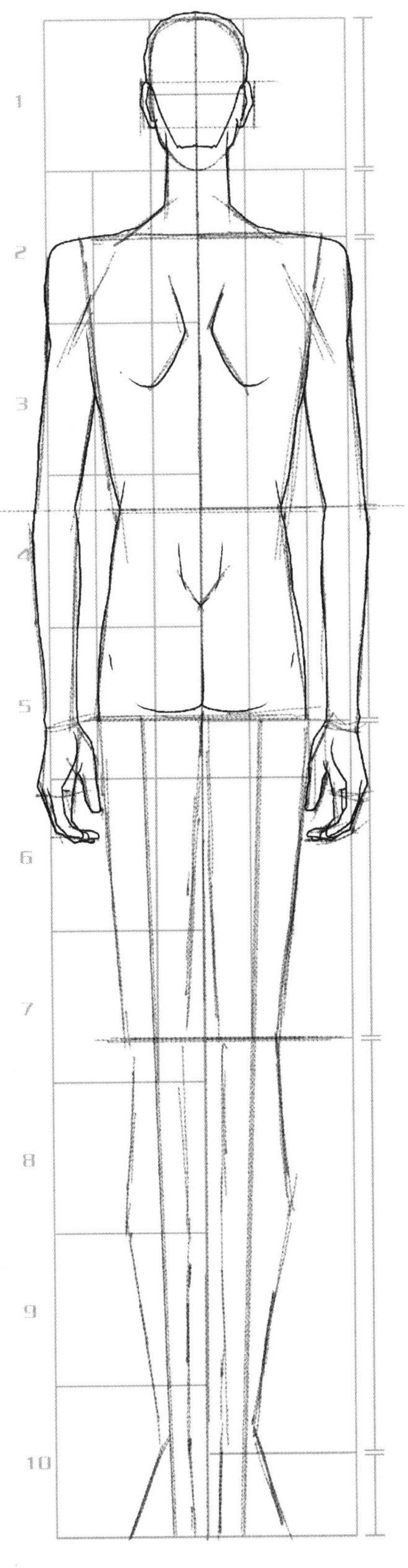

图2-4-5
手臂和手的勾画线条要粗壮有力

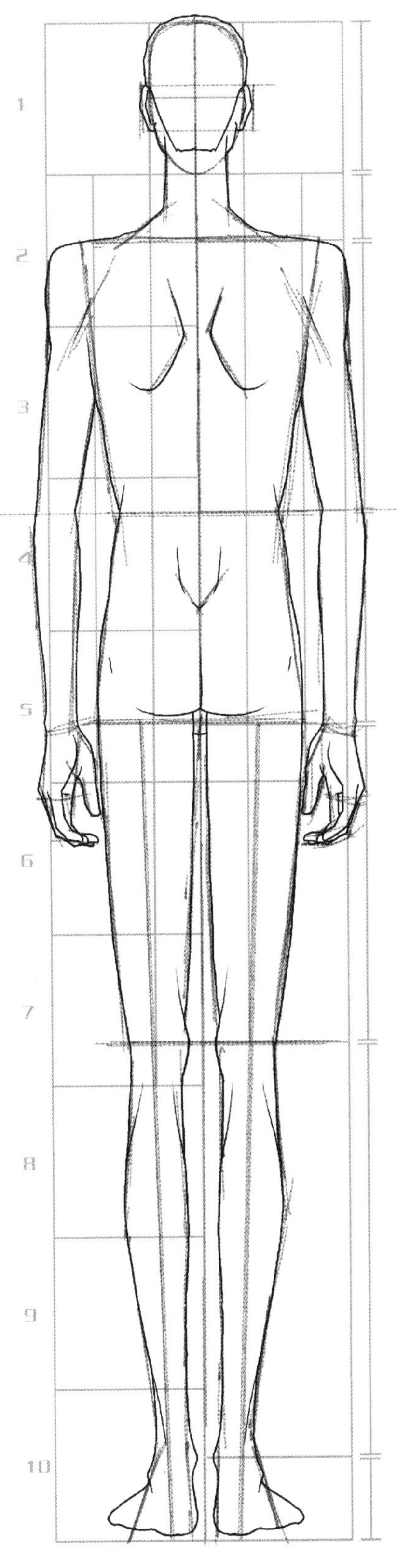

图2-4-6　完成稿

背面女人体的画法（图2-4-7～图2-4-12）。

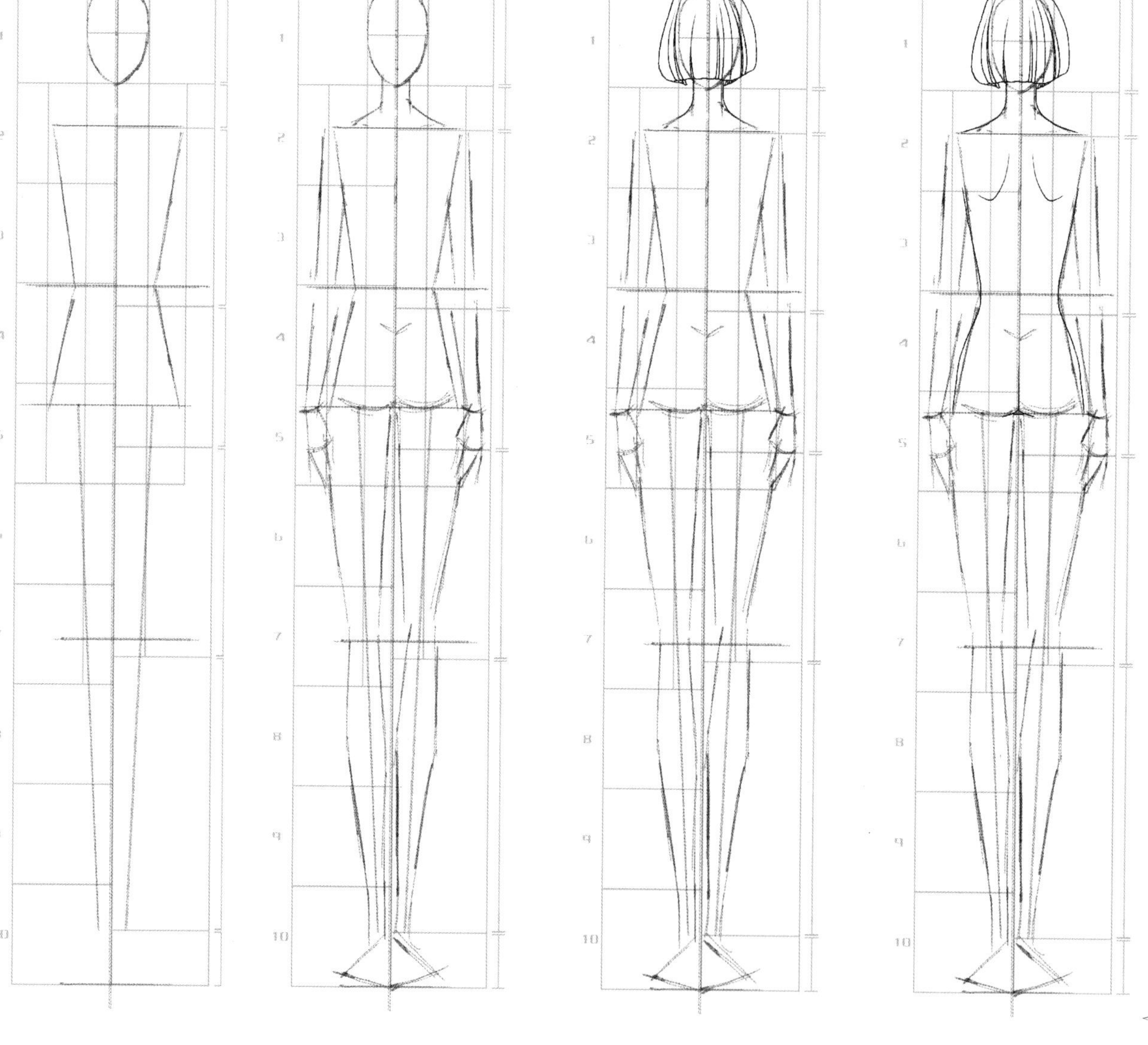

图2-4-7
画一条中轴线，以轴线为中心，作画时左右对称

图2-4-8
画出手臂和腿的轮廓，注意手肘与腰线水平、手腕与臀部水平

图2-4-9
脑后部勾线，注意头和颈部的衔接，头发的线条要清晰有序

图2-4-10
刻画后背和臀部的细节

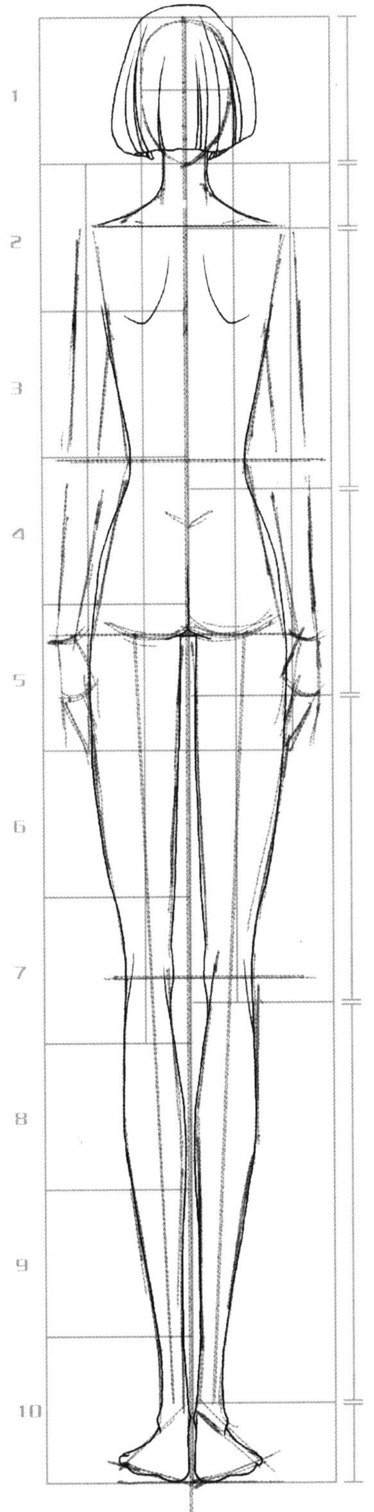

图2-4-11　腿和脚勾线

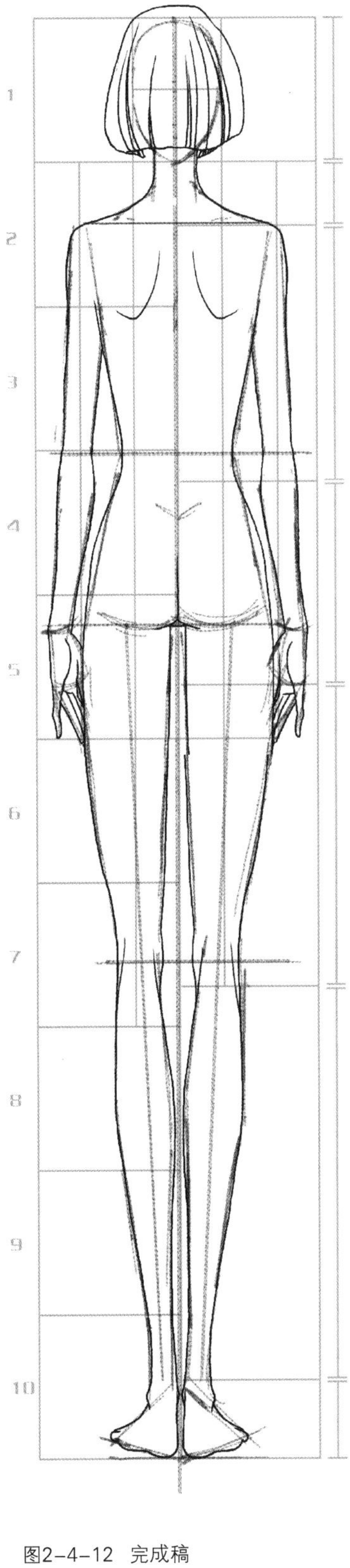

图2-4-12　完成稿

小贴士　用线要求整体、简洁、高度概括和提炼。

服装人体动态及着装表现1000例

第三章　服装效果图中的人体动态

第三章 服装效果图中的人体动态

第一节 女性人体的常用动态

生活中，人体的动态千变万化，但服装画中的人体动态往往没有太大的伸展和弯曲动作。一般女性的动态应偏向柔美窈窕，男性的动态应偏向刚劲潇洒。无论选用哪种动态，都要以突出服装设计款式为目的。因此，全身正面、3/4侧面等站立姿态被选用得较多，因为站立的人体最能表现服装与人体的比例关系和显示服装的款式特点，因此重心平稳、全身直立的正面或半侧面的模特姿态是服装画常用的造型（图3–1–1~图3–1–34）。

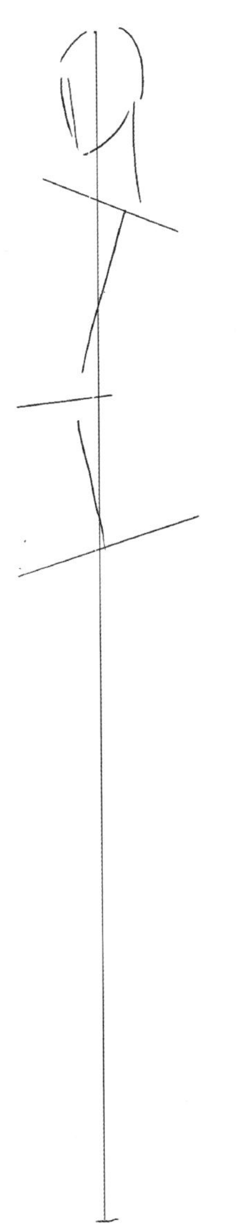

图3–1–1(1)
确定人体总高度及中心线，观察透视关系，画出肩线、腰线、臀线的辅助线

图3–1–1–(2)
完成人体上半身箱型结构，勾画出腿部及手臂的动势辅助线

图3-1-1(3) 用圆顺的线条刻画细节

图3-1-1(4) 去除辅助线条，绘制完成

图3-1-2(1)
确定人体总高度及中心线,肩线左低右高，腰线和臀线左高右低

图3-1-2(2)
肩线、腰线、臀线连接，完成人体上半身箱型结构，勾画出腿部及手臂的动势辅助线

图3-1-2(3)
头发的线条要随着人体动态画出，刻画人体轮廓线

小贴士 画准时装人体的重心线，是画出的人体能够站稳的关键。

图3-1-2(4)
去除辅助线条，绘制完成

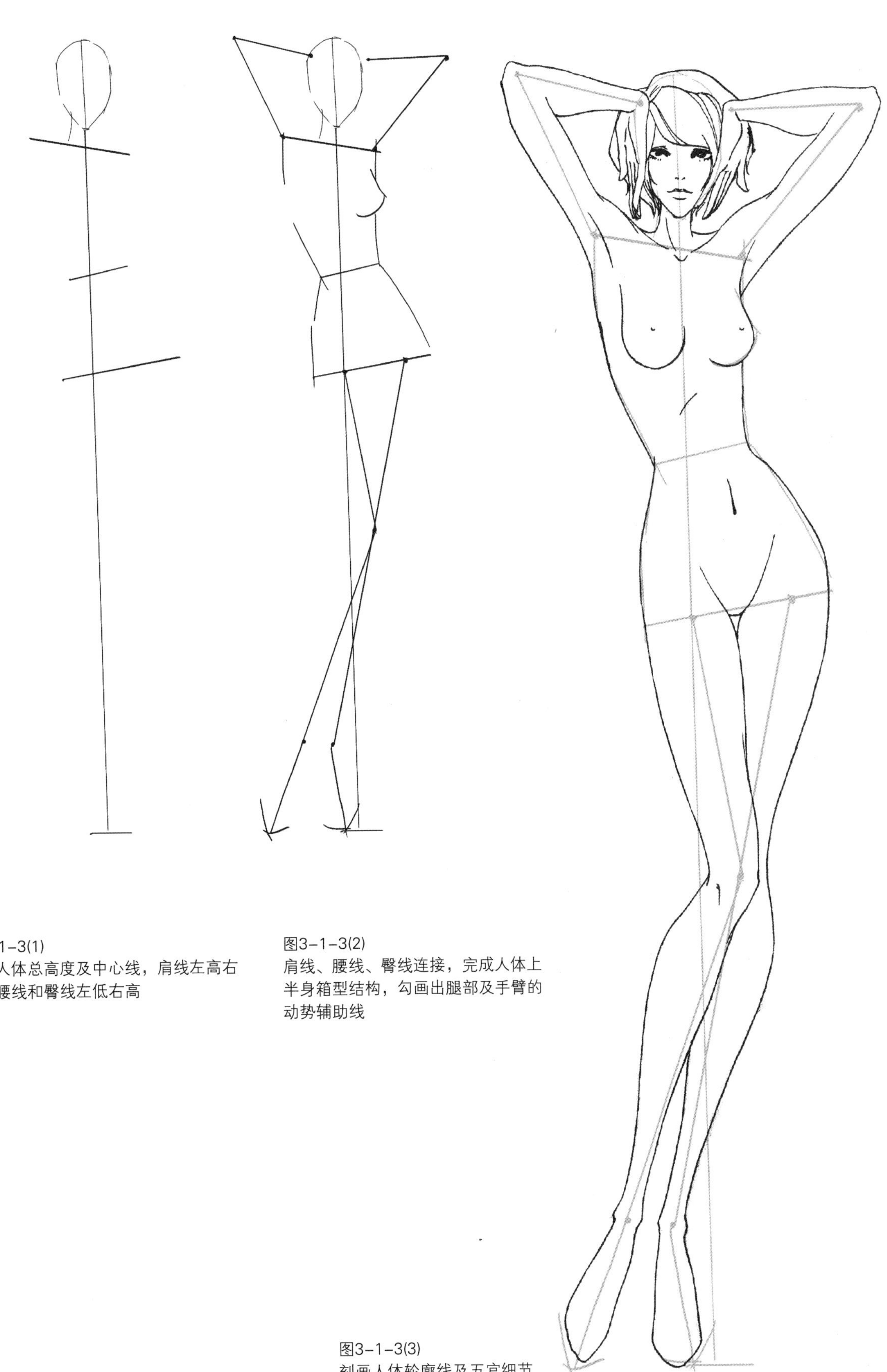

图3-1-3(1)
确定人体总高度及中心线，肩线左高右低，腰线和臀线左低右高

图3-1-3(2)
肩线、腰线、臀线连接，完成人体上半身箱型结构，勾画出腿部及手臂的动势辅助线

图3-1-3(3)
刻画人体轮廓线及五官细节

小贴士 当人将身体的重心完全转移到身体的一侧时，整个身体的重量就由一条腿来支撑。

图3-1-3(4)
去除辅助线条，绘制完成

图3-1-4(1)
确定人体总高度及中心线，肩线左高右低，腰线和臀线左低右高

图3-1-4(2)
肩、腰、臀线连接，完成人体上半身箱型结构，勾画出腿部及手臂的动势辅助线

小贴士 承重腿的变化与臀围线有直接关系，承重腿的一侧向上提起，另一侧为非承重腿。

图3-1-4(3)
刻画人体轮廓线及五官细节

图3-1-4(4)
去除辅助线条，绘制完成

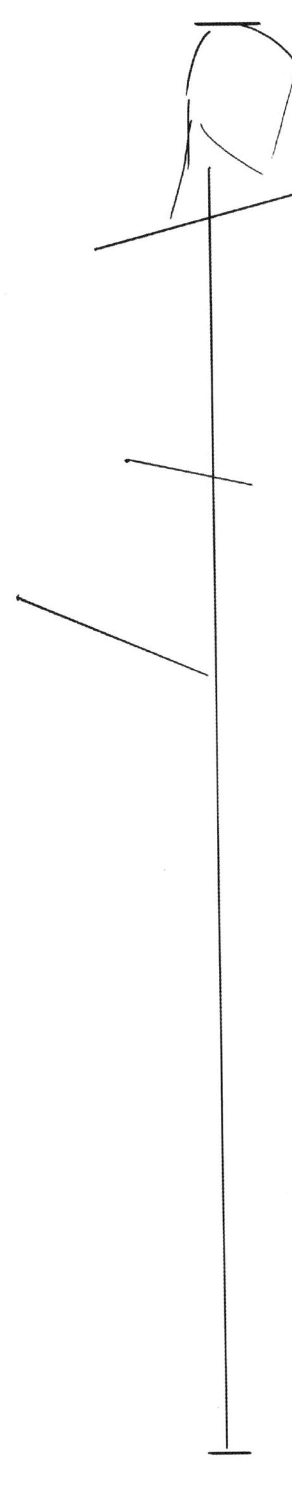

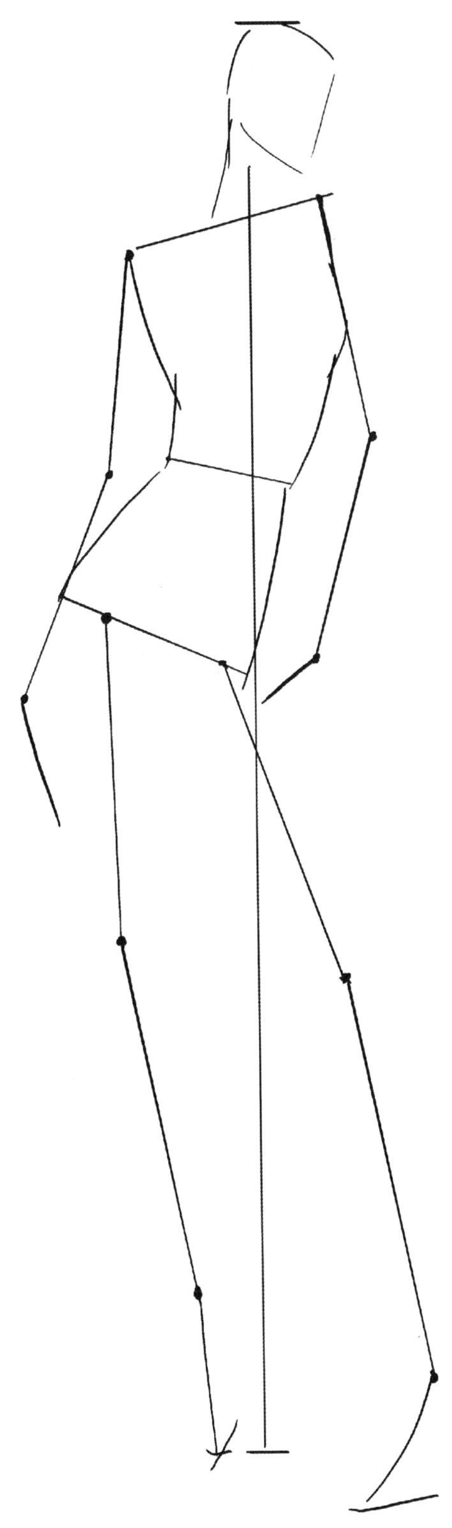

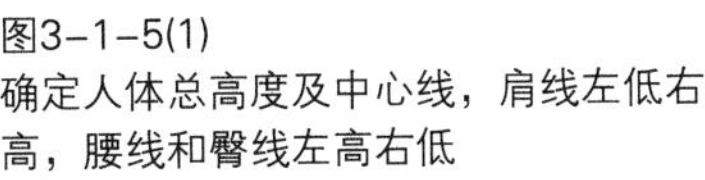

图3-1-5(1)
确定人体总高度及中心线，肩线左低右高，腰线和臀线左高右低

图3-1-5(2)
肩线、腰线、臀线连接，完成人体上半身箱型结构，勾画出腿部及手臂的动势辅助线

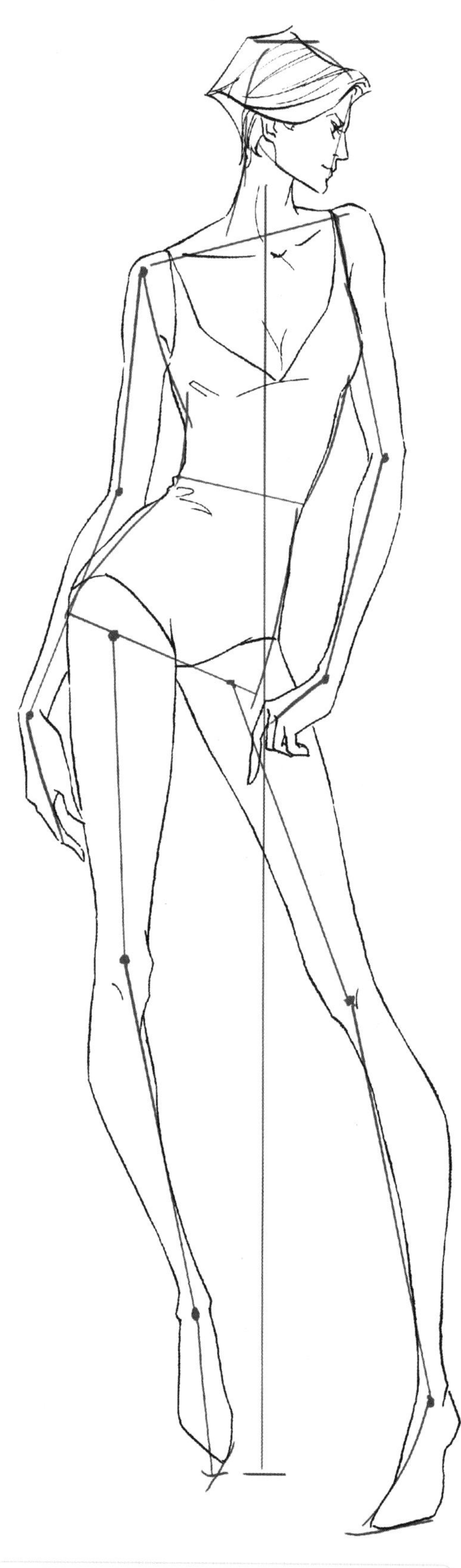

站立姿态两条腿受重时，重心线落在人体的两脚之间。

图3-1-5(3)
刻画人体轮廓线及五官细节

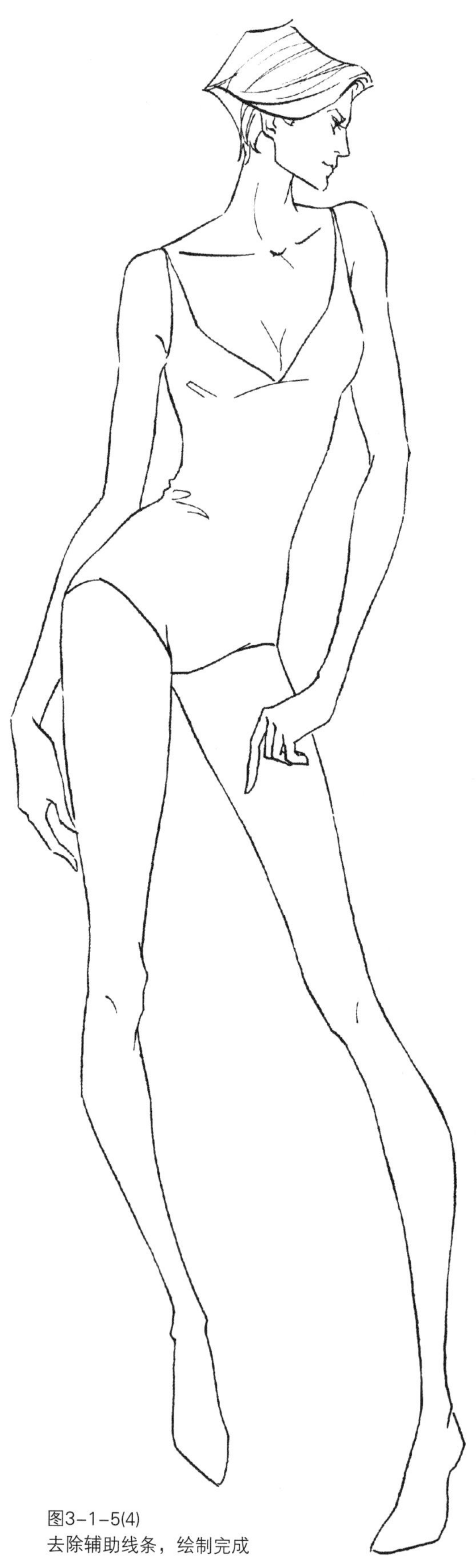

图3-1-5(4)
去除辅助线条，绘制完成

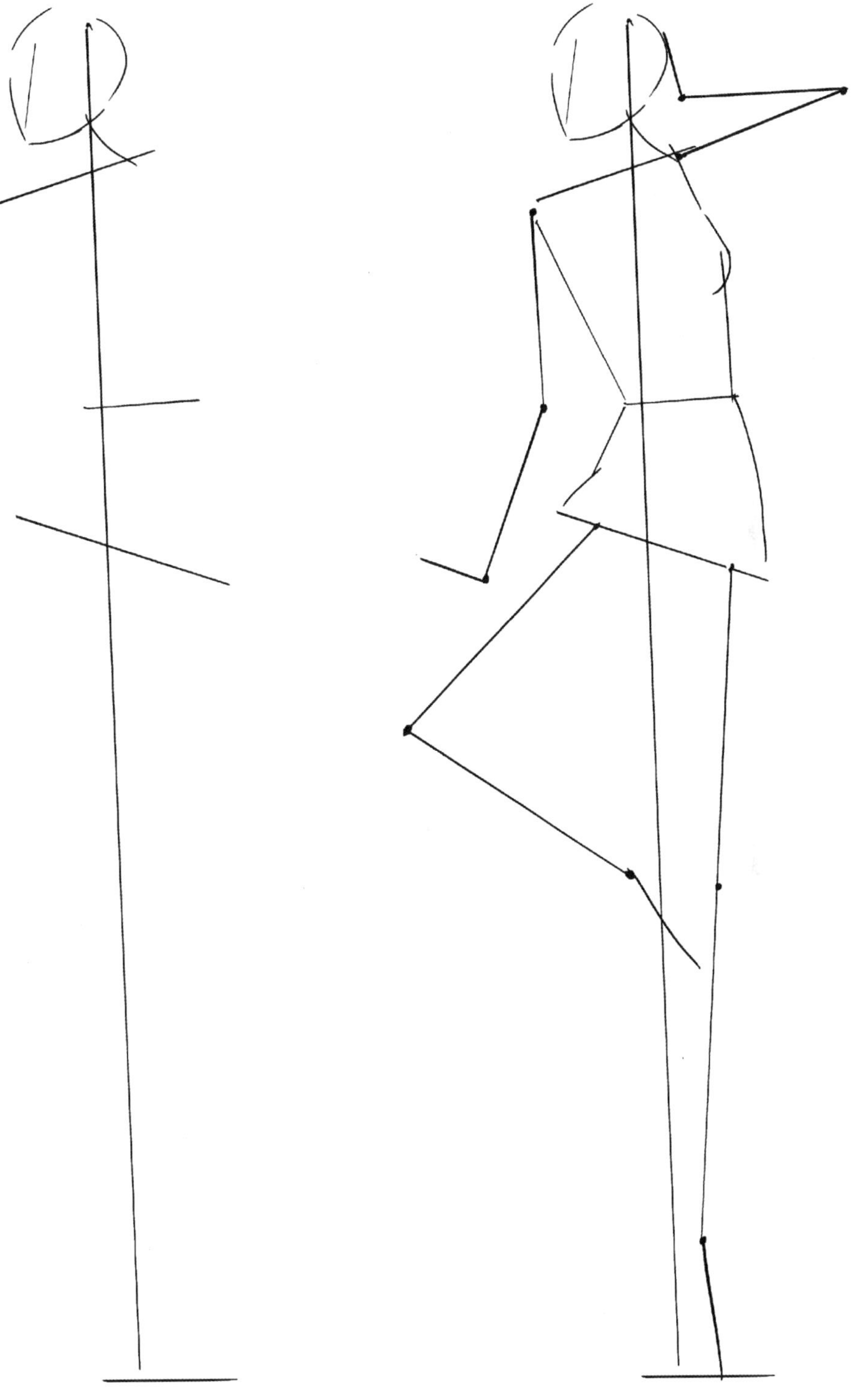

图3-1-6(1)
确定人体总高度及中心线，肩线左低右高，臀线左高右低

图3-1-6(2)
肩线、腰线、臀线连接，完成人体上半身箱型结构，勾画出腿部及手臂的动势辅助线

小贴士 不承重的头部、颈部、手臂和腿可以在人体可活动范围内做各种姿态变化。

图3-1-6(3)
刻画人体轮廓线及五官细节

图3-1-6(4)
去除辅助线条，绘制完成

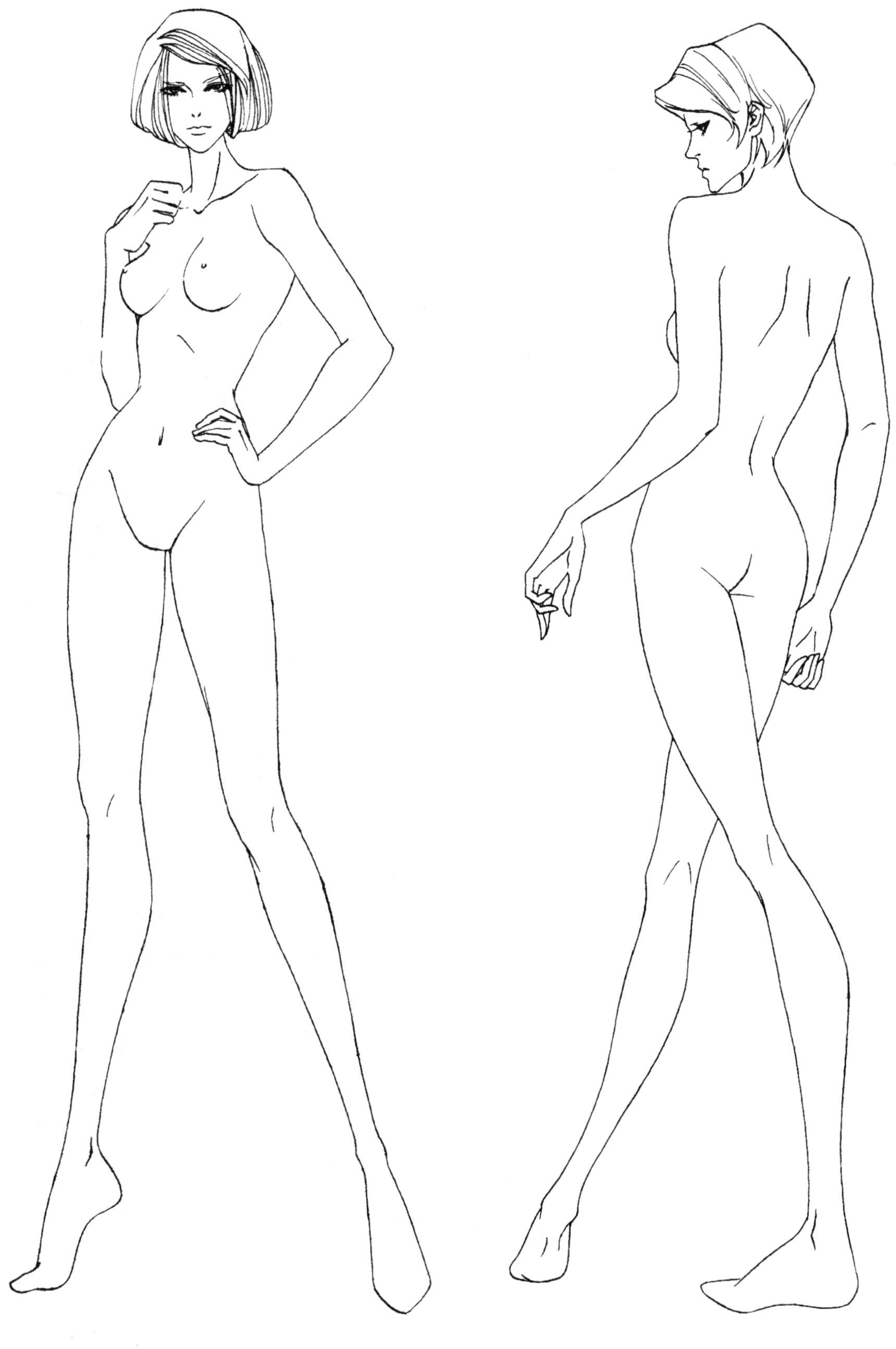

图3–1–7
正面站立姿态一

图3–1–8
背面行走姿态

图3-1-9
左图背面站姿，右图单臂支撑坐姿

图3-1-10
左图正面站立姿态二，右图正面站立姿态三

图3-1-11
单腿支撑动态一

图3-1-12
单腿支撑动态二

图3-1-13
单腿回身扭动姿态

图3-1-14
正面翘腿坐姿

图3-1-16
正面扭动姿态

图3-1-15
跳跃动态

图3-1-17
双脚交叉站立姿态

图3-1-18
背面站立姿态

图3-1-19
正面扭头站立姿态

图3-1-20
正面扭动姿态

图3-1-21
侧面扭动姿态

图3-1-22
背面行走姿态

图3-1-23
常见坐姿一

图3-1-24
常见坐姿二

图3-1-25
常见坐姿三

图3-1-26
常见坐姿四

图3-1-27
侧面跪姿

图3–1–29
正面扭动姿态

图3–1–28
侧面扭头站立姿态

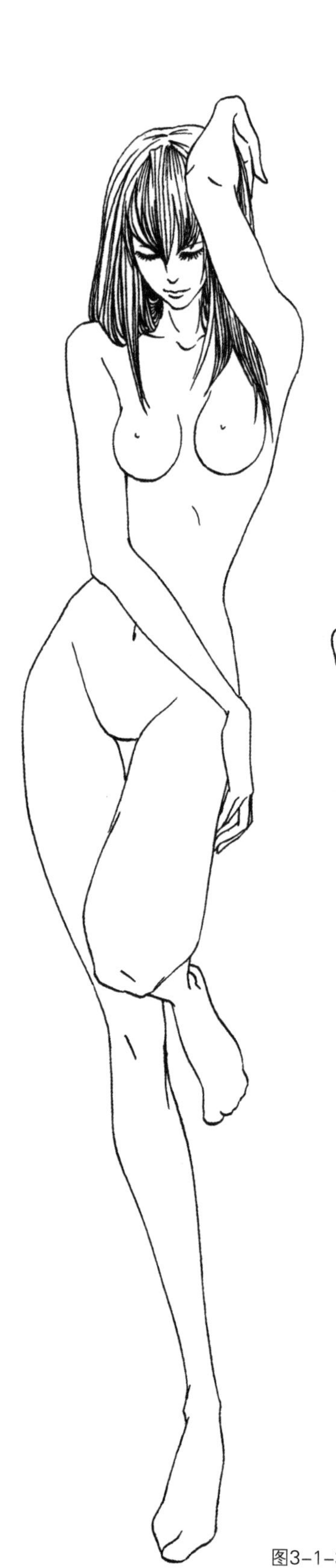

图3-1-30
正面单腿抬起低头姿态

图3-1-31
背面回头姿态

图3-1-33
跳跃姿态

图3-1-32
侧面双脚交叉站立姿态

图3-1-34
跳跃姿态

第二节 男性人体的常用动态

男性模特对服装的展示动态与女性模特的动态区别较大，男性模特的动态幅度小，比较含蓄，通常以静态为主要表现形式。下面是常见的绘制风格（图3-2-1~图3-2-10）。

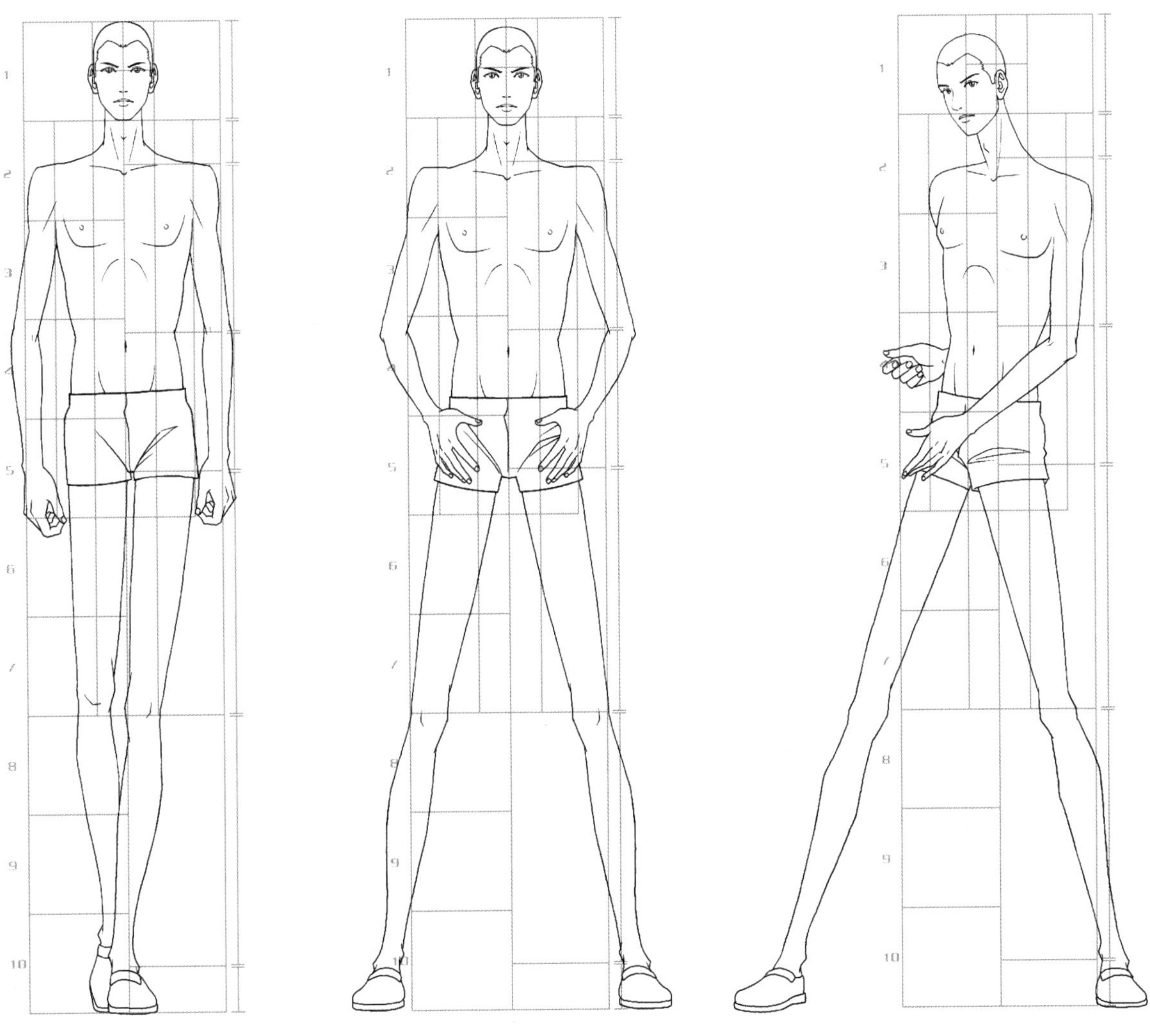

图3-2-1
正面站立姿态格律图

图3-2-3
正面两脚开立站立姿态格律图

图3-2-2
3/4侧面两脚开立站立姿态格律图

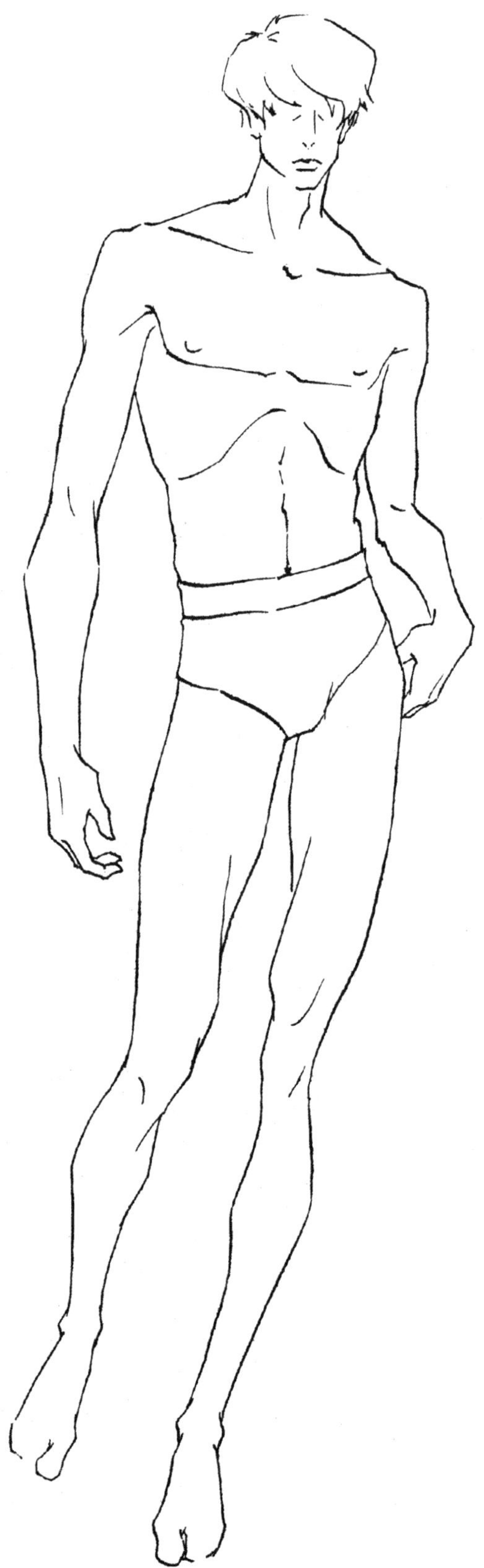

图3-2-4
行走姿态一

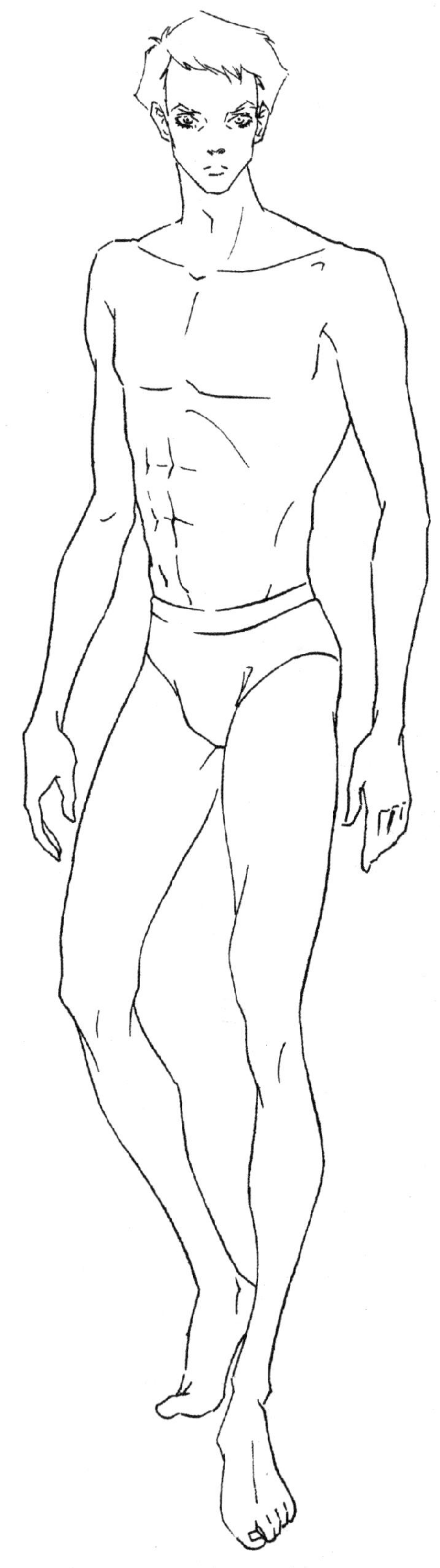

图3-2-5
行走姿态二

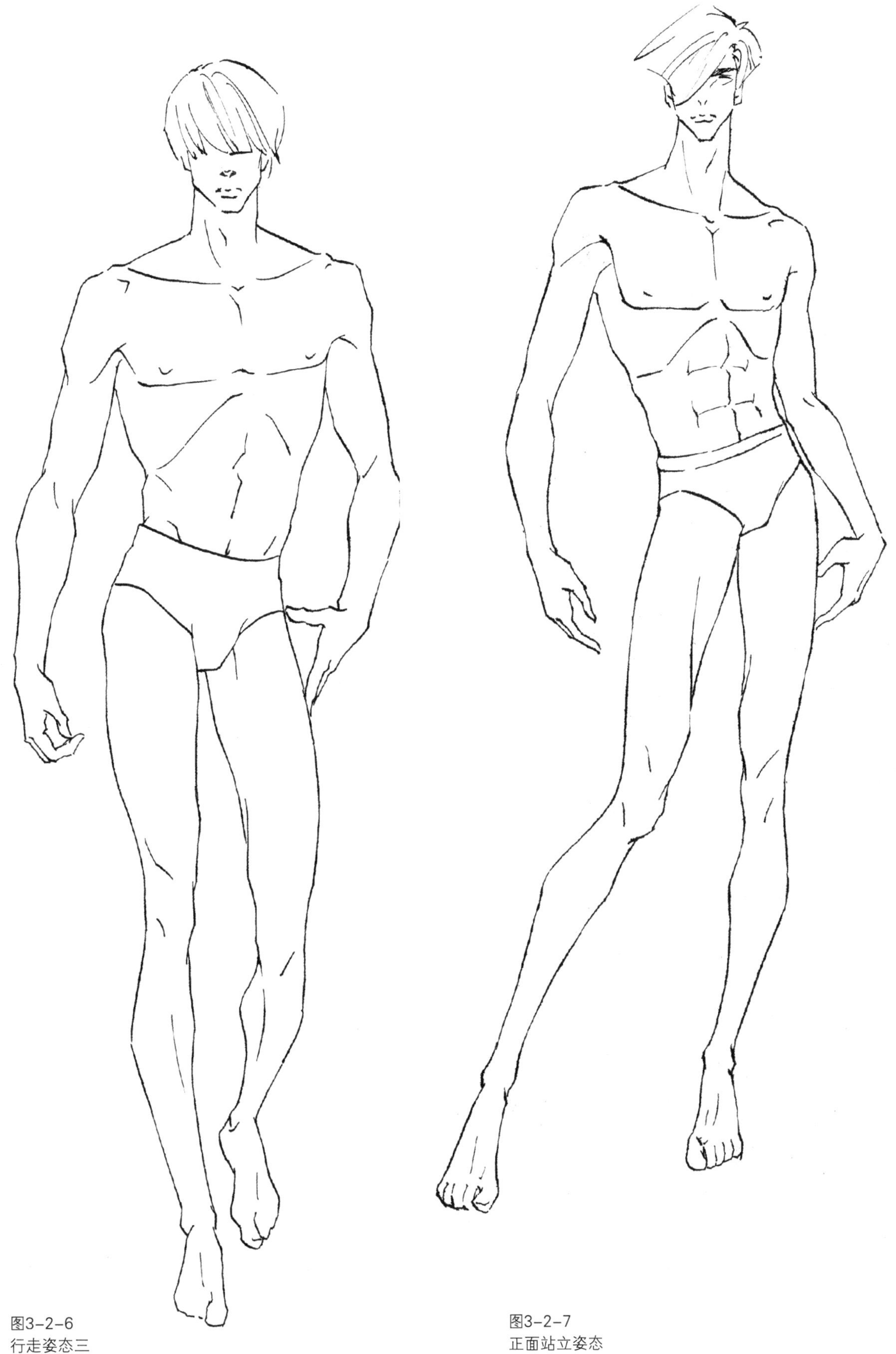

图3-2-6
行走姿态三

图3-2-7
正面站立姿态

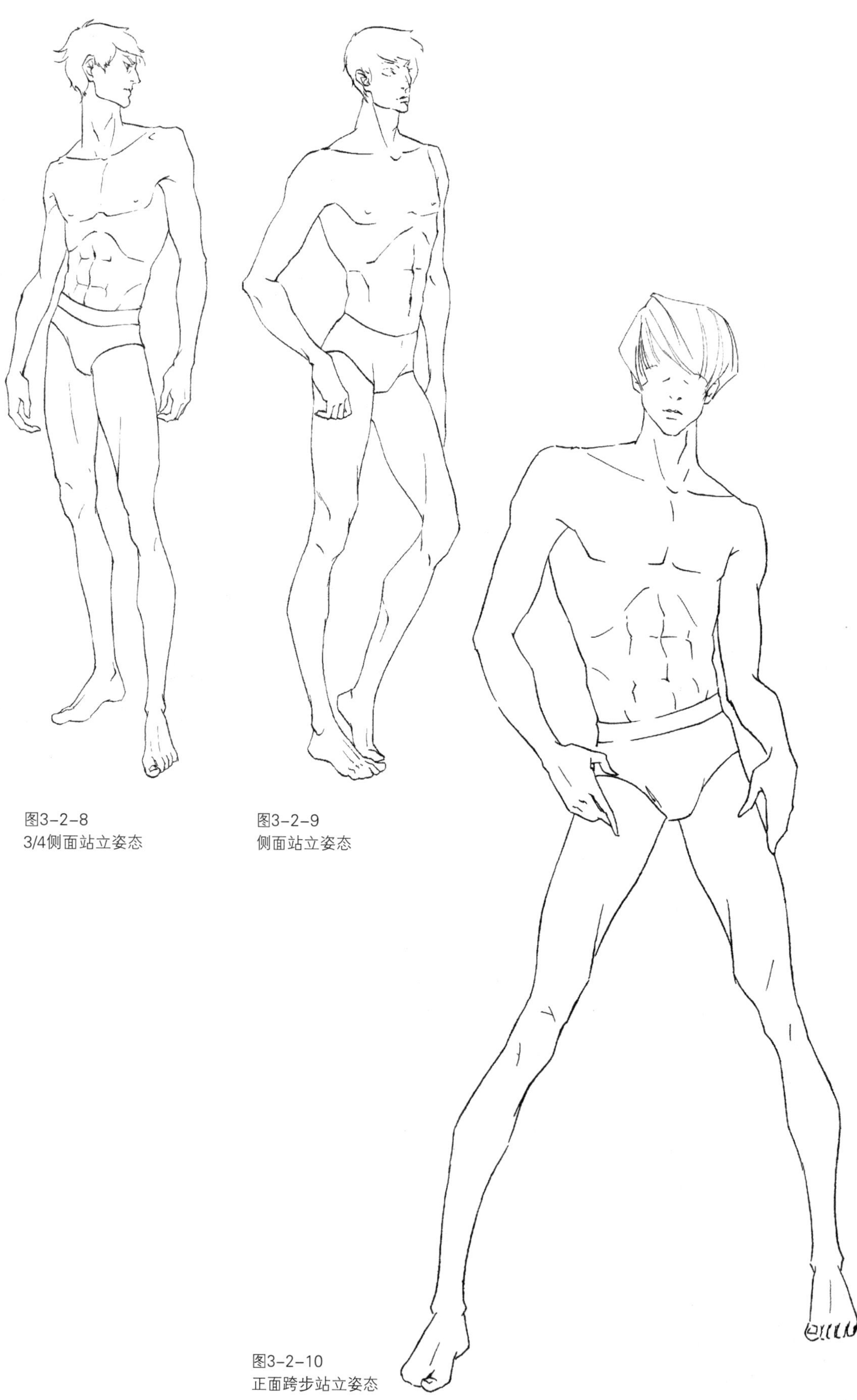

图3-2-8
3/4侧面站立姿态

图3-2-9
侧面站立姿态

图3-2-10
正面跨步站立姿态

第三节 儿童人体的常用动态

不同年龄段的孩子身体姿态变化较大，儿童的五官部分要区别于成人，鼻子小而精巧，头骨后部体积较大，动势选择可爱的富有儿童特点的站姿为主（图3-3-1~图3-3-6）。

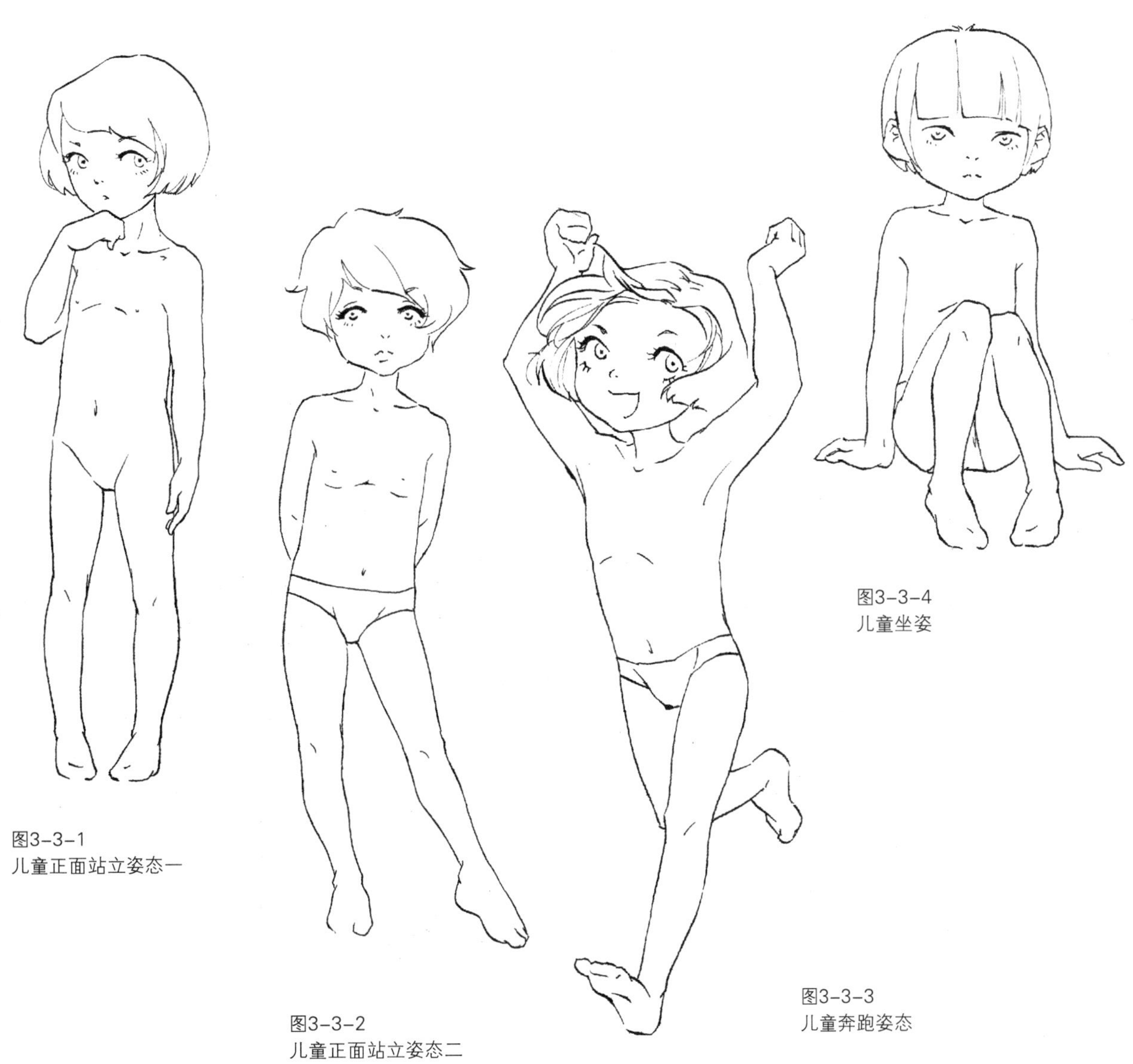

图3-3-1
儿童正面站立姿态一

图3-3-2
儿童正面站立姿态二

图3-3-3
儿童奔跑姿态

图3-3-4
儿童坐姿

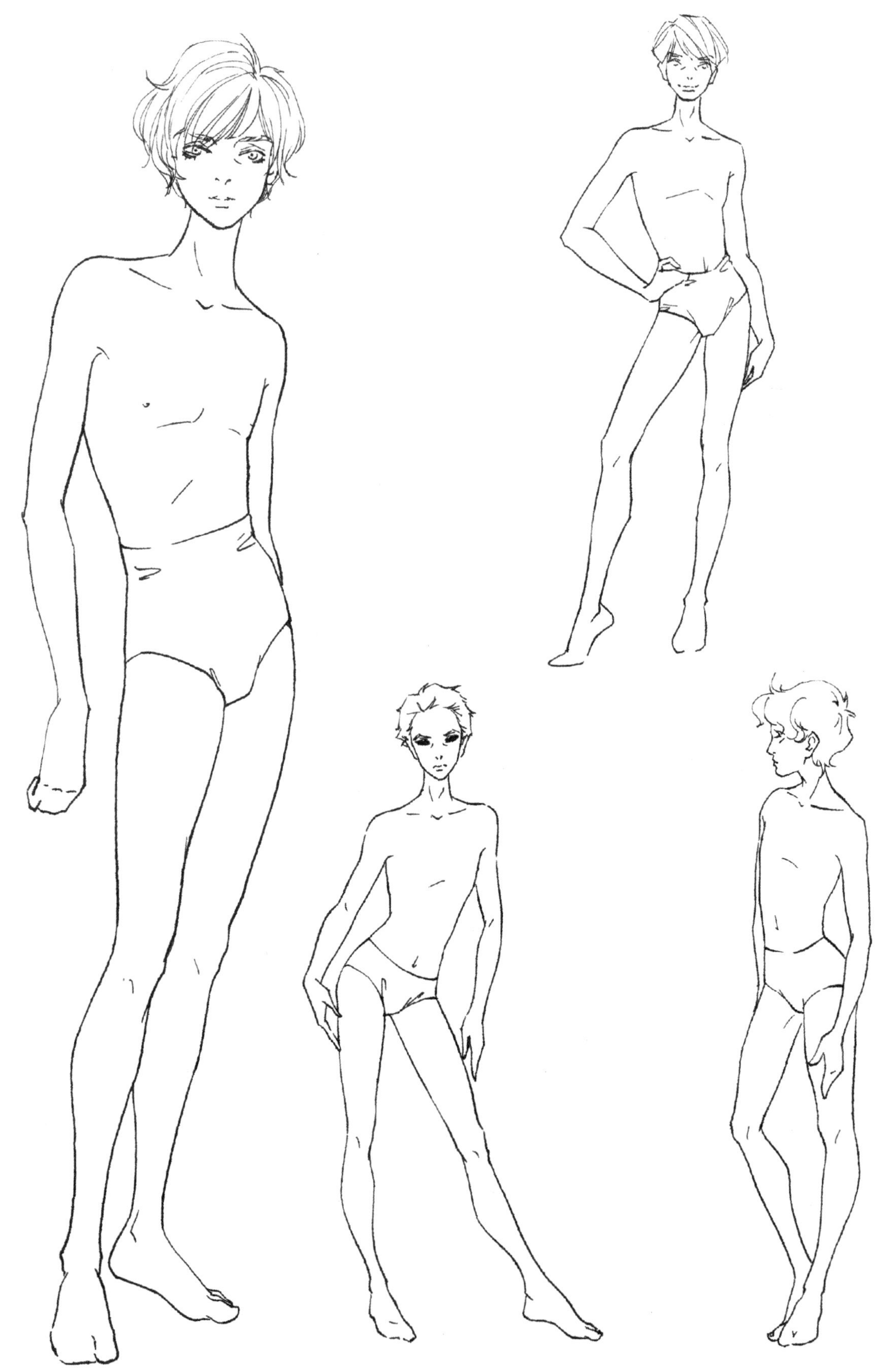

图3-3-5 少儿常见姿态组图一

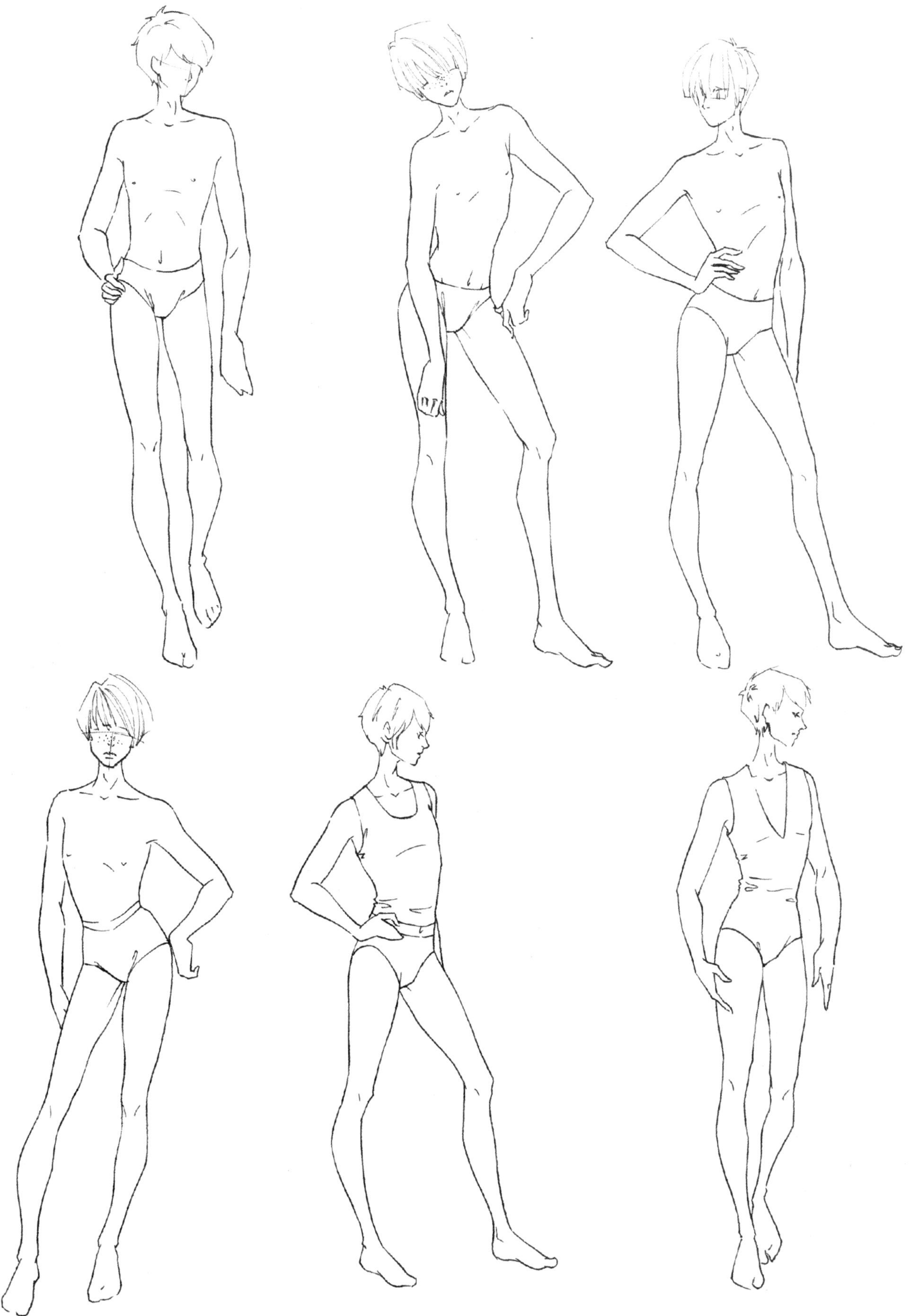

图3-3-6 少儿常见姿态组图二

第四节 组合人物的动态画法

系列服装展示时多采用组合人体动态，画面有较强的视觉冲击力，特别是参加比赛时画的效果图往往以组合人体动态进行构图。此种动态要注意人物间的呼应关系和节奏感，构图要饱满、有度，不要散乱无章（图3-4-1~图3-4-3）。

图3-4-1 五人组合齐排式系列设计一

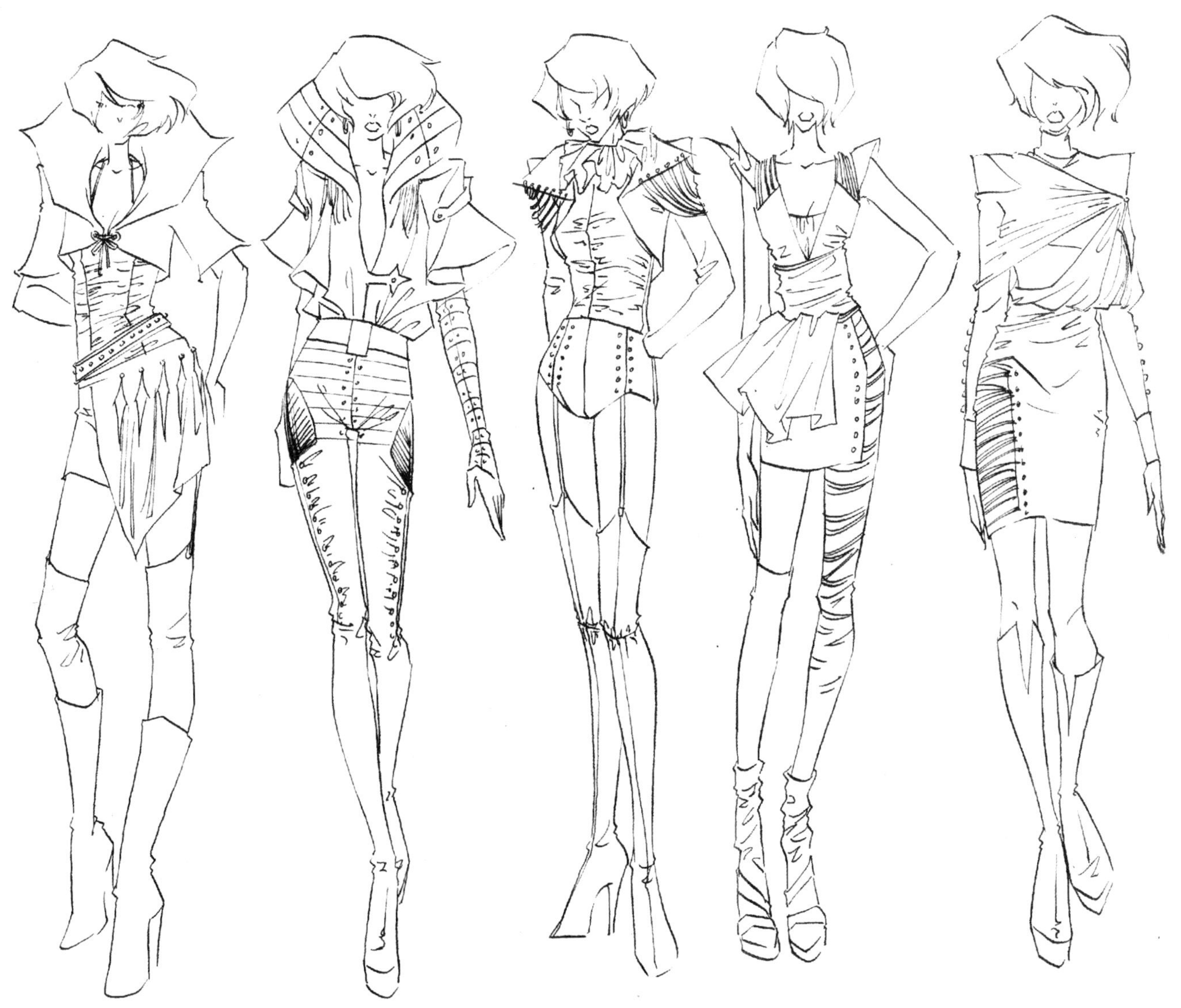

图3-4-2 五人组合齐排式系列设计二

小贴士 多人组合要注意每人动态之间的间距，画面上要具有节奏感和均衡感。

图3-4-3 五人组合齐排式系列设计三

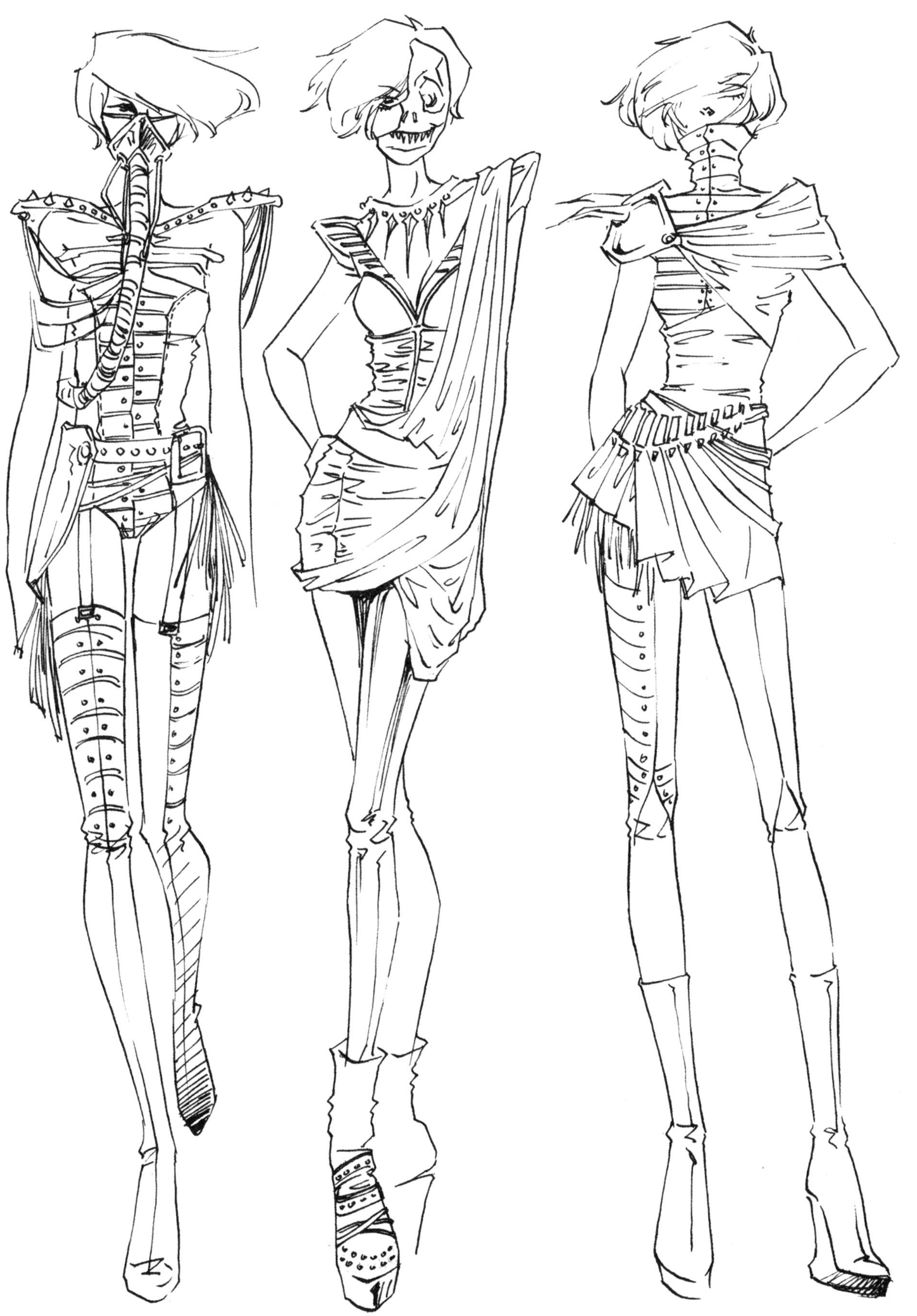

第四章　服装效果图中人体局部的画法

第四章 服装效果图中人体局部的画法

第一节 人体头部的画法

一、人物头部基本绘制步骤

1. 女性头部的画法

生活中，女性头部以圆润的弧线，略尖的下颚，呈倒置鸭蛋形为美，具体绘制步骤如图4-1-1~图4-1-8所示。

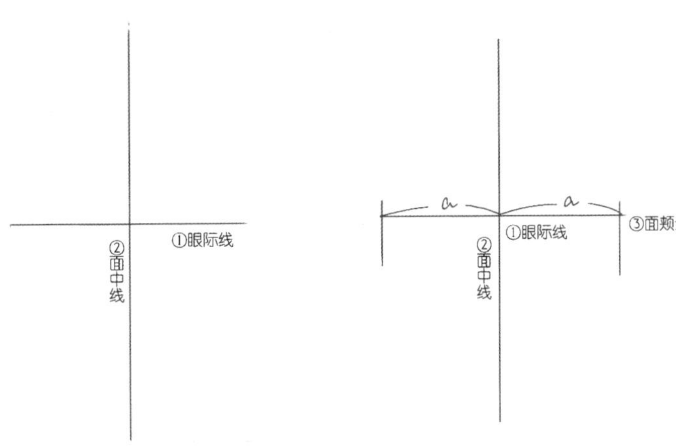

图4-1-1
绘制纵横两条线，分别为眼际线及面中线

图4-1-2
左右两侧取等距线段a为面颊边线

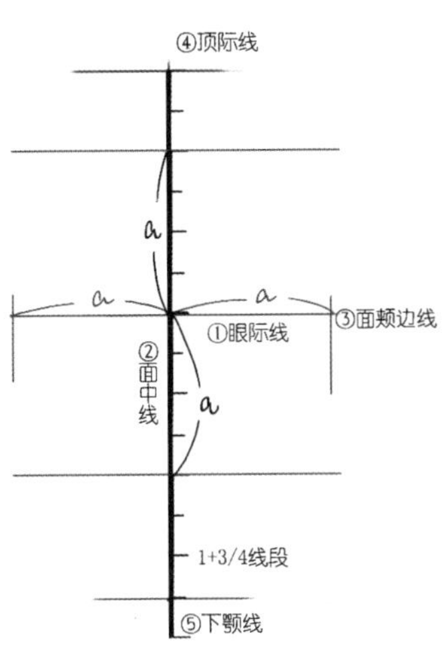

图4-1-3
向上取 a线段的3/2距离为顶际线，向下取7/4距离为下颚线

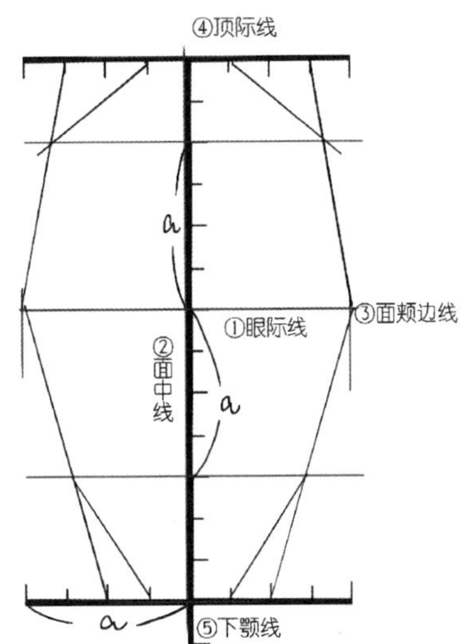

图4-1-4
如图示方式取点，以直线连接各点

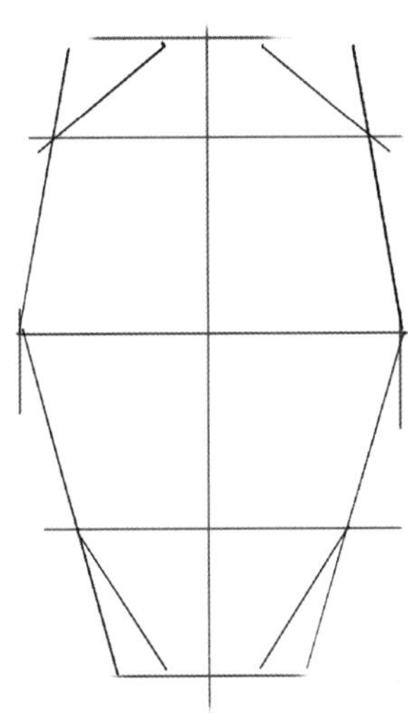

图4-1-5
得出面部轮廓辅助线

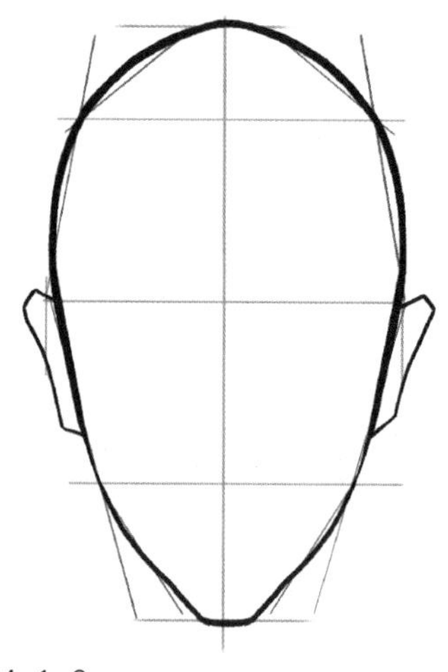
图4-1-6
以曲线连接各节点，得出面部外轮廓边线。绘制面部轮廓线时，要注意腮部到下颚部位的曲线转接

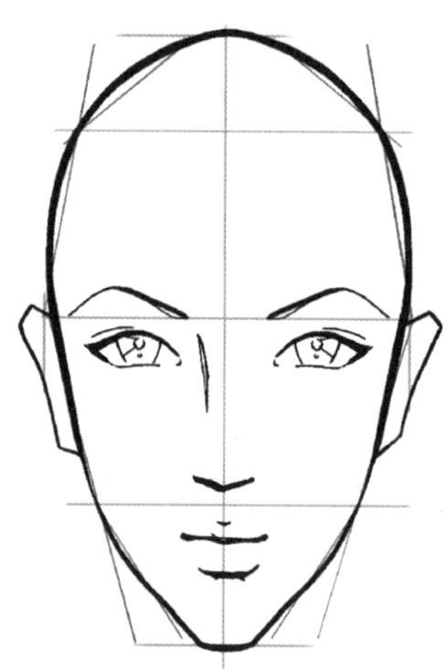
图4-1-7
绘制面部五官

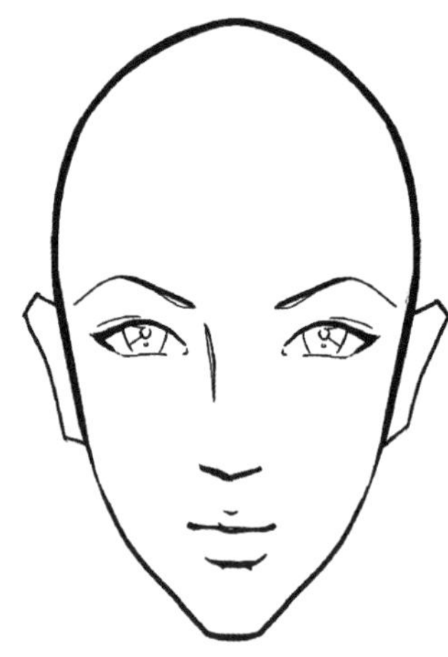
图4-1-8
绘制完成图

2. 男性头部的画法

男性的头部线条较女性更硬朗，具体绘制步骤如图4-1-9~图4-1-16所示。

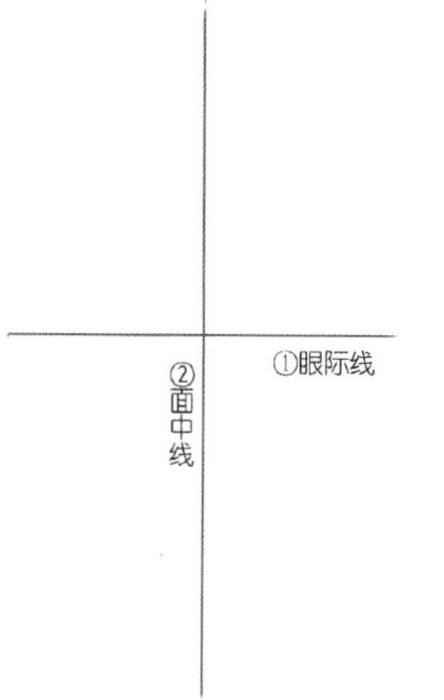

图4-1-9
绘制纵横两条线，分别为眼际线及面中线

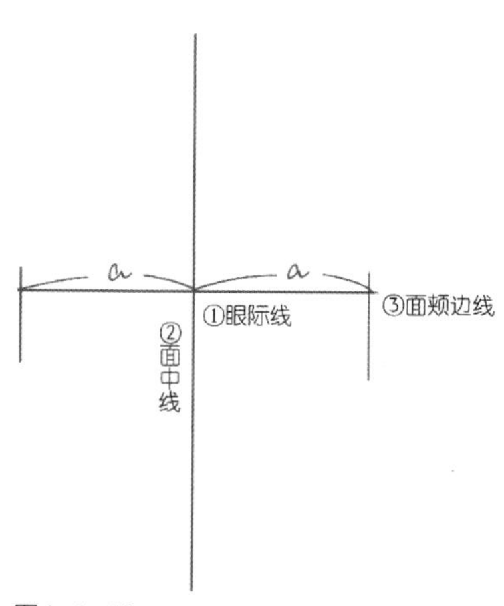

图4-1-10
左右两侧取线段a为面颊边线

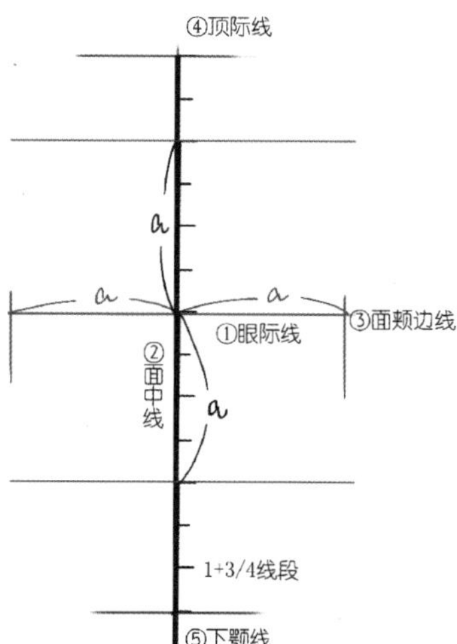

图4-1-11
向上取a线段的3/2距离为顶际线，向下取7/4距离为下颚线

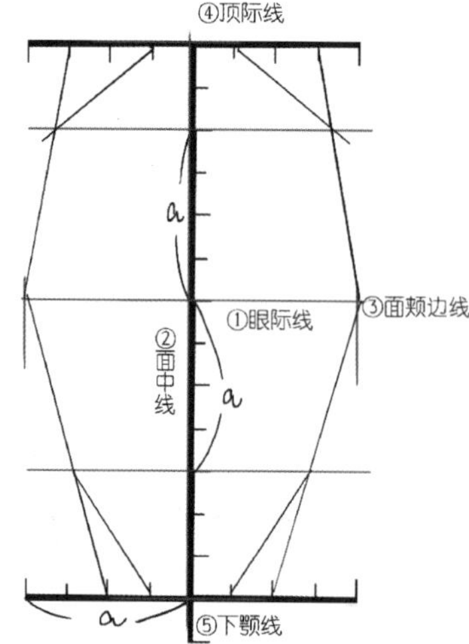

图4-1-12
如图示方式取点，以直线连接各点

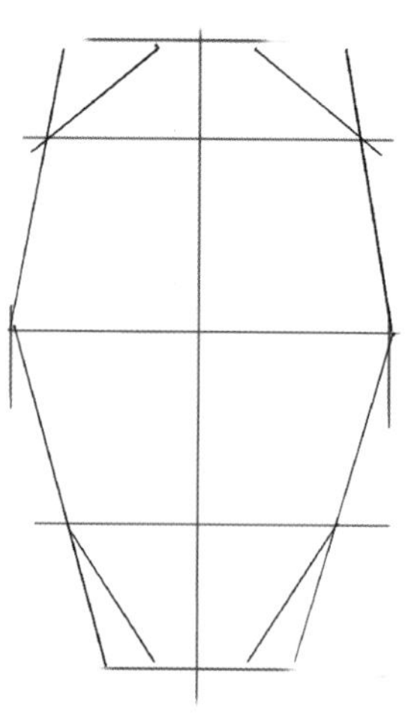
图4-1-13
得出面部轮廓辅助线

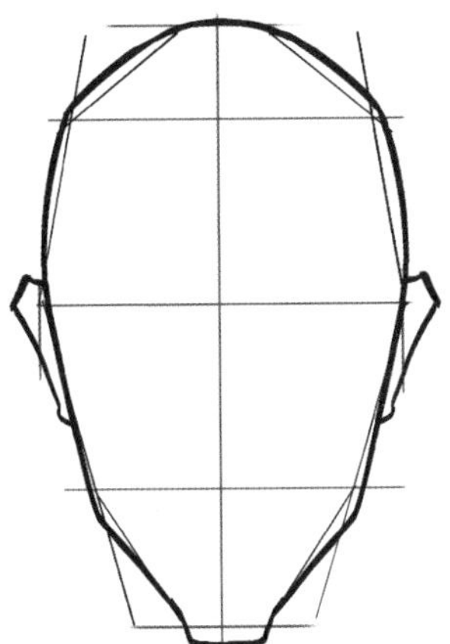

图4-1-14
以曲线连接各节点，得出面部外轮廓边线。绘制面部轮廓线时，要注意腮部到下颚部位的曲线转接

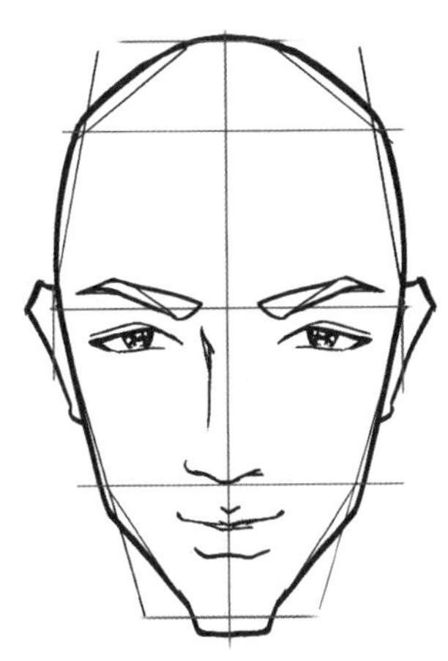

图4-1-15
绘制面部五官

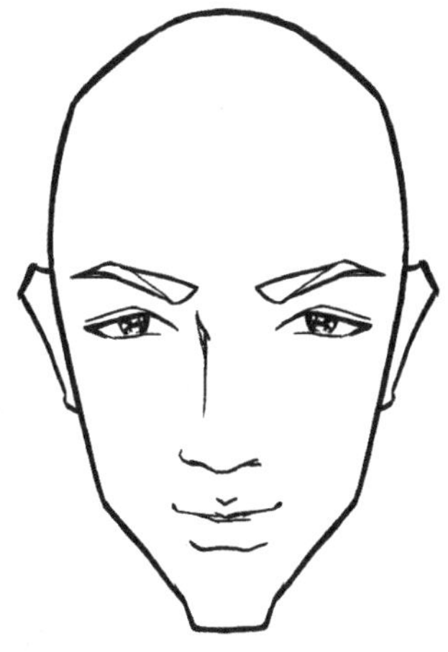

图4-1-16
绘制完成图

二、各角度头部的画法

人体头部的角度变化可以通过五官及脸型体现出来，不同的角度，五官比例会产生一定的变化，生活中要认真体会和注意观察这些微妙的变化。

1. 女性头部各角度的画法

1）女性3/4侧面平视图的画法（图4-1-17~图4-1-21）。

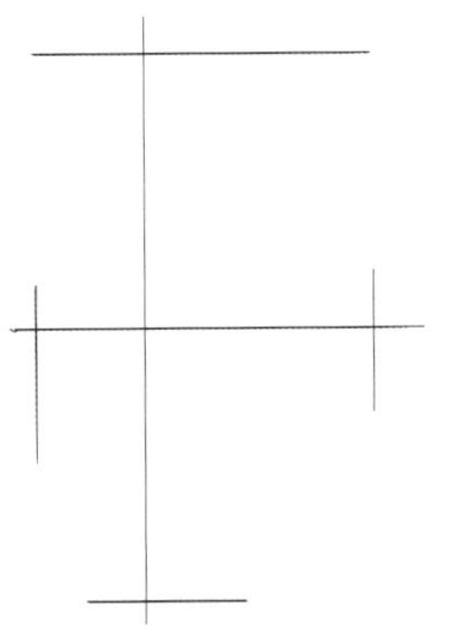

图4-1-17
绘出头部3/4侧面左右比例

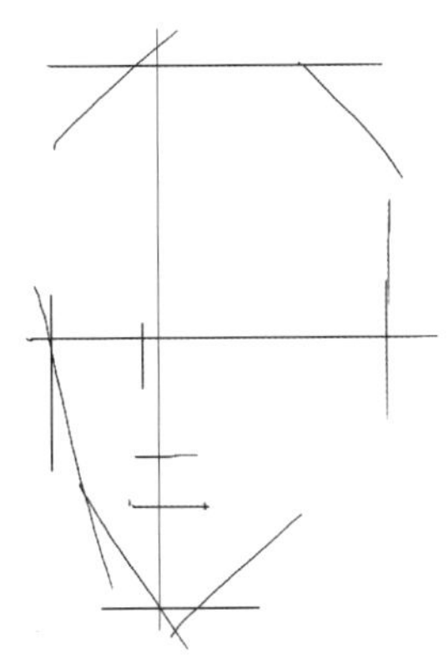

图4-1-18
粗略确定五官位置

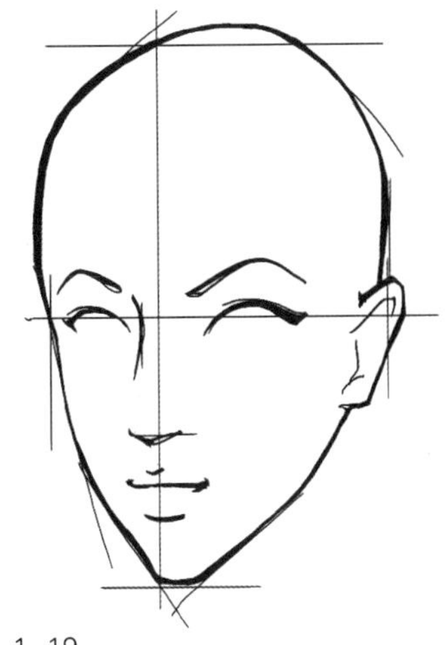

图4-1-19
绘制五官基本形

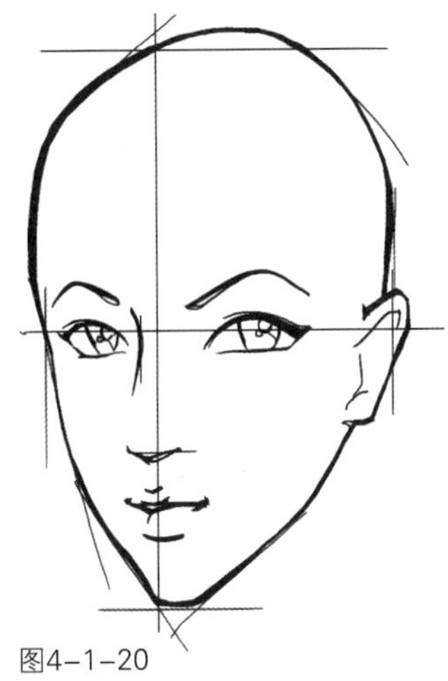

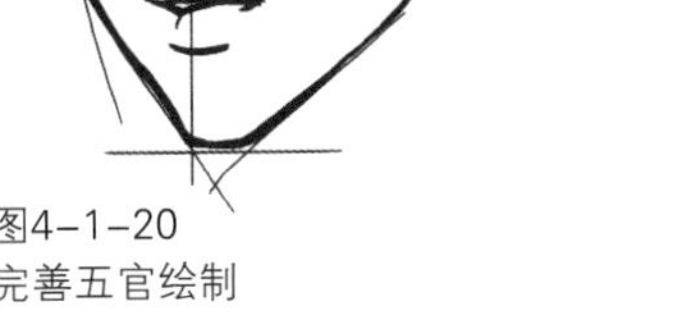

图4-1-20
完善五官绘制

图4-1-21
绘制完成图

小贴士 绘制3/4侧面时，左右两侧的比例关系是关键。

2）女性侧面平视图的画法（图4-1-22~图4-1-26）。

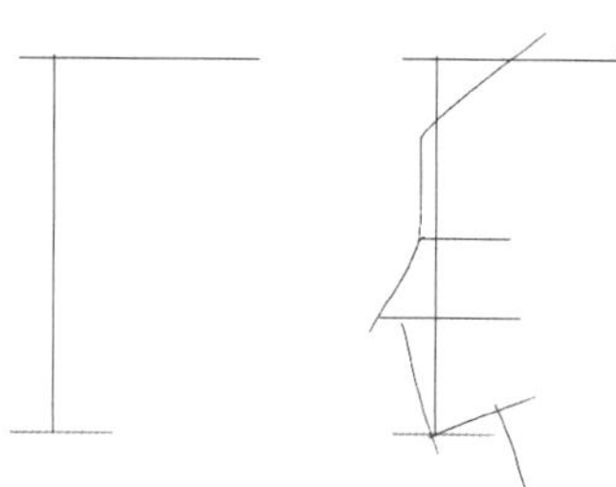

图4-1-22
绘出侧面动势线

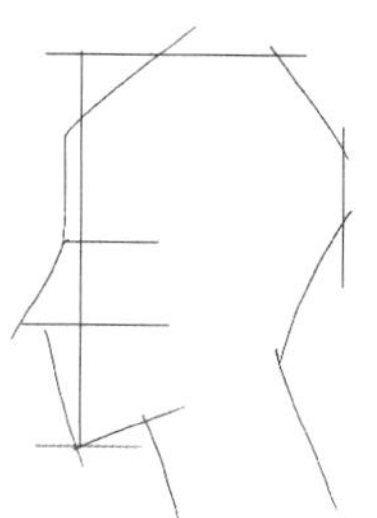

图4-1-23
粗略确定五官位置及鼻子高度

图4-1-24
绘制五官基本形

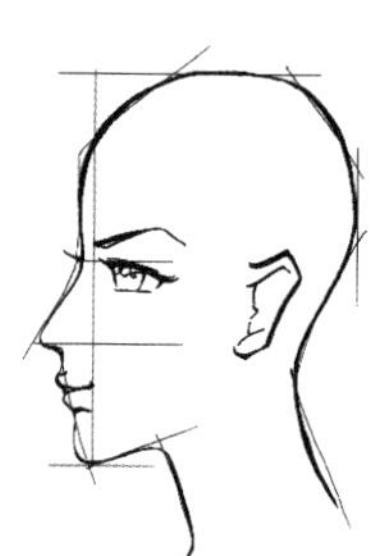

图4-1-25
完善五官绘制

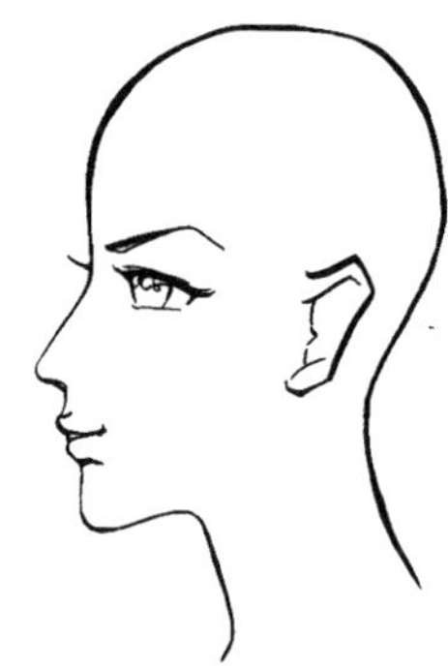

图4-1-26
绘制完成图

绘制人物侧面时，鼻子的位置十分关键，要注意侧面鼻子与唇部相接的曲线。

3）女性正面仰视图的画法（图4-1-27~图4-1-31）。

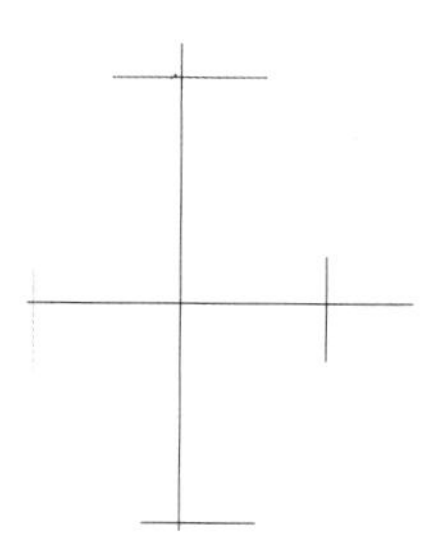

图4-1-27
确定头部中线及上下左右边线

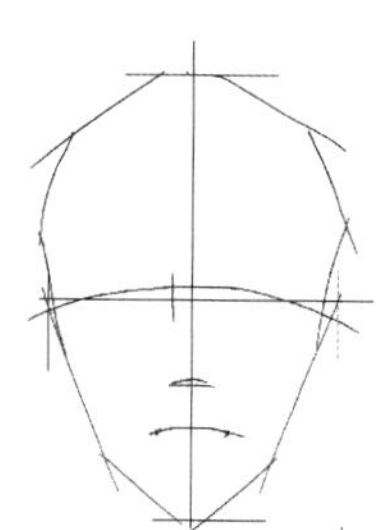

图4-1-28
绘出头部上仰动势线及五官位置

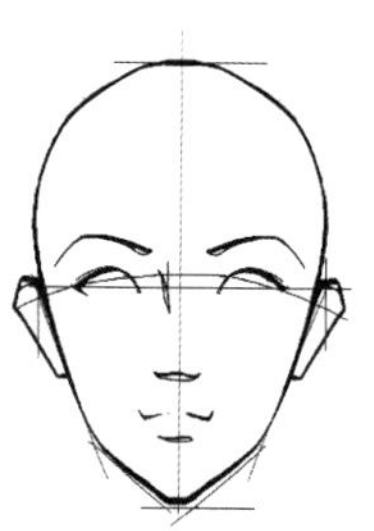

图4-1-29
绘制五官基本形

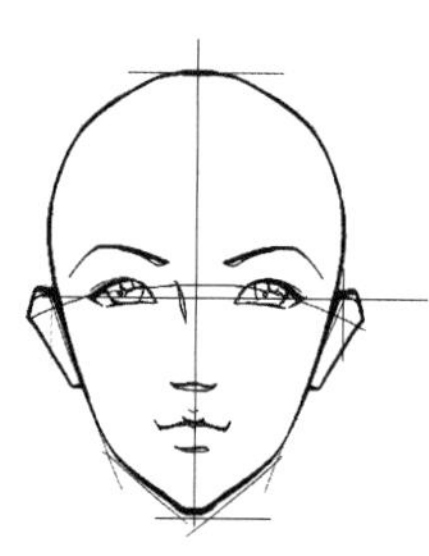

图4-1-30
完善五官绘制

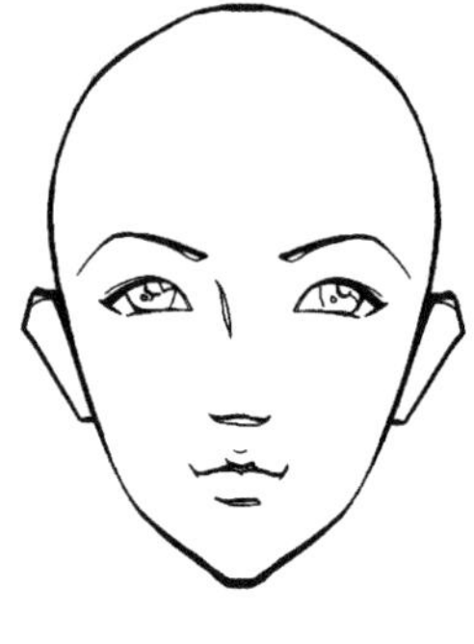

图4-1-31
绘制完成图

4）女性3/4侧面仰视图的画法（图4-1-32~图4-1-36）。

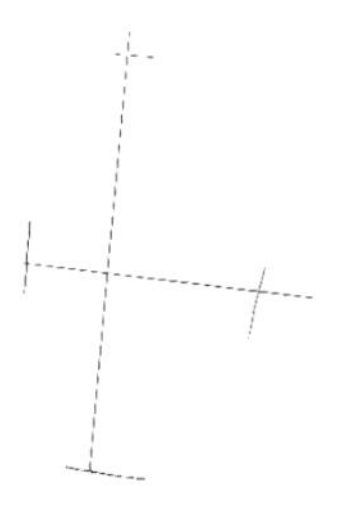

图4-1-32
绘出头部3/4侧面左右比例及头部上仰动势线

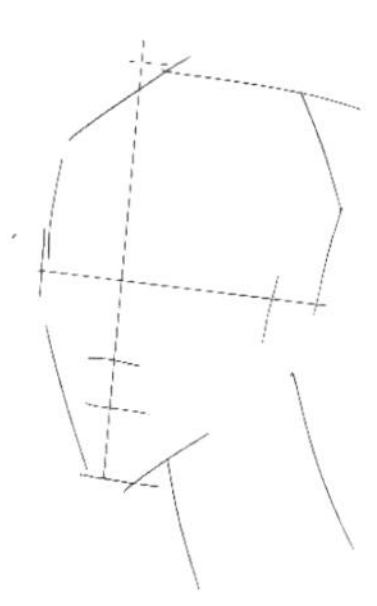

图4-1-33
粗略确定五官位置

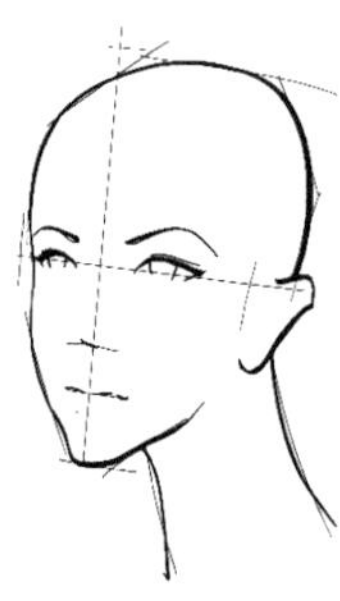

图4-1-34
绘制五官基本形

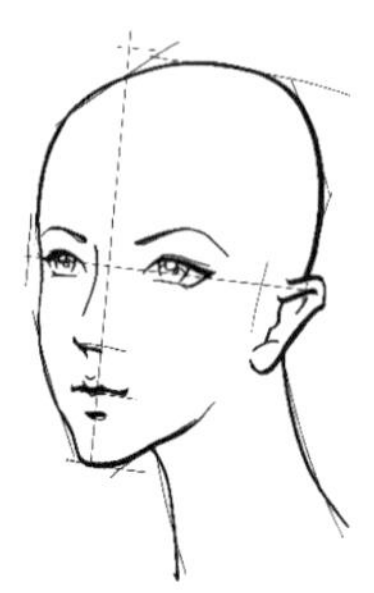

图4-1-35
完善五官绘制

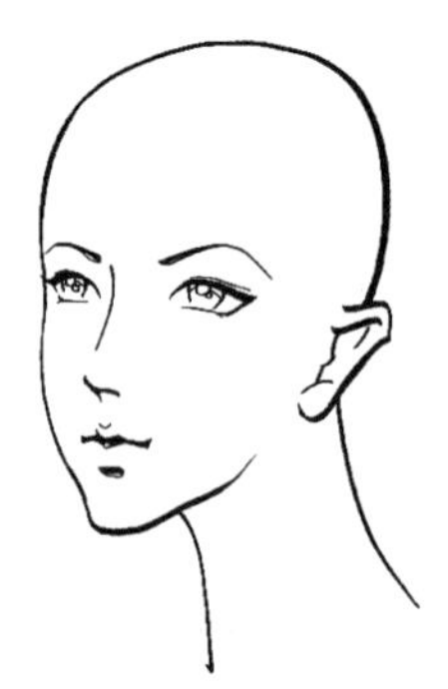

图4-1-36
绘制完成图

5）女性侧面仰视图的画法（图4-1-37~图4-1-41）。

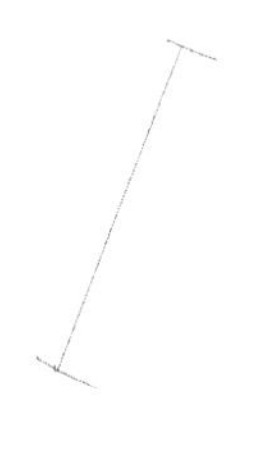

图4-1-37
绘出侧面头部上仰动势线

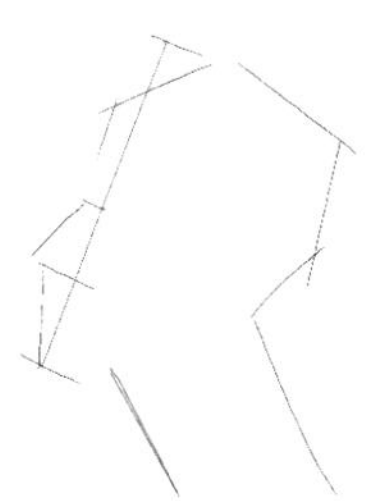

图4-1-38
粗略确定五官位置及鼻子高度

图4-1-39
绘制五官基本形

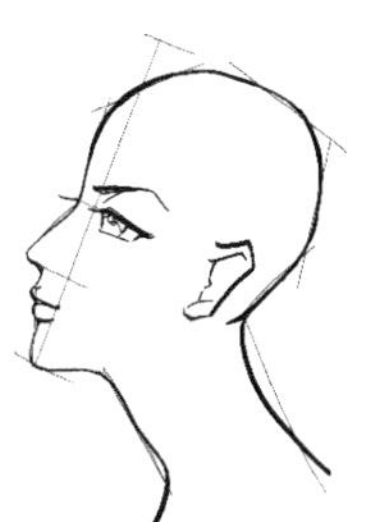

图4-1-40
完善五官绘制

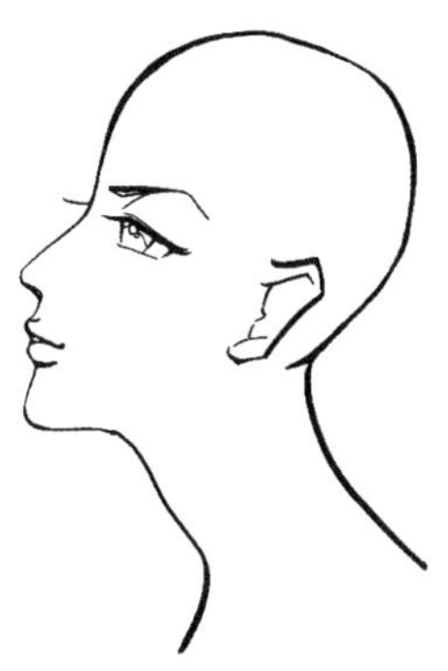

图4-1-41
绘制完成图

6）女性正面俯视图的画法（图4-1-42~图4-1-46）。

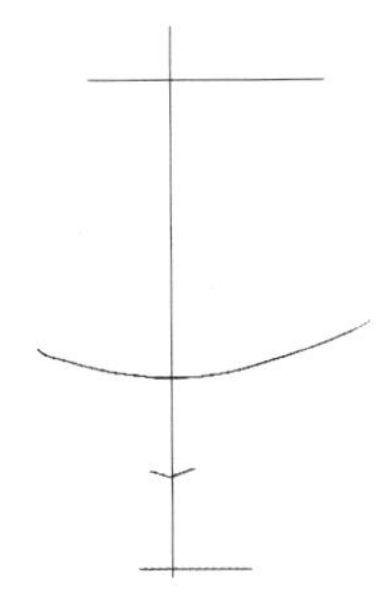

图4-1-42
绘出人物中线及俯视动势线

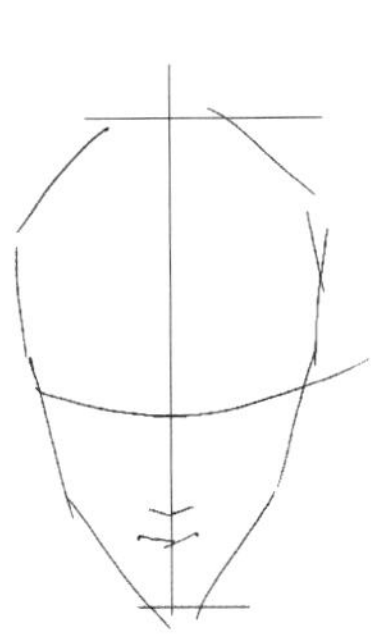

图4-1-43
粗略确定五官位置及比例关系

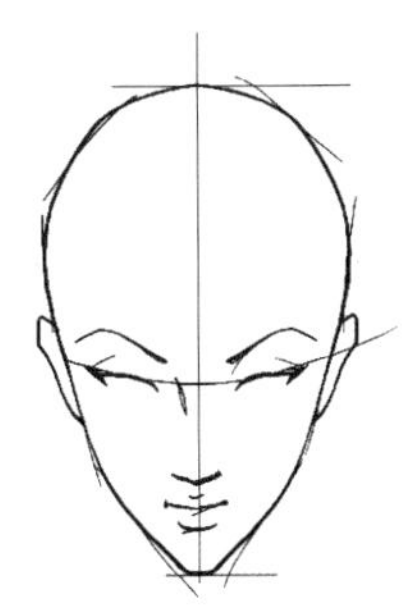

图4-1-44
绘制五官基本形

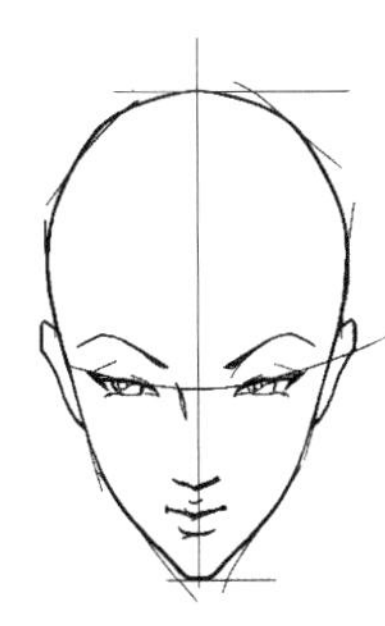

图4-1-45
完善五官绘制

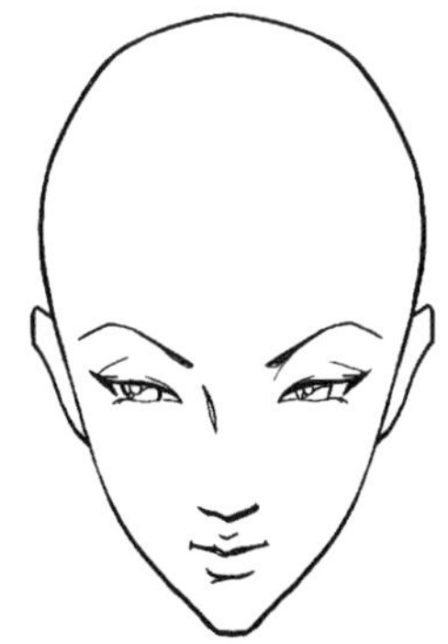

图4-1-46
绘制完成图

绘制人物俯视图时，五官比例应随之变化，如额头及鼻子变长、嘴部及下颚比例变短，眼睛的形状也与平视时不同。

7）女性3/4侧面俯视图的画法（图4-1-47~图4-1-51）。

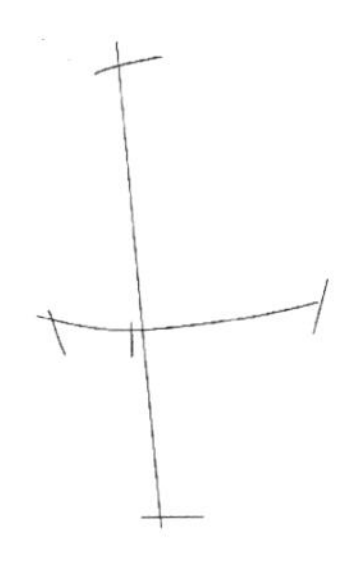

图4-1-47
绘出3/4侧面头部俯视动势线

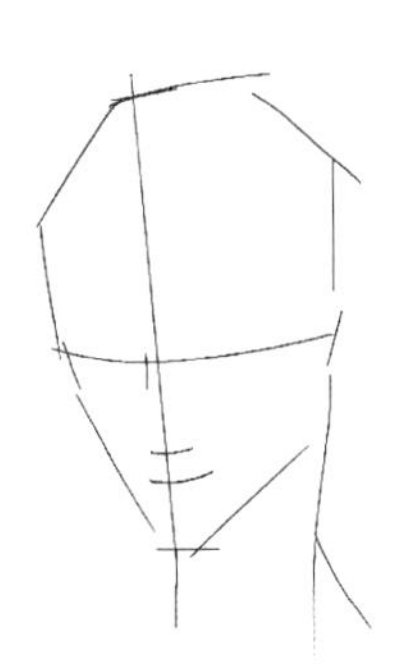

图4-1-48
粗略确定五官位置及五官比例关系

图4-1-49
绘制五官基本形

图4-1-50
完善五官绘制

图4-1-51
绘制完成图

8）女性侧面平视图的画法（图4-1-52~图4-1-56）。

图4-1-52 绘出侧面头部俯视动势线

图4-1-53 粗略确定五官位置及鼻子高度

图4-1-54 绘制五官基本形

图4-1-55 完善五官绘制

图4-1-56 绘制完成图

2. 男性头部各角度的画法

1）男性侧面平视图的画法（图4-1-57~图4-1-61）。

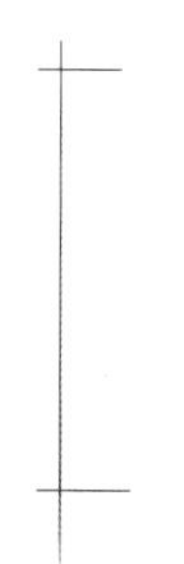
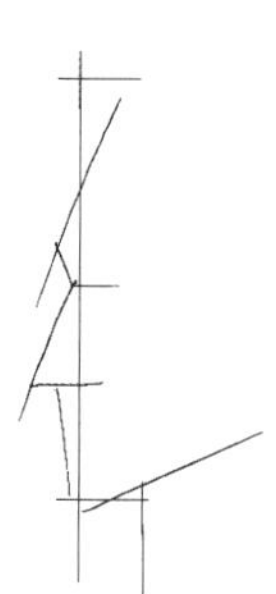
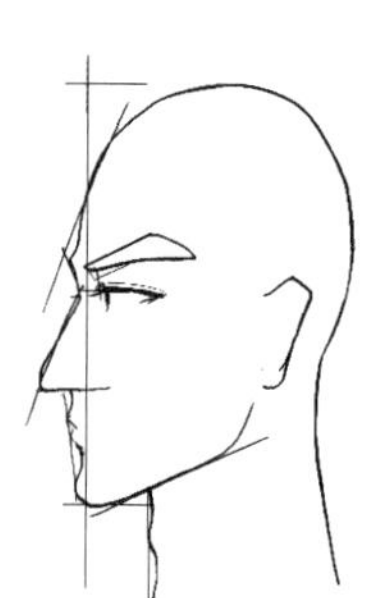
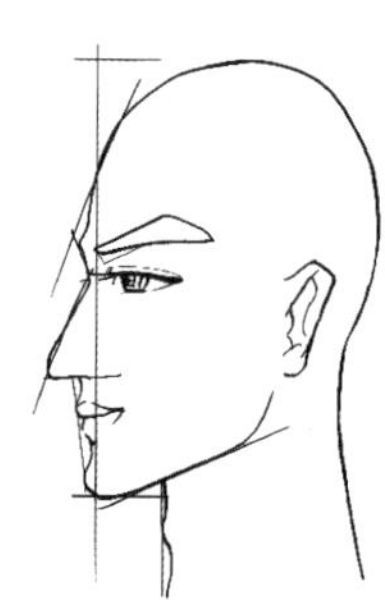
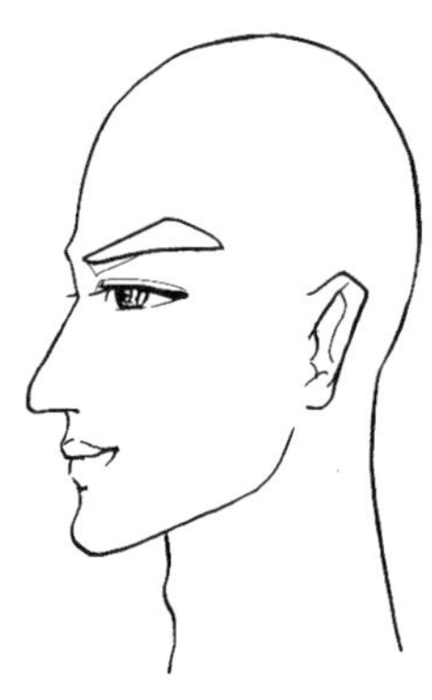

图4-1-57 绘出头部侧面仰视动势线

图4-1-58 粗略确定五官位置及鼻子高度

图4-1-59 绘制五官基本形

图4-1-60 完善五官绘制

图4-1-61 绘制完成图

男性头部侧面绘制上与女性一样，只是线条运用中要注意男女的差别，如鼻子和唇部线条应较女性硬朗等。

2）男性侧面仰视图的画法（图4-1-62~图4-1-66）。

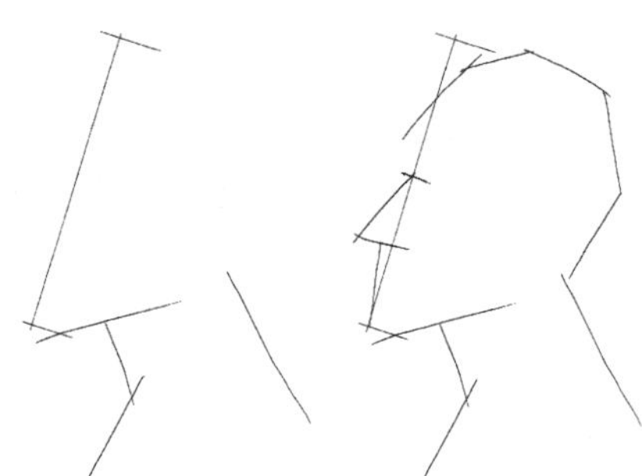

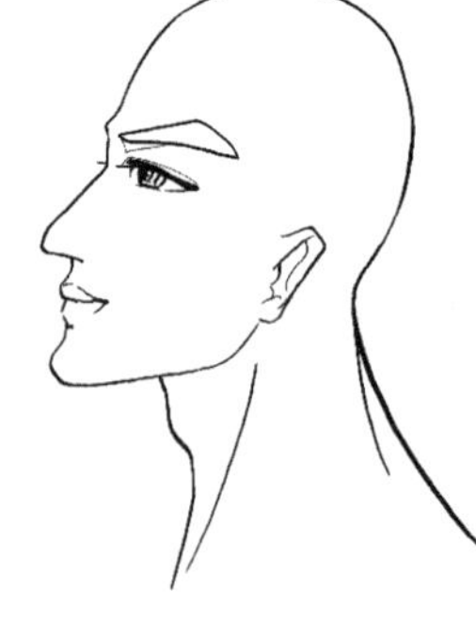

图4-1-62 绘出头部侧面仰视动势线

图4-1-63 粗略确定五官位置及鼻子高度

图4-1-64 绘制五官基本形

图4-1-65 完善五官绘制

图4-1-66 绘制完成图

3）男性3/4侧面平视图的画法（图4-1-67~图4-1-71）。

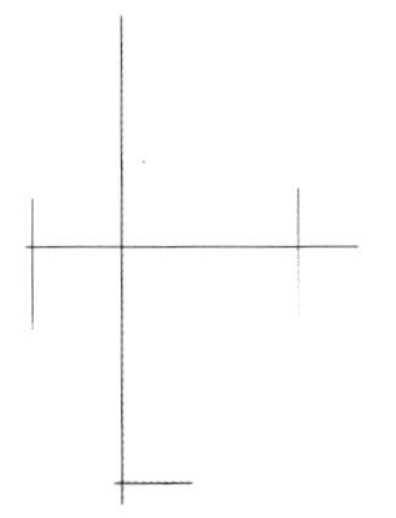

图4-1-67
确定头部中线及上下左右边线

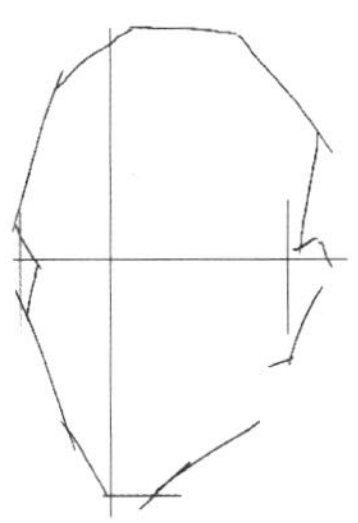

图4-1-68
绘出头部上仰动势线及五官位置

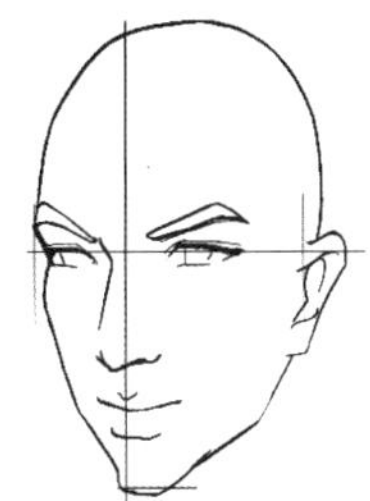

图4-1-69
绘制五官基本形

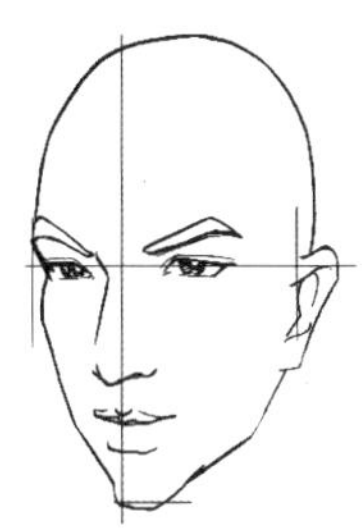

图4-1-70
完善五官绘制

图4-1-71
绘制完成图

4）男性3/4侧面俯视图的画法（图4-1-72~图4-1-76）。

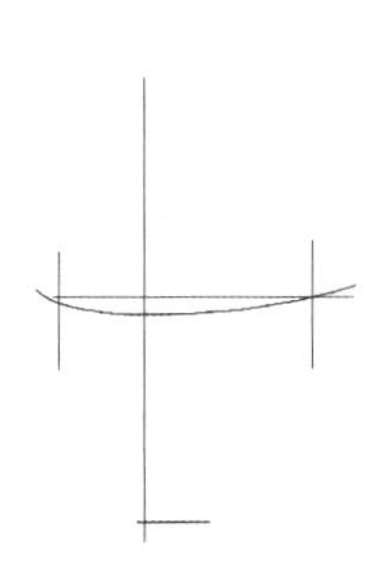

图4-1-72
绘出头部3/4侧面左右比例及头部俯视动势线

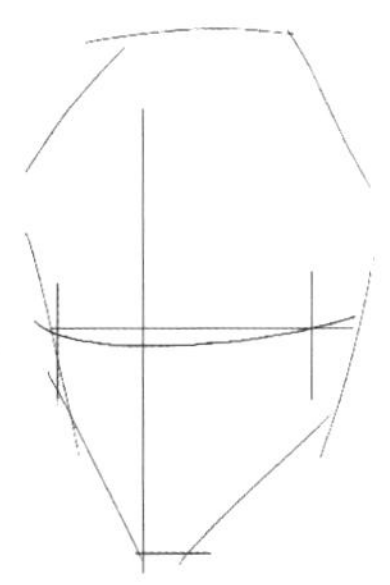

图4-1-73
粗略确定五官位置及比例

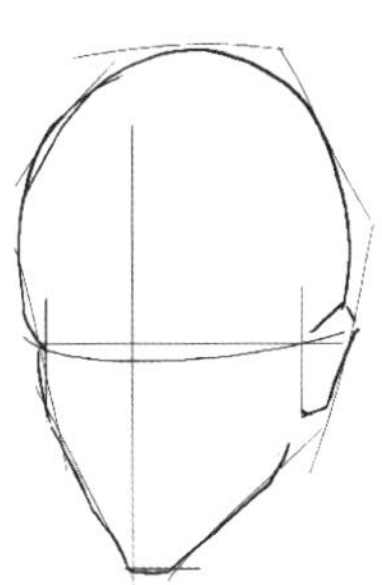

图4-1-74
绘制五官基本形

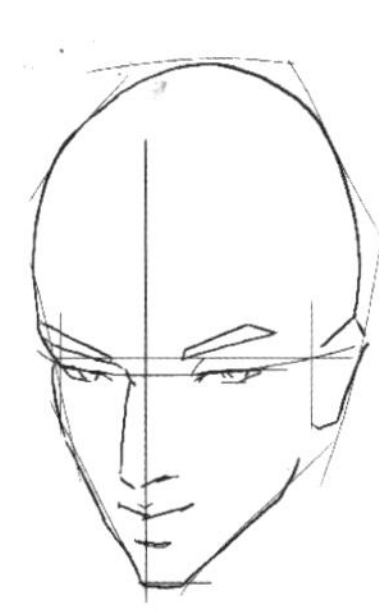

图4-1-75
完善五官绘制

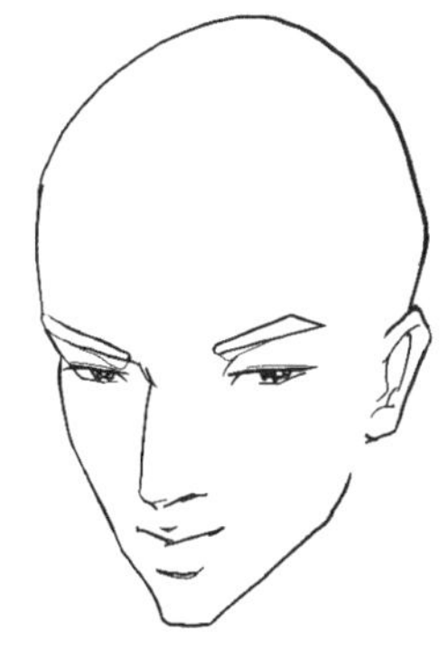

图4-1-76
绘制完成图

三、头部与颈部的配合

同样的头部配合以不同的颈部线条，会变化出多种动势（图4-1-77~图4-1-88）。

图4-1-77
3/4侧面头部搭配颈部动势一

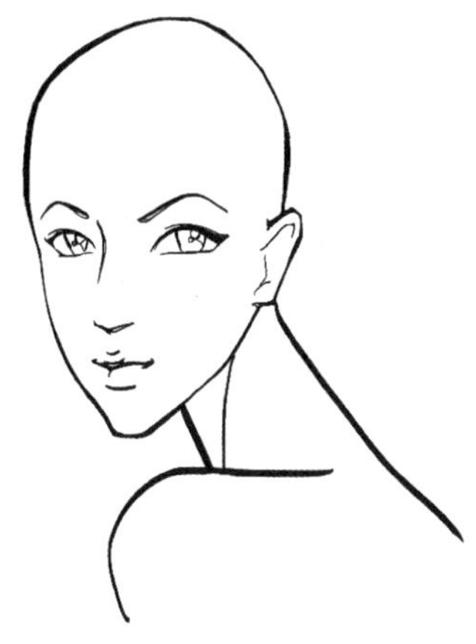

图4-1-78
3/4侧面头部搭配颈部动势二

图4-1-79
3/4侧面头部搭配颈部动势三

图4–1–80
正面头部搭配颈部动势一

图4–1–81
正面头部搭配颈部动势二

图4–1–82
正面头部搭配颈部动势三

图4–1–83
3/4侧面俯视头部搭配颈部动势一

图4–1–84
3/4侧面俯视头部搭配颈部动势二

图4–1–85
3/4侧面俯视头部搭配颈部动势三

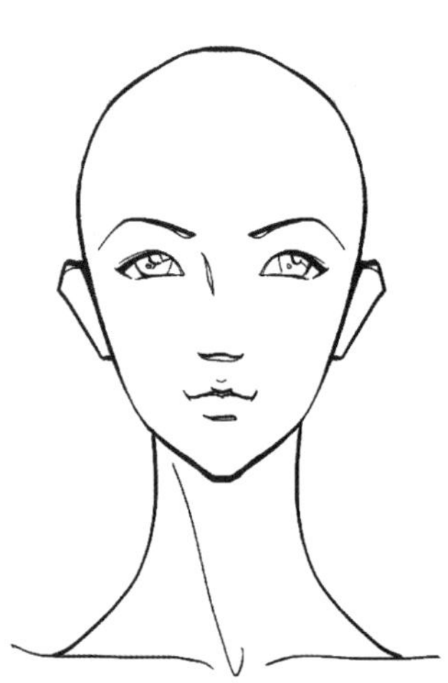
图4–1–86
正面仰视头部搭配颈部动势一

图4–1–87
正面仰视头部搭配颈部动势二

图4–1–88
正面仰视头部搭配颈部动势三

第二节 人物五官的画法

一、眉毛的画法

眉毛在人的五官中发挥着表达人物表情与内心的重要作用。俗语说“眉目传情”“眉清目秀”“眉开眼笑”“低眉顺目”等，都传递出眉毛在五官中的重要性。

1. 眉毛的结构及绘制

1）眉毛结构

眉毛有三个关键位置：眉头、眉峰、眉梢。眉长超过眼长，眉毛比眼睛弯曲的弧度大，绘制时要注意眉头略粗、眉梢略细、眉峰挑起，眉峰的位置在整个眉长的 2/3 处，为眉毛的最高位置，由眉峰向眉梢自然下落，眉梢的位置高于眉头（图4–2–1）。

2）眉毛的基本型

眉毛的眉型大致可以归纳为几种基础型，如图4–2–2~图4–2–7所示。

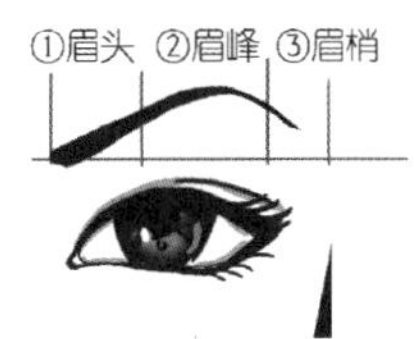

图4–2–1
眉毛结构介绍图

图4–2–2 基础眉型一——高挑眉

图4–2–3 基础眉型二——短眉

图4–2–4 基础眉型三——平眉

图4–2–5 基础眉型四——细眉

图4–2–6 基础眉型五——八字眉

图4–2–7 基础眉型六——粗眉

3）常见眉型（图4-2-8~图4-2-19）

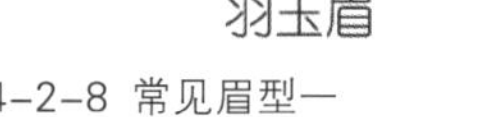

羽玉眉

图4-2-8 常见眉型一

秋娘眉

图4-2-9 常见眉型二

嫦娥眉

图4-2-10 常见眉型三

新月眉

图4-2-11 常见眉型四

秋波眉

图4-2-12 常见眉型五

水弯眉

图4-2-13 常见眉型六

剑眉

图4-2-14 常见眉型七

黛玉眉

图4-2-15 常见眉型八

双燕眉

图4-2-16 常见眉型九

抚形眉

图4-2-17 常见眉型十

小山眉

图4-2-18 常见眉型十一

柳叶眉

图4-2-19 常见眉型十二

2. 眉型与人物表情的关系

同样的眼睛，搭配以不同的眉型，会呈现出不同的表情和效果（图4-2-20~图4-2-31）。

图4-2-20
眉型与表情变化一

图4-2-21
眉型与表情变化二

图4-2-22
眉型与表情变化三

图4-2-23
眉型与表情变化四

图4-2-24
眉型与表情变化五

图4-2-25
眉型与表情变化六

图4-2-26
眉型与表情变化七

图4-2-27
眉型与表情变化八

图4-2-28
眉型与表情变化九

图4-2-29
眉型与表情变化十

图4-2-30
眉型与表情变化十一

图4-2-31
眉型与表情变化十二

二、眼睛的画法

眼睛是心灵的窗口，它可以表现出人的精神面貌和风采。同时，人的各种情绪也可以通过眼睛传递出来。时装画中常常对眼睛进行着意刻画，以增加人物形象的艺术感染力。

1. 女性眼睛的绘制步骤

1）眼睛正视图绘制步骤（图4-2-32~图4-2-37）。

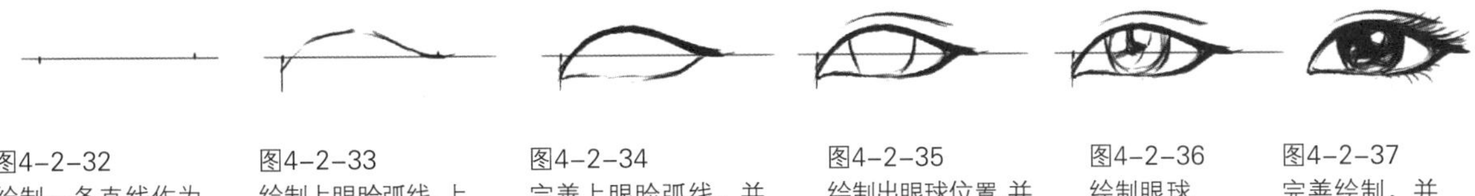

图4-2-32 绘制一条直线作为眼中线，确定眼睛的起止长度

图4-2-33 绘制上眼睑弧线，上眼睑起点略低于眼中线，眼角收尾在眼中线上

图4-2-34 完善上眼睑弧线，并带出下眼睑线条

图4-2-35 绘制出眼球位置，并完善上下眼睑线条，绘制出双眼皮，若需要单眼皮造型则无需绘制

图4-2-36 绘制眼球

图4-2-37 完善绘制，并添加睫毛

小贴士 眼睑弧线起止要注意变化：起始线条略细，向弧线最高点逐渐变粗。弧线最高点为眼球所在的中心线上，然后逐渐收于眼尾，线条也逐渐加粗，到达眼尾收线，收线要干净利落，不拖拉、不抖动。下眼睑弧线略平，眼球位置线条略细，过眼球向眼尾加粗，至眼尾部位收线。

小贴士 眼球不可画得一片黑，要黑、白、灰层次多变，并留有一定的空白。瞳孔位置为深色，眼球外形为深色，靠近瞳孔位置需要留出眼球高光。眼球上半部要有眼睑阴影，眼球下半部颜色略浅。眼球色调丰富，可使眼神更灵动。

2）眼睛3/4侧视图绘制步骤（图4-2-38~图4-2-43）。

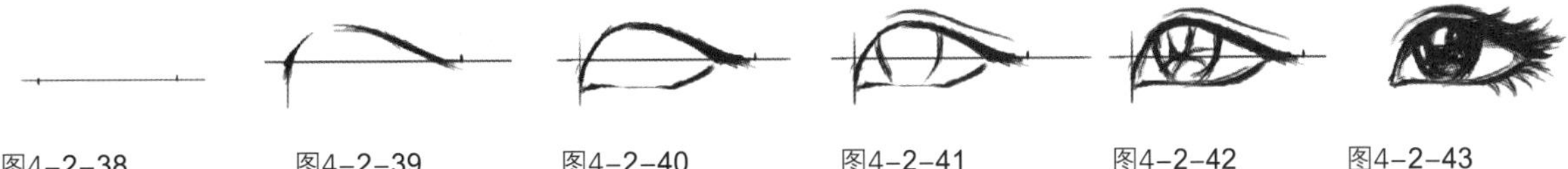

图4-2-38 绘制一条直线作为眼中线，确定眼睛的起止长度

图4-2-39 绘制上眼睑弧线

图4-2-40 完善上眼睑弧线，并带出下眼睑线条

图4-2-41 绘制出眼球位置，并完善上下眼睑线条

图4-2-42 绘制眼球

图4-2-43 完善绘制，并添加睫毛

3）眼睛侧视图绘制步骤（图4-2-44~图4-2-49）。

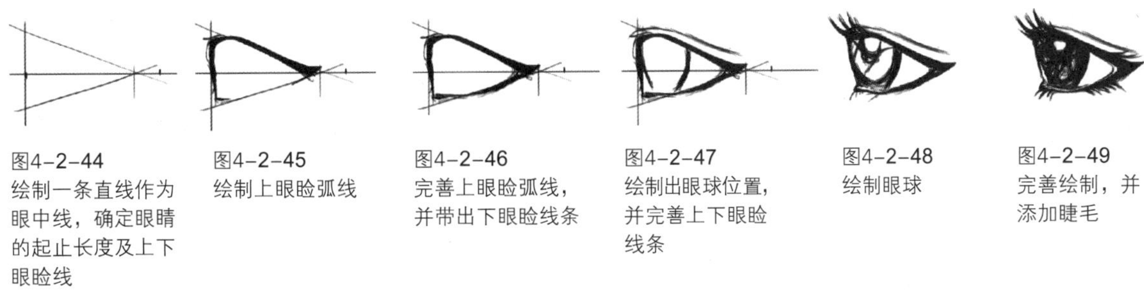

图4-2-44 绘制一条直线作为眼中线，确定眼睛的起止长度及上下眼睑线

图4-2-45 绘制上眼睑弧线

图4-2-46 完善上眼睑弧线，并带出下眼睑线条

图4-2-47 绘制出眼球位置，并完善上下眼睑线条

图4-2-48 绘制眼球

图4-2-49 完善绘制，并添加睫毛

小贴士 可根据实际绘图需要绘制上下眼睑的内沿线（即贴近眼球的曲线，而不是生长睫毛的眼睑外沿），睫毛不可生硬，眼角睫毛清淡些，眼尾部位可着重绘制。

小贴士 刻画眼睛时，要注意对上眼睑、内眼角、眼球及瞳仁等重点结构的描绘，省略次要部分和多余细节。

2. 男性眼睛的绘制步骤

男性眼睛的绘制步骤同女性一致，只是形态有些不同，男性眼睛多以长方形为主，上眼睑加粗、加重，以体现深邃感，不用假睫毛，所以绘制中睫毛可以忽略或略微带出即可。

1）男士眼睛正视图绘制步骤（图4–2–50~图4–2–54）。

图4–2–50
绘制眼中线及眼睛起始端点

图4–2–51
绘制上眼睑弧线

图4–2–52
绘制眼球位置及下眼睑位置

图4–2–53
完善眼部绘制

图4–2–54
绘制完成

2）男士眼睛3/4侧视图绘制步骤（图4–2–55~图4–2–59 ）。

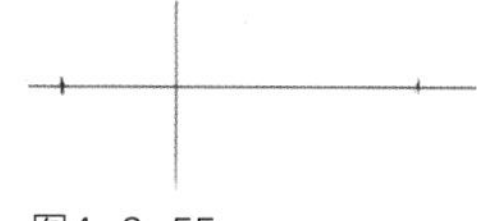

图4–2–55
绘制眼中线及眼睛起始端点

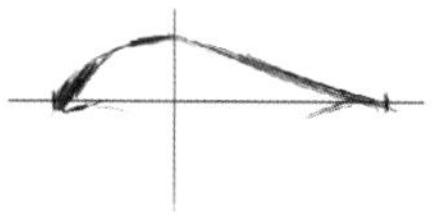

图4–2–56
绘制上眼睑弧线

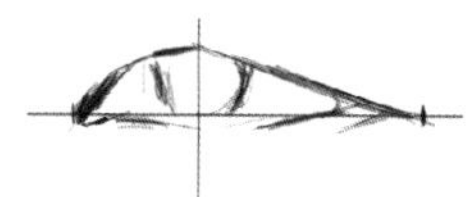

图4–2–57
绘制眼球位置及下眼睑位置

图4–2–58
完善眼部绘制

图4–2–59
绘制完成

3）男士眼睛侧视图绘制步骤（图4–2–60~图4–2–63）。

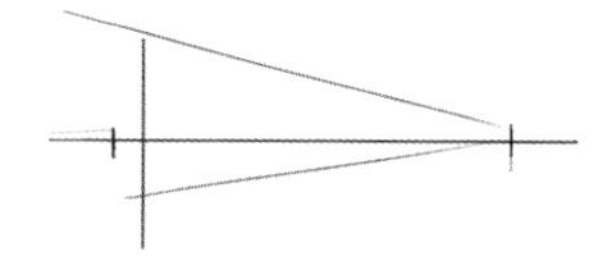

图4–2–60
绘制眼中线及上下眼睑线

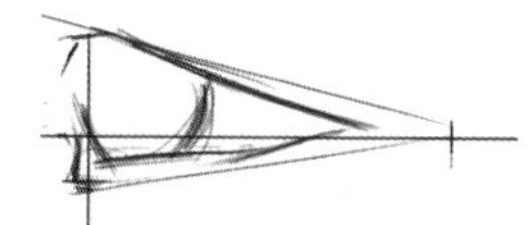

图4–2–61
绘制上线眼睑弧线及眼球位置

图4–2–62
细致描绘眼睑及眼球

图4–2–63
绘制完成

3. 眼睛绘制例图 （图4–2–64~图4–2–75）。

图4–2–64
女性眼睛例图一

图4–2–65
女性眼睛例图二

图4–2–66
女性眼睛例图三

图4–2–67
女性眼睛例图四

图4–2–68
女性眼睛例图五

图4–2–69
女性眼睛例图六

图4–2–70
女性眼睛例图七

图4–2–71
男性眼睛例图一

图4–2–72
男性眼睛例图二

图4–2–73
男性眼睛例图三

图4–2–74
男性眼睛例图四

图4–2–75
男性眼睛例图五

三、鼻子的画法

时装画中鼻子的绘制需要简化处理，可概括成鼻梁、鼻翼、鼻底三部分（图4-2-76）。女性鼻梁纤细、秀气，起伏小，转折柔和，鼻头圆润，鼻翼外形偏圆。男性鼻梁挺拔、笔直，转折明确，鼻头方、宽、大，鼻翼的外形也偏方，鼻翼沟明显。

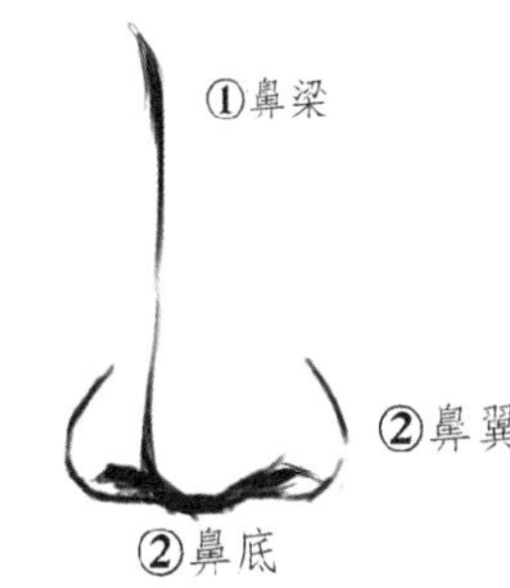

图4-2-76 鼻子的基本部位

1. 正视图绘制步骤（图4-2-77~图4-2-79）

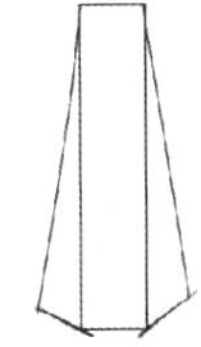

图4-2-77
把鼻子归纳为几何形

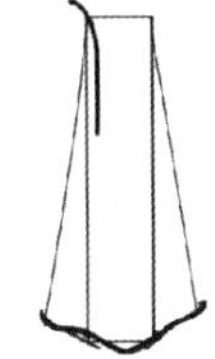

图4-2-78
柔曲鼻翼，画出鼻翼和鼻尖的具体位置

图4-2-79
去除辅助线，完善绘制

小贴士 在服装画中，鼻子的表现要把重点放在把握大形和方向上。鼻子一般不用过多刻画，只要简单画出鼻梁和鼻底就可以了。

2. 3/4侧面鼻子绘制步骤（图4-2-80~4-图2-82）

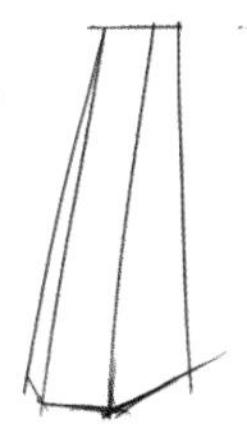

图4-2-80
先找到鼻子中线，沿中线画两条水平线，左侧面因透视关系切面较小

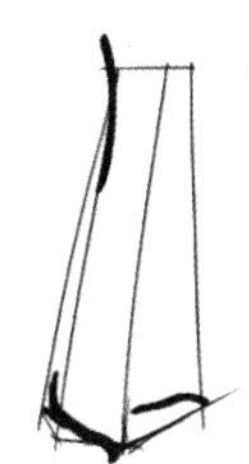

图4-2-81
用肯定的线条把鼻梁和鼻子底部加重，柔曲鼻翼

图4-2-82
去除辅助线，完善鼻子造型

3. 侧面鼻子绘制步骤（图4-2-83~图4-2-85）

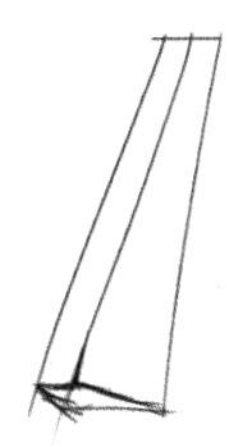

图4-2-83
侧面鼻子只能看到一侧的鼻翼，可概括为三角形

图4-2-84
沿辅助线的最外侧，用曲线勾画出鼻子廓形

图4-2-85
去除辅助线，完善鼻子造型

4. 仰视鼻子绘制步骤（图4-2-86~图4-2-88）

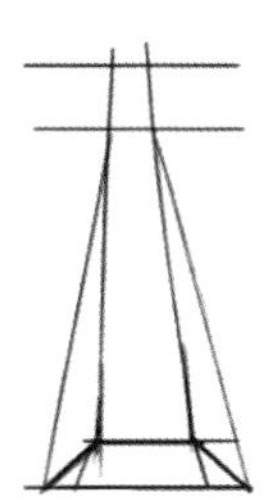

图4-2-86
切出鼻子几何图

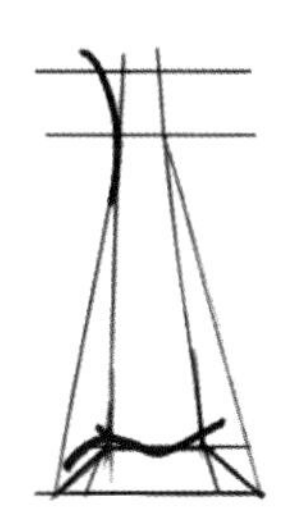

图4-2-87
用曲线绘出鼻子及鼻线条

图4-2-88
去除辅助线，完善鼻子造型

小贴士 仰视时基本辅助线的画法和正视图一致，区别是鼻梁较正视图短些，因透视关系可看见鼻孔。

时装画中，常常将鼻子归纳为更简单的线条加以表现，如图4-2-89~图4-2-94所示。

图4-2-89
正面鼻子

图4-2-90
正面鼻子简化

图4-2-91
3/4侧面鼻子

图4-2-92
3/4侧面鼻子简化

图4-2-93
侧面鼻子

图4-2-94
侧面鼻子简化

小贴士 男性鼻子的绘画步骤同女性的一样，只是外观上比女性少些柔和，鼻梁、鼻翼的处理要干脆、有力度感。

四、耳朵的画法

耳朵在人的表情变化中最为细微。一般女性耳朵被秀发遮掩，露出的机会不多，但男性和儿童的耳朵常常裸露在外，绘制时要格外留意，画不好会影响画面的整体效果。耳朵的正确位置在脸颊两侧的眼睫线和鼻底线之间。

正面耳朵的画法绘制步骤（图4-2-95~图4-2-97）。

侧面耳朵的画法绘制步骤（图4-2-98~4-图2-100）。

耳朵后视图画法绘制步骤（图4-2-101~图4-2-103）。

侧面耳朵的耳廓部位的曲线突起更为明显。

耳朵由外耳廓和内耳廓组成，外轮廓有厚度，绘制时要将它的厚度转折表现出来。

图4-2-95
把外耳廓概括成一个拉长的问号形态

图4-2-96
绘制耳朵的内部曲线，注意耳垂的形状

图4-2-97
完善细节

图4-2-98
把外耳廓概括成一个拉长的问号形态

图4-2-99
绘制耳朵的内部曲线，线条要圆顺

图4-2-100
完善细节

图4-2-101
把外耳廓概括成有一定倾斜度的斜线

图4-2-102
勾画出上耳廓及耳蜗曲线

图4-2-103
完善细节

五、嘴的画法

嘴是五官刻画中非常重要的一个环节，它能彰显人的气质，表达人的情绪，绘制时应注意嘴与面部其他器官的协调。

1. 嘴部正视图绘制步骤（图4-2-104~图4-2-107）

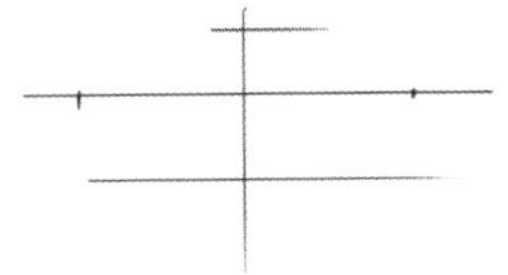

图4-2-104
画一条横线作为上、下嘴唇的分割线，在这条线的左、右对称取嘴的长度位置，然后上下分别作水平线

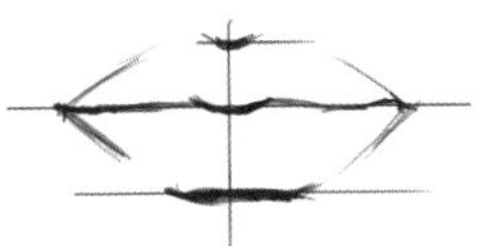

图4-2-105
概括勾勒出上、下唇的唇形

图4-2-106
圆曲口裂线及上、下唇形

图4-2-107
加影调，润色

小贴士 绘制嘴唇时，一般下唇比上唇要厚一些。

2. 嘴部绘制例图（图4-2-108~图4-2-117）

图4-2-108
嘴的绘制例图一

图4-2-109
嘴的绘制例图二

图4-2-110
嘴的绘制例图三

图4-2-111
嘴的绘制例图四

图4-2-112
嘴的绘制例图五

图4-2-113
嘴的绘制例图六

图4-2-114
嘴的绘制例图七

图4-2-115
嘴的绘制例图八

图4-2-116
嘴的绘制例图九

图4-2-117
嘴的绘制例图十

小贴士 服装画中，嘴部的绘制处理得也十分简化，可归纳为精炼的线条。

第三节　手、足的画法

一、手的画法

手由手掌和手指组成（图4-3-1），手的姿势变化丰富，在时装画的表现中，往往不需将所有手指画出，抓住大轮廓，以简单的笔调概括出手的形态即可。

女性手部线条纤弱柔美，指尖细长，更富于曲线变化。

小贴士　手掌部分与手指部分的长度相等。

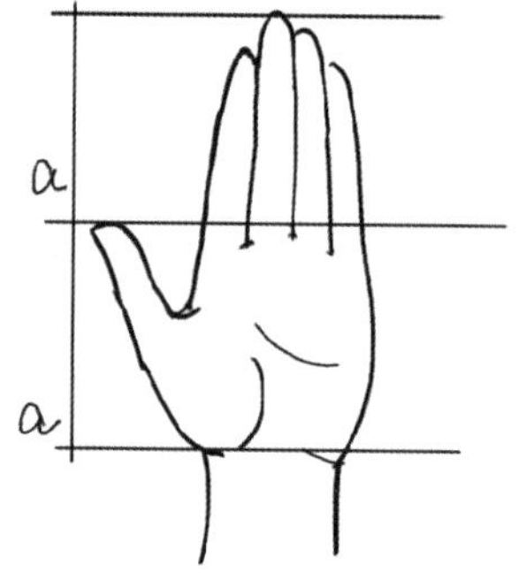

图4-3-1 女性手掌手指比例示意图

半握手的绘制步骤（图4-3-2~图4-3-4）

图4-3-2
先画出手的几何形态

图4-3-3
沿着几何形态的边缘提炼出手的基本形状

图4-3-4
绘制完整手形

手指伸出姿态的手型绘制步骤（图4-3-5~图4-3-7）

图4-3-5
要先确定手指方向与手腕的角度，概括画出手的外形

图4-3-6
画出食指和拇指的具体形态

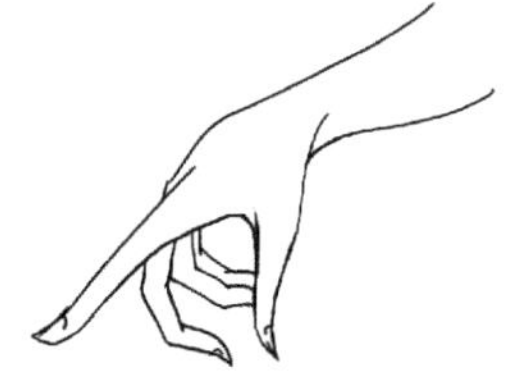
图4-3-7
勾画后面的三根手指，完成画面

下垂姿态的手型绘制步骤（图4-3-8~图4-3-10）

图4-3-8
用铅笔轻轻画出手指的大概位置

图4-3-9
画出食指的细节，概括后面的手指廓型

图4-3-10
勾画后面的三根手指，完成画面

抬起姿态的手型绘制步骤（图4-3-11~图4-3-13）

图4-3-11
抬起姿态先要找出手腕和手掌的转折角度，手指部分用辅助线画出走向

图4-3-12
勾画后面的三根手指，完成画面

图4-3-13
勾画后面的三根手指，完成画面

扬起姿态的手型绘制步骤（图4-3-14~图4-3-16）

图4-3-14
要找出手腕和手掌的转折角度，手指部分用辅助线画出走向

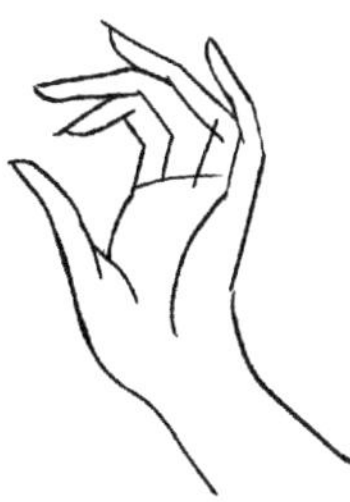

图4-3-15
画出手指的细节

图4-3-16
完成画面

手指有支撑姿态的手型绘制步骤（图4-3-17~图4-3-19）

图4-3-17
画出食指和拇指支撑部分的落点，后面三根手指用辅助线概括

图4-3-18
画出手指的细节

图4-3-19
去除辅助线，完成画面

行走时手型的绘制步骤（图4-3-20~图4-3-22）

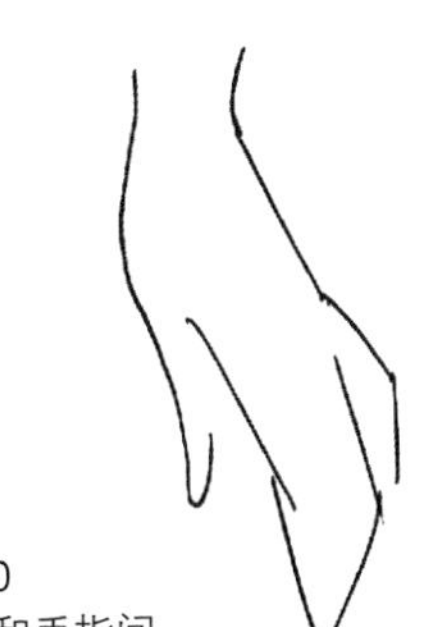

图4-3-20
确定手腕和手指间的角度，概括大形

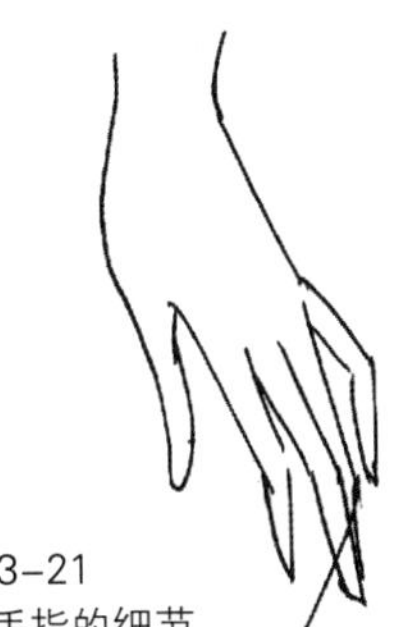

图4-3-21
画出手指的细节

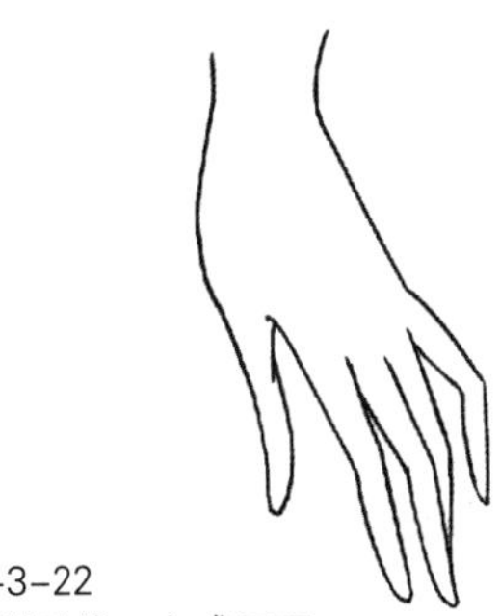

图4-3-22
去除辅助线，完成画面

抬起手势的绘制步骤（如图4-3-23~4-3-25）

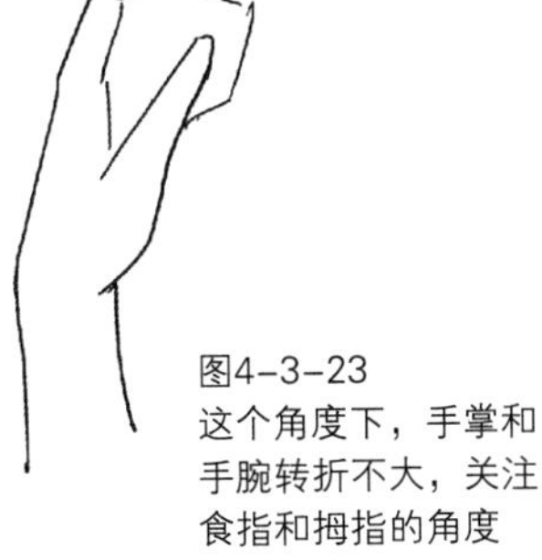

图4-3-23
这个角度下，手掌和手腕转折不大，关注食指和拇指的角度

图4-3-24
画出手指的细节

图4-3-25
去除辅助线，完成画面

戴手套的手型绘制步骤（图4-3-26~图4-3-28）

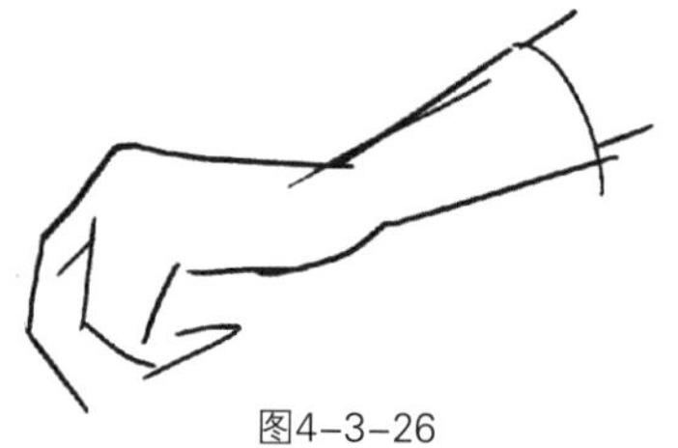

图4-3-26
绘制戴手套的手，要留出皮肤与手套的空间

图4-3-27
把手指概括成两个部分

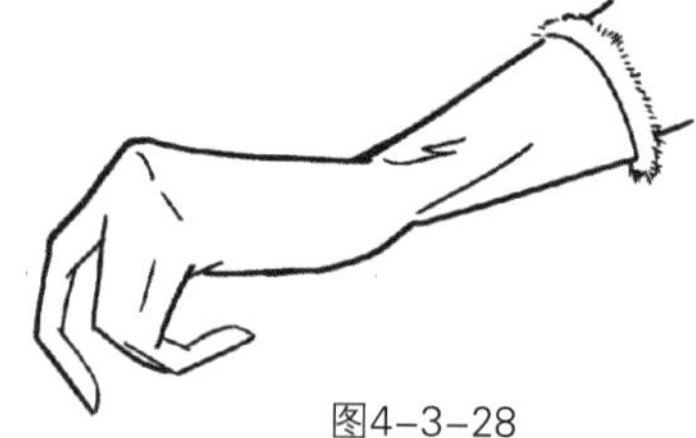

图4-3-28
画出手套的褶皱和手指，完成画面

捏着裙子的手型绘制步骤（图4-3-29~图4-3-30）

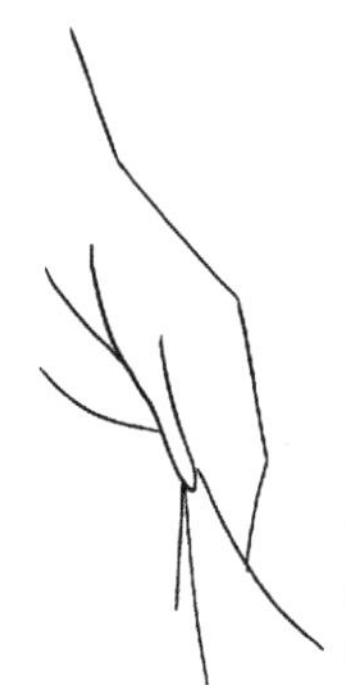

图4-3-29
拇指与衣物的接触部分是绘制要点，概括外轮廓

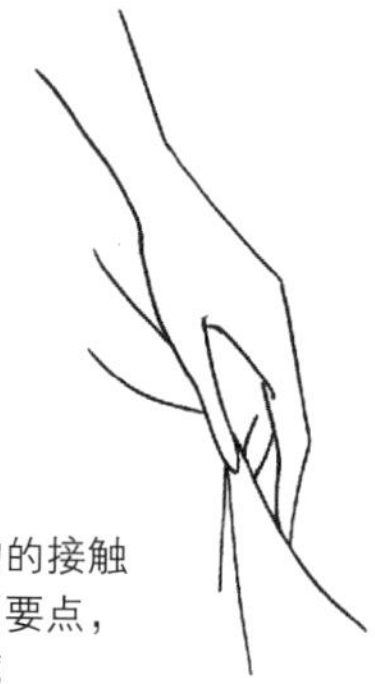

图4-3-30
刻画细节，完成

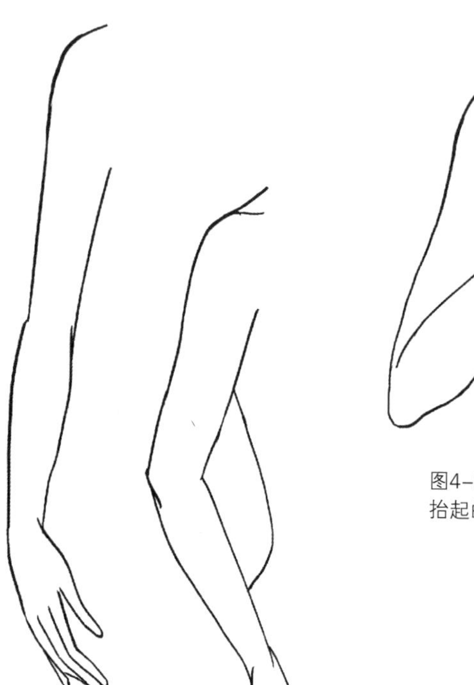

图4-3-35
自然下垂的手臂

图4-3-36
行走状态的手臂

图4-3-37
抬起的手臂姿态一

其他常见姿态的手型绘制（图4-3-31~图4-3-39）

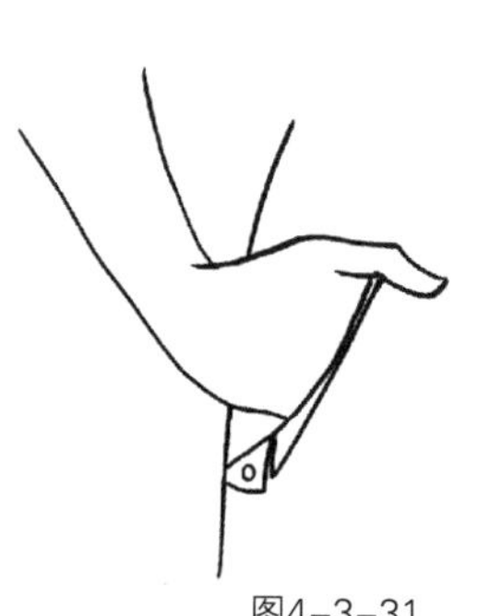

图4-3-31
插兜的手

图4-3-32
放在门襟上的手

图4-3-33
拿卡片的手

图4-3-34
持物的手

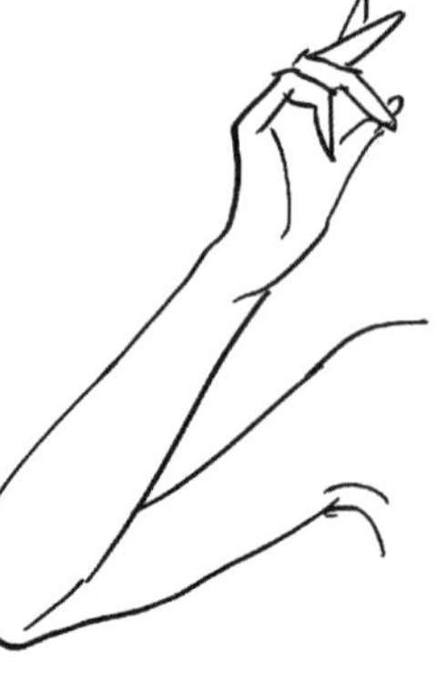

图4-3-38
抬起的手臂姿态二

图4-3-39
叉腰的手臂

男性的手的比例关系和女性的手的区别主要在宽度上。男性手掌宽厚，手指更粗壮，绘图时用笔要更有力（图4-3-40）。

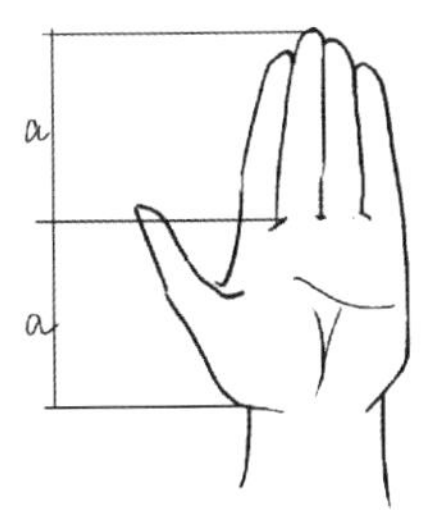

图4-3-40
男性手掌基本图及手掌与手指比例

男性自然下垂的手的绘制步骤
（图4-3-41~图4-3-42）

图4-3-41
用线条概括出手的姿态和轮廓

图4-3-42
画出手指细节

图4-3-43
完成画面

男性握拳的手的绘制步骤
（图4-3-43~图4-3-46）

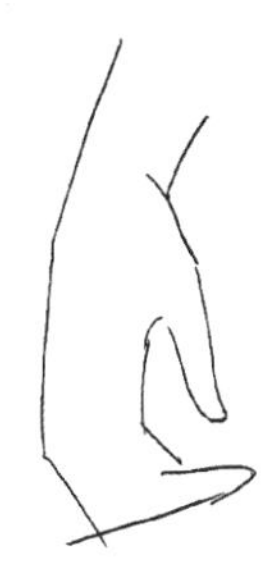

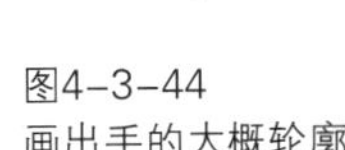

图4-3-44
画出手的大概轮廓

图4-3-45
绘制手指细节

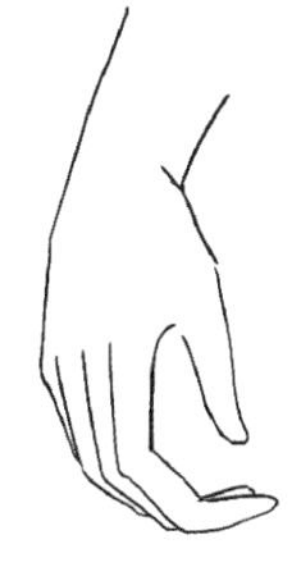

图4-3-46
完成画面

二、脚(鞋)的画法

脚由足尖、足撑、足弓、足跟等部分构成，如图4-3-47、图4-3-48所示。时装画中的脚，多数穿着鞋子，所以重点学习鞋的画法，用鞋型来代替脚的姿态。

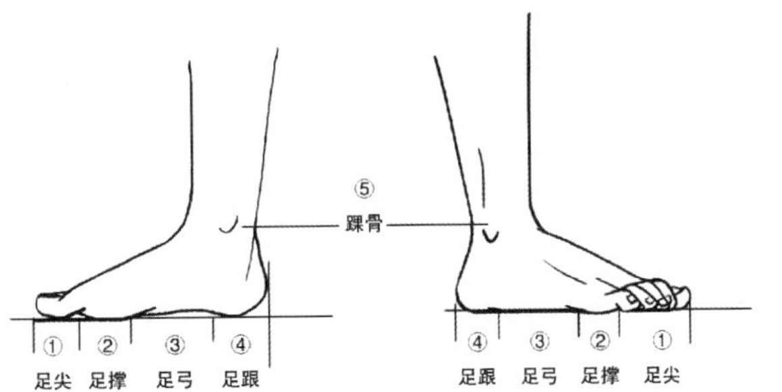

图4-3-47 左右侧面脚部结构

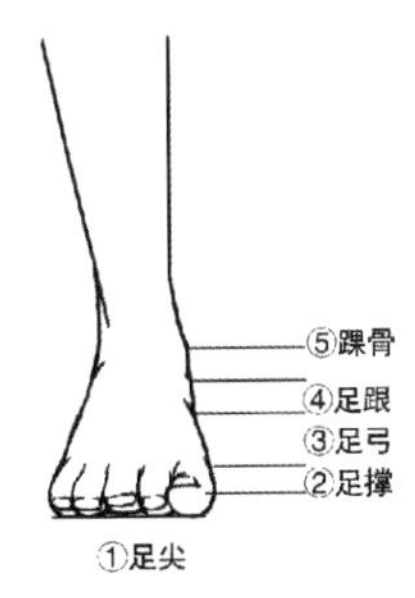

图4-3-48 正面脚部结构

内侧脚的画法（图4-3-49~图4-3-51）

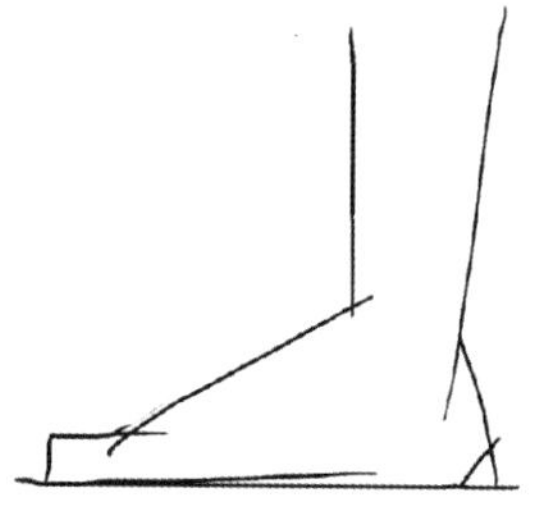
图4-3-49
内侧脚可以概括成一个大的三角形

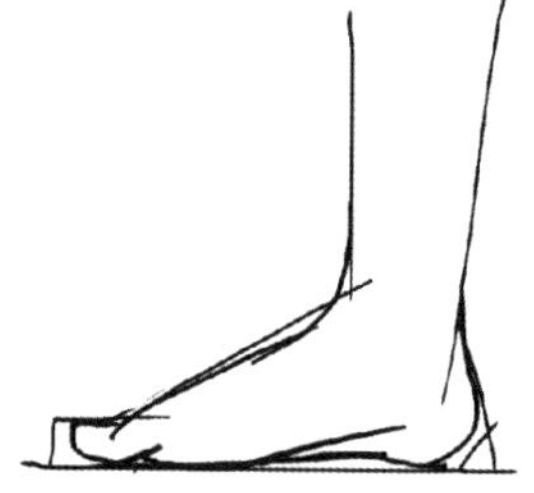
图4-3-50
绘制足尖、足撑、足弓、足跟细节

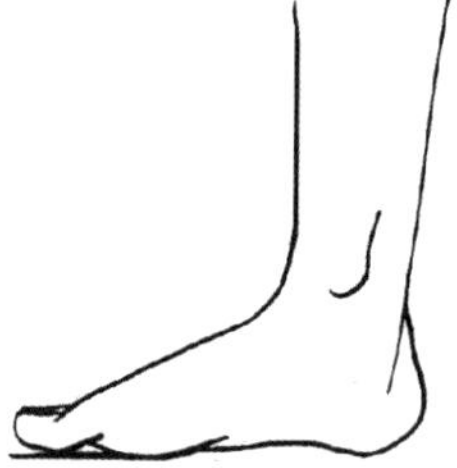
图4-3-51
完成画面

正面脚的画法（图4-3-52~图4-3-54）

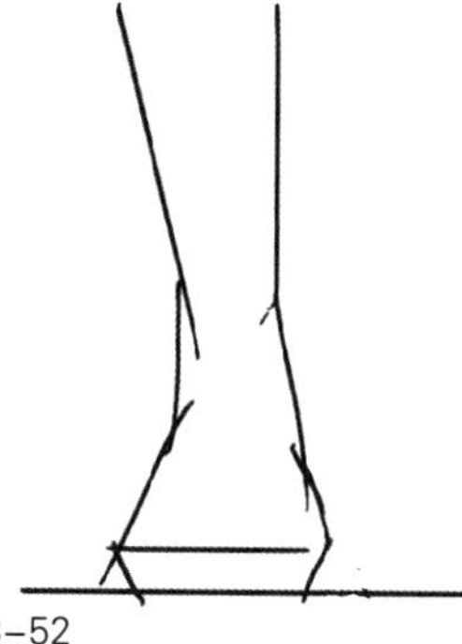
图4-3-52
正面脚看不见足弓、足跟，脚趾可以整体概括成一个小梯形

图4-3-53
绘制足尖，勾勒外轮廓线条

图4-3-54
完成画面

外侧脚的画法（图4-3-55~图4-3-57）

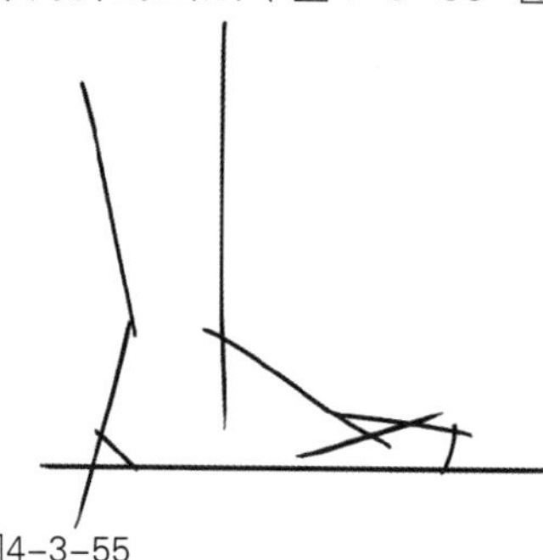
图4-3-55
外侧脚可以概括成一个大的三角形

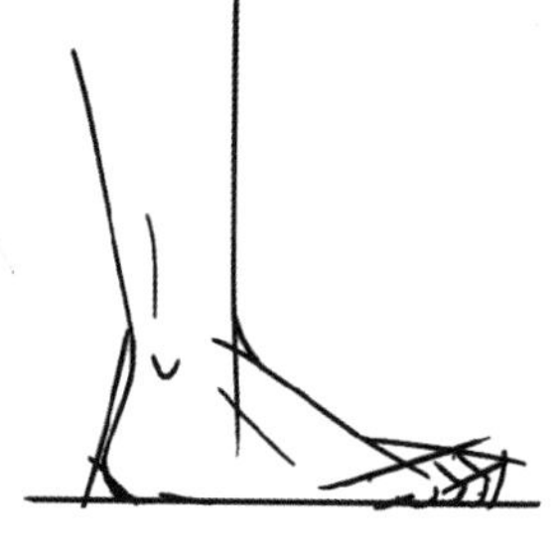
图4-3-56
脚外侧足底没有过多细节，可以用一条直线概括，足尖、足跟细节需要仔细勾勒

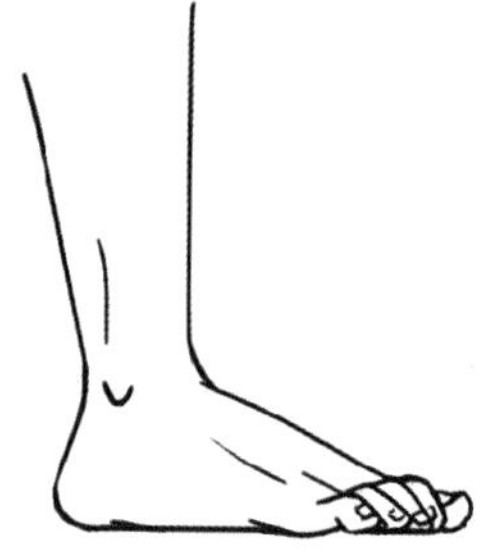
图4-3-57
完成画面

走动时外侧脚的画法（图4-3-58~图4-3-60）

图4-3-58
走动时脚面看到的较多，脚面与腿部转折角度微妙

图4-3-59
脚趾接触地面部分受力，画出足尖和足跟

图4-3-60
完成画面

脚尖着地时侧面脚的画法（图4-3-61~图4-3-63）

图4-3-61
脚掌部分可概括成三角形，脚跟抬起

图4-3-62
脚趾接触地面部分受力，画出足尖和足跟

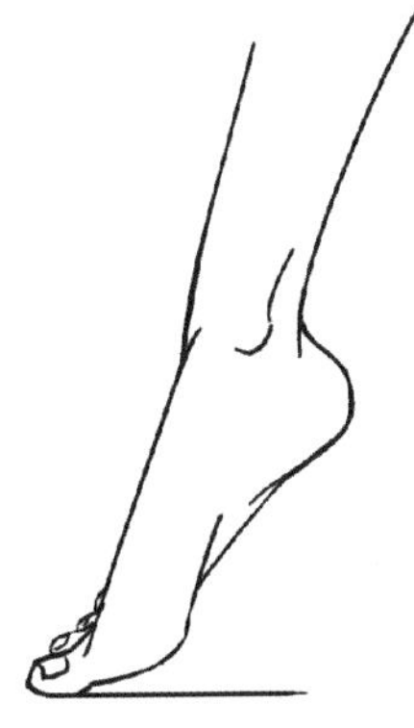

图4-3-63
完成画面

后面脚的画法（图4-3-64~图4-3-66）

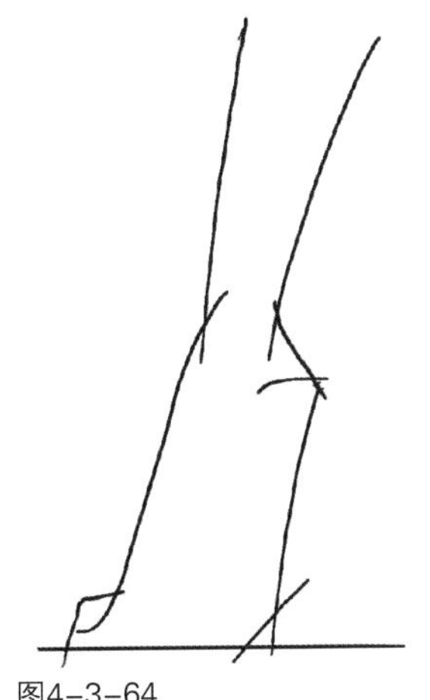

图4-3-64
后视时足弓和足跟的位置是刻画重点

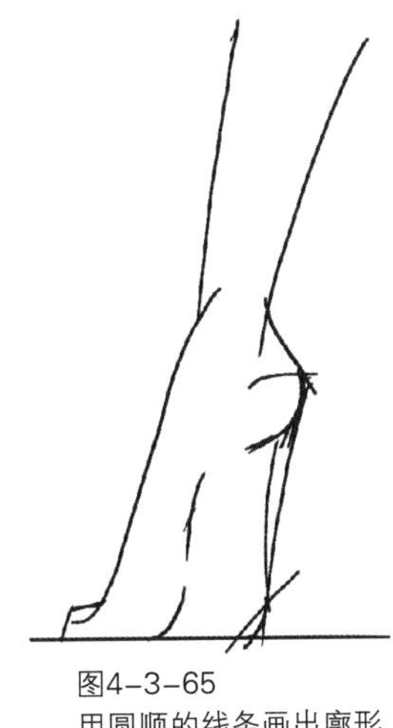

图4-3-65
用圆顺的线条画出廓形

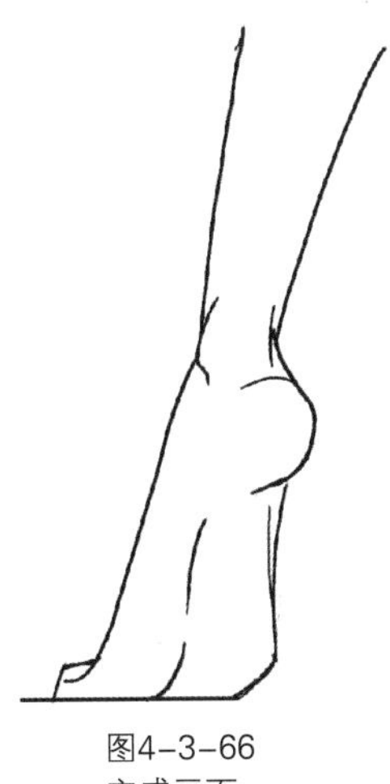

图4-3-66
完成画面

站立时左脚的画法一（图4-3-67~图4-3-69）

图4-3-67
用辅助线确定脚的大体位置

图4-3-68
画出脚趾

图4-3-69
勾画指甲，完成

站立时左脚的画法二（图4-3-70~图4-3-72）

图4-3-70
用辅助线确定脚的大体位置

图4-3-71
画出脚趾

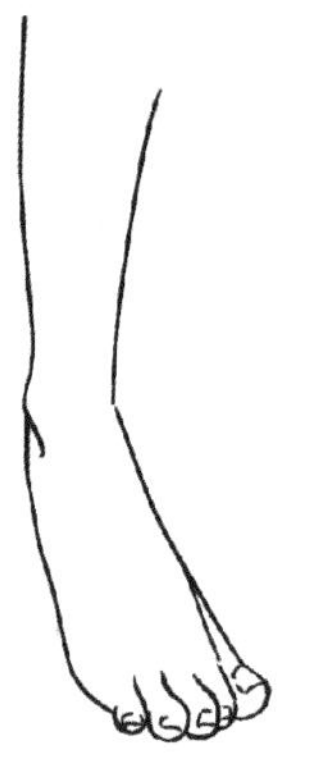

图4-3-72
勾画指甲，完成

男性脚正视图画法（图4-3-73~图4-3-75）

图4-3-73
男性脚的画法与上面所讲大体相同，脚的宽度比女性的要宽些，骨点较大

图4-3-74
画出脚趾等细节

图4-3-75
完成画面

男性脚侧视图画法（图4-3-76~图4-3-78）

图4-3-76
内侧脚可以概括成一个大的三角形

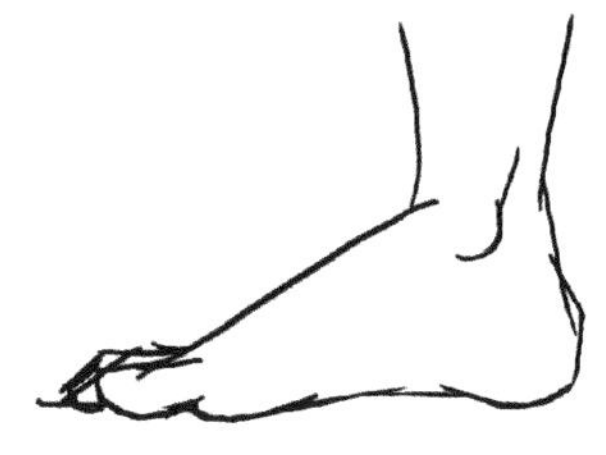

图4-3-77
绘制足尖、足撑、足弓、足跟细节

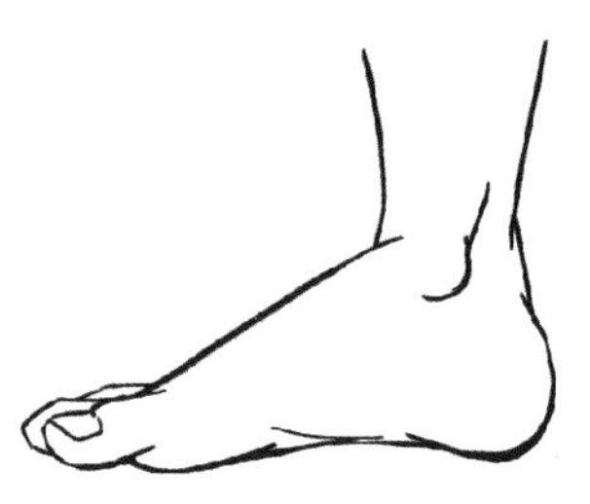

图4-3-78
完成画面

行走时的侧面高跟鞋绘制步骤（图4-3-79~图4-3-82）

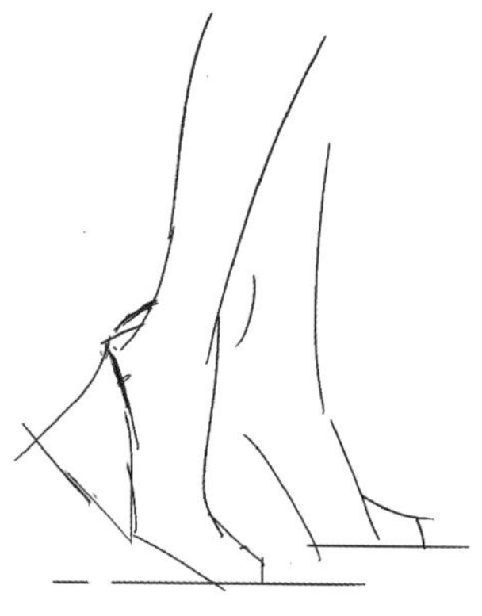

图4-3-79
画两只脚时，可以先从脚尖处引出两条水平线，用几条辅助线概括外形

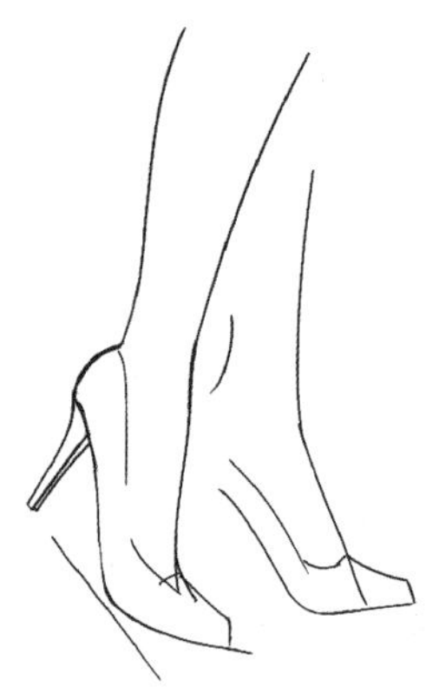

图4-3-80
绘制近处鞋的细节，另一只脚省略画出即可

图4-3-81
画出鞋上的花纹

图4-3-82
完成画面

站立时的侧面高跟鞋绘制步骤（图4-3-83~图4-3-86）

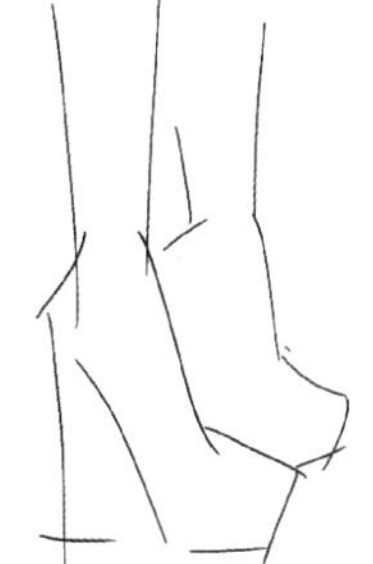
图4-3-83
用几条辅助线概括外形

图4-3-84
绘制近处鞋的细节，另一只脚省略画出即可

图4-3-85
去除多余的辅助线，画出鞋上的装饰花朵

图4-3-86
完成画面

行走时的后面高跟鞋绘制步骤（图4-3-87~图4-3-89）

图4-3-87
脚面的拉伸线条要有张力，行走时鞋跟悬空

图4-3-88
绘制近处鞋的细节，另一只脚省略画出即可

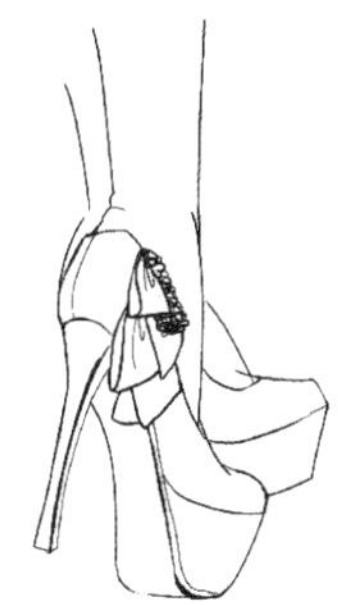
图4-3-89
画出鞋上的装饰物，完成画面

运动鞋绘制步骤（图4-3-90~图4-3-93）

图4-3-90
用几条辅助线概括外轮廓

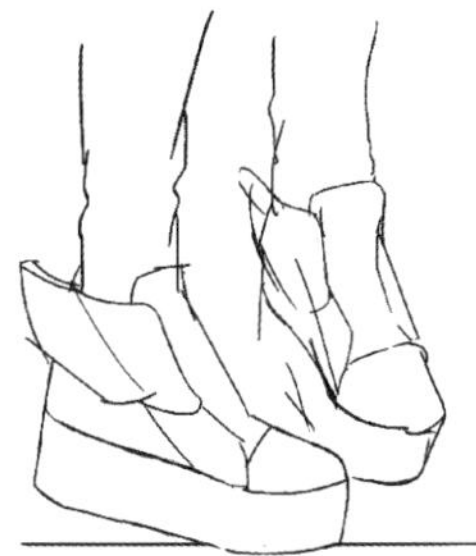
图4-3-91
绘制鞋的结构线

图4-3-92
画出鞋上的装饰物和气眼

图4-3-93
绘制鞋的明线、鞋带等部分，完成画面

正面凉鞋绘制步骤（图4-3-94~图4-3-96）

图4-3-94
用几条辅助线概括外轮廓

图4-3-95
绘制鞋尖，去除辅助线

图4-3-96
画出鞋带上的装饰物，完成画面

侧面凉鞋绘制步骤（图4-3-97~图4-3-100）

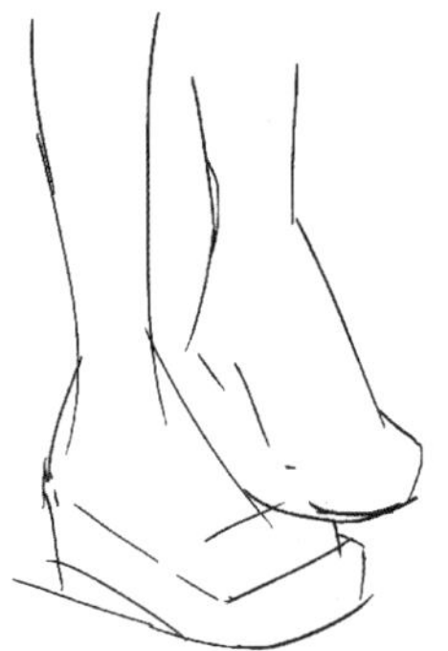

图4-3-97
概括外轮廓和鞋的透视倾斜角度

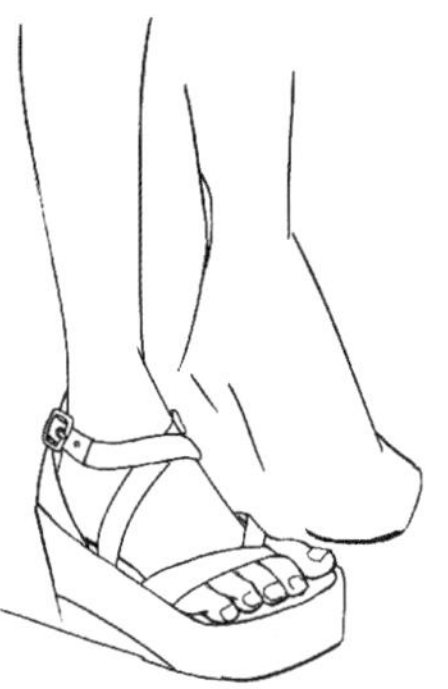

图4-3-98
绘制离视线较近的鞋和脚的细节

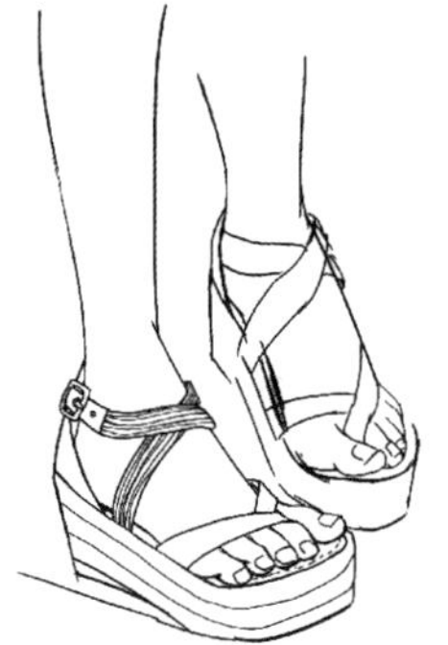

图4-3-99
刻画另一只脚

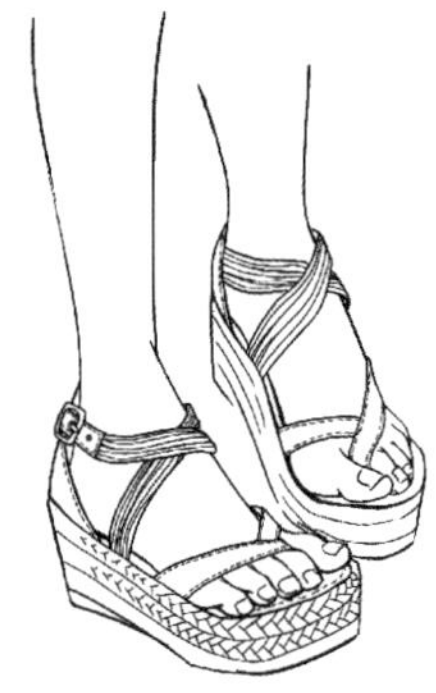

图4-3-100
画出明线和鞋边上的花纹，完成画面

短靴的绘制步骤（图4-3-101~图4-3-104）

图4-3-101
概括画出靴子的廓型

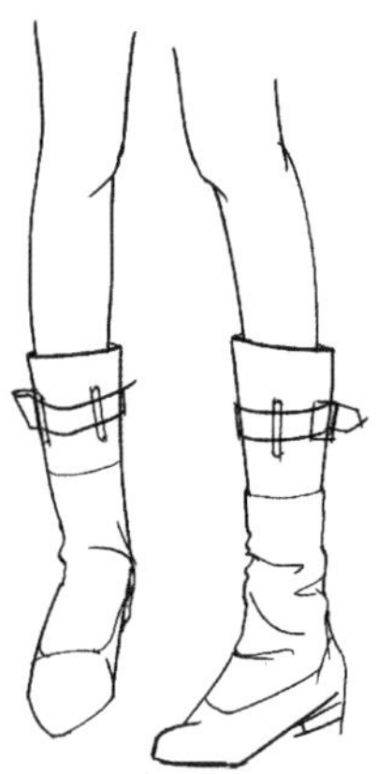

图4-3-102
画出鞋的褶纹

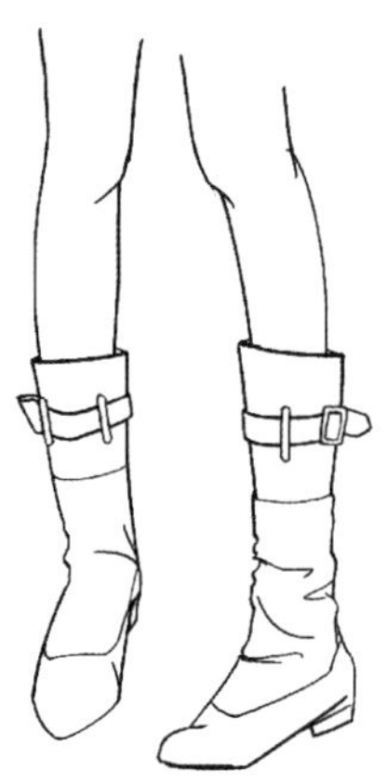

图4-3-103
擦掉多余的线条

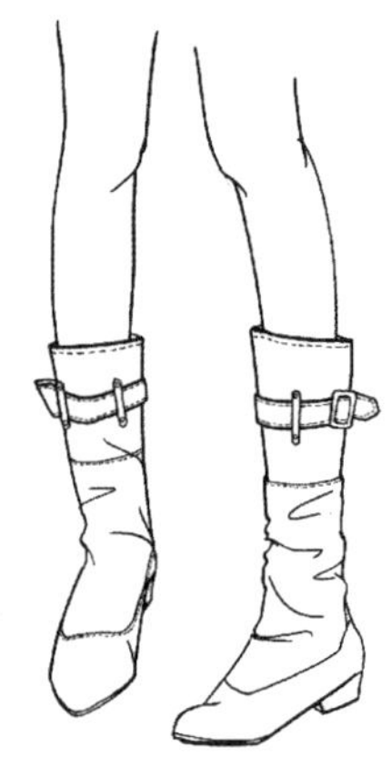

图4-3-104
画出明线，完成画面

过膝高靴的绘制步骤（图4-3-105~图4-3-106）

图4-3-105
绘制高筒靴子时，靴子与腿部贴合比较紧密

图4-3-106
画出明线和褶皱，完成画面

长筒靴的绘制步骤（图4-3-107~图4-3-109）

图4-3-107
概括画出靴子的廓型和腿的动势，画出鞋的褶纹

图4-3-108
勾勒鞋的分割线等细节

图4-3-109
画出明线，完成画面

坐姿高跟鞋的绘制步骤（图4-3-110~图4-3-112）

图4-3-110
概括画出腿的动势和脚的角度

图4-3-111
用肯定圆顺的线条完成腿及鞋的细节，去除辅助线

图4-3-112
深入刻画，完成画面

行走时高跟鞋的绘制步骤（图4-3-113~图4-3-115）

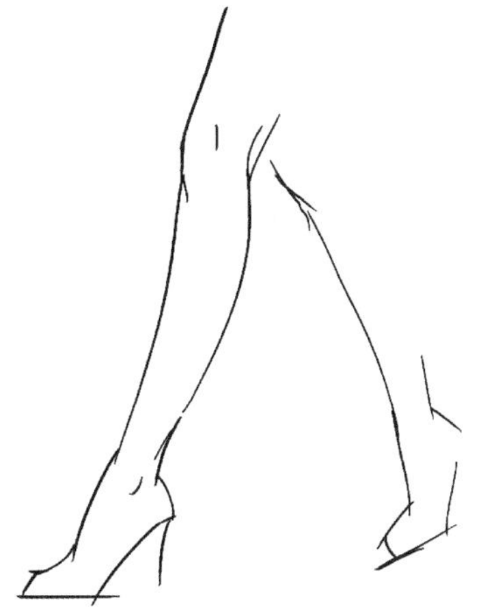

图4-3-113
用几条长直线概括画出腿和鞋的廓型

图4-3-114
刻画离视线较近的腿及鞋，另一条腿概括画出

图4-3-115
完善细节，完成画面

行走时短靴的绘制步骤（图4-3-116~图4-3-119）

图4-3-116
概括画出腿的动势和脚的角度

图4-3-117
刻画离视线较近的腿及鞋

图4-3-118
勾勒另一只鞋的结构线

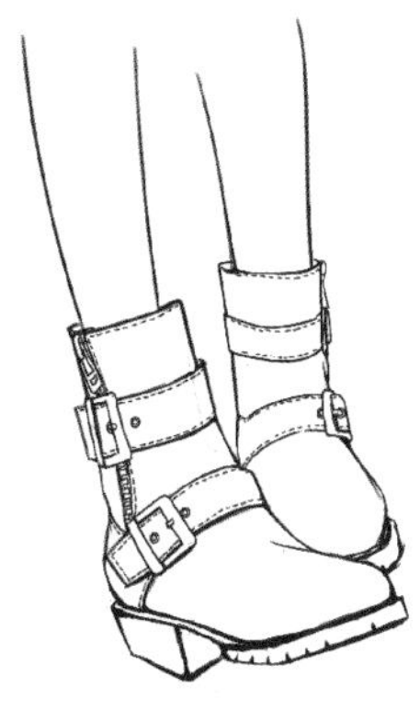

图4-3-119
画鞋的明线、带扣，完成画面

站立时系带皮鞋的绘制步骤（图4-3-120~图4-3-123）

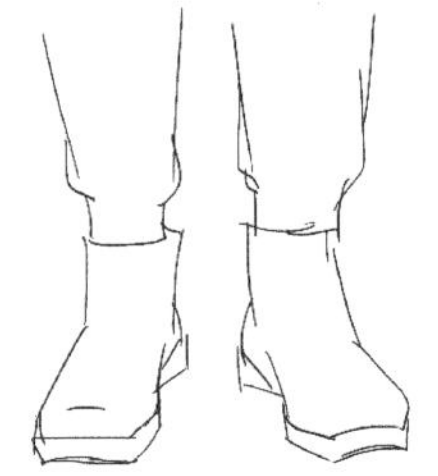
图4-3-120
用几条长直线概括画出腿和鞋的廓型

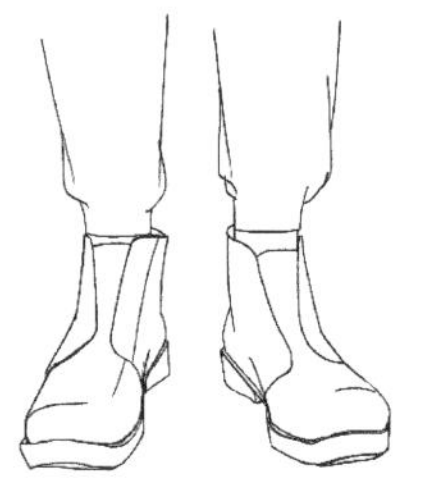
图4-3-121
刻画鞋的结构线

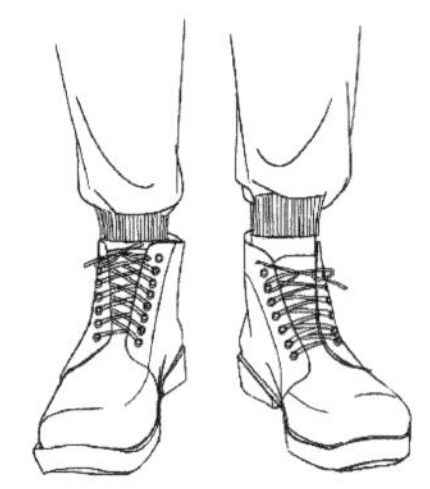
图4-3-122
画出气眼和鞋带

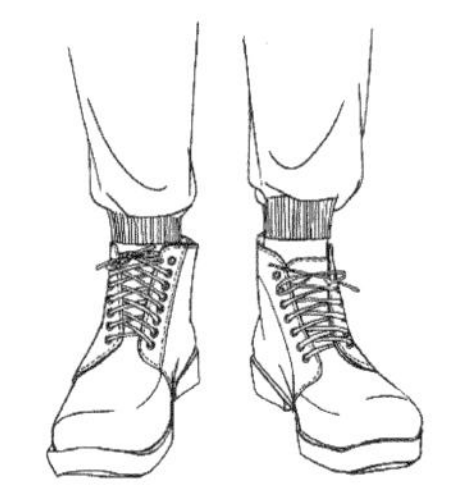
图4-3-123
整理画面，勾出明线，完成

坐姿时靴子的绘制步骤（图4-3-124~图4-3-127）

图4-3-124
用几条长直线概括画出腿和鞋的廓型

图4-3-125
刻画鞋的外轮廓线

图4-3-126
画出鞋的堆褶

图4-3-127
勾出明线，完成

小滑步姿态时短靴的绘制步骤（图4-3-128~图4-3-131）

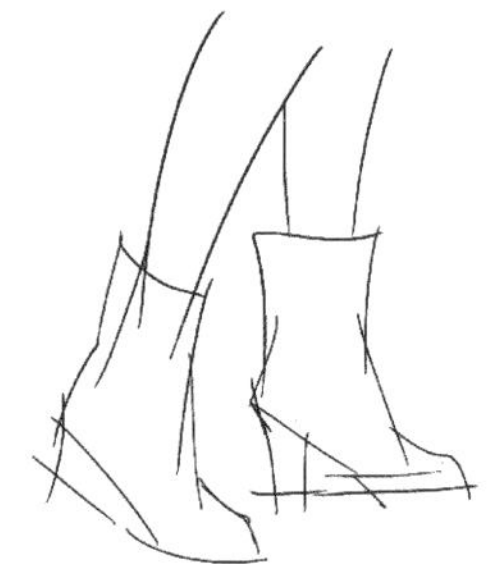
图4-3-128
概括画出腿和鞋的廓型

图4-3-129
刻画鞋的外轮廓线和内部分割线

图4-3-130
画出鞋带

图4-3-131
勾勒装饰的铆钉和明线，完成

小滑步姿态时跑鞋的绘制步骤（图4-3-132~图4-3-135）

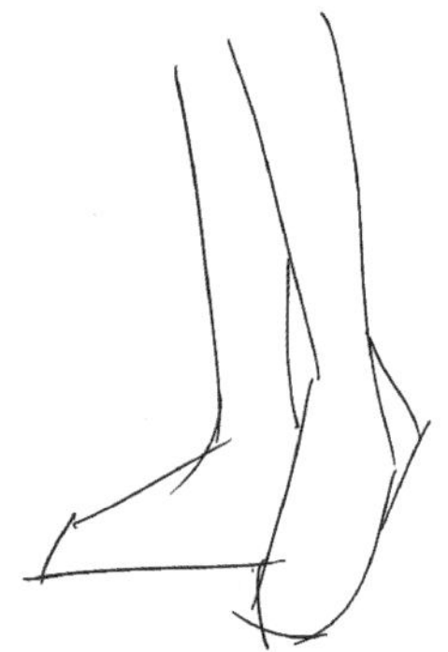
图4-3-132
概括画出腿和鞋的廓型

图4-3-133
刻画鞋的外轮廓线和内部分割线

图4-3-134
画出鞋带和装饰线

图4-3-135
勾勒明线，完成

站立姿态时马丁靴的绘制步骤（图4-3-136~图4-3-139）

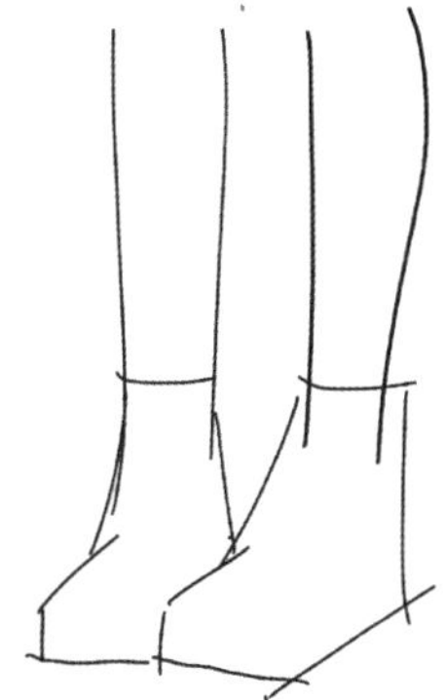
图4-3-136
概括画出腿和鞋的位置

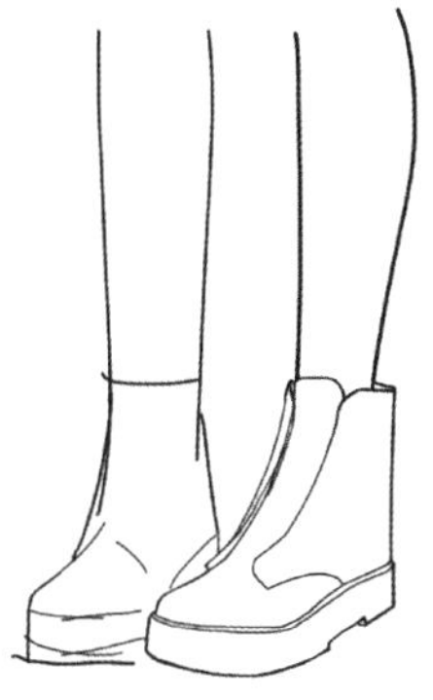
图4-3-137
刻画鞋的外轮廓线和内部分割线，注意鞋底的厚度转折

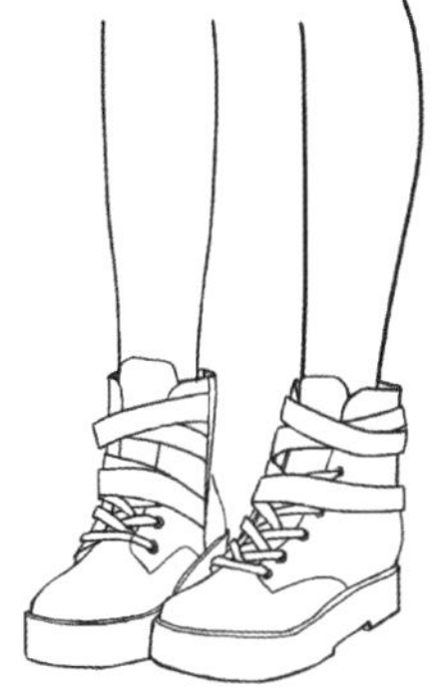
图4-3-138
画出鞋带

图4-3-139
绘制装饰的细节，完成

行走姿态时高跟鞋的后视图绘制步骤（图4-3-140~图4-3-143）

图4-3-140
概括画出两条腿的行走动态

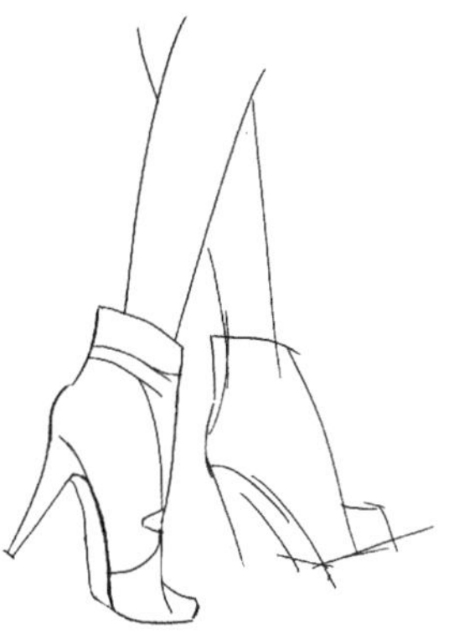
图4-3-141
仔细刻画近处的鞋，靴口部分要留出合理空间

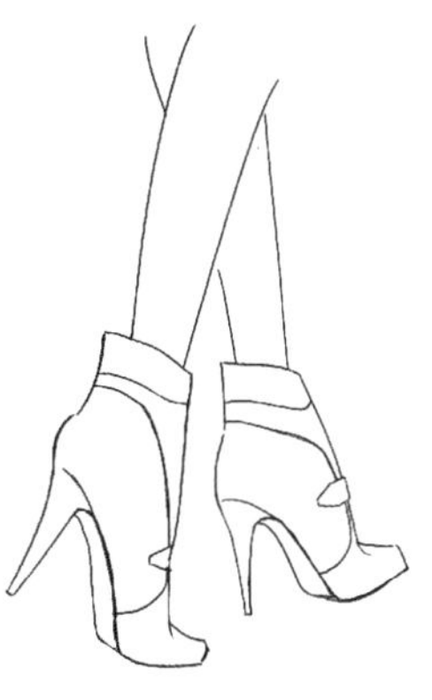
图4-3-142
后跟、足弓和鞋面的角度是绘制重点

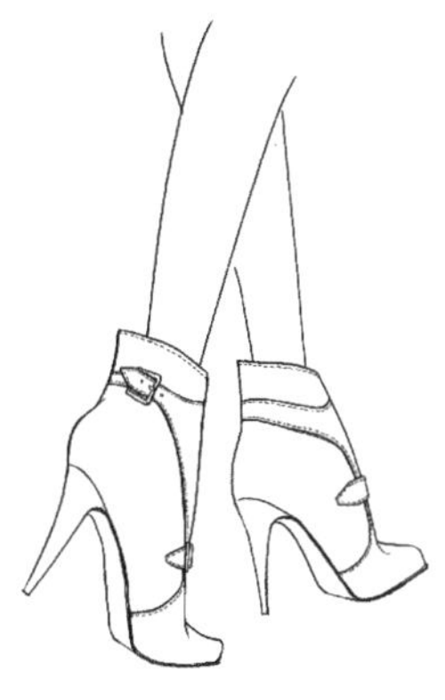
图4-3-143
绘制装饰的细节，完成

站立姿态时带铆钉靴的绘制步骤（图4-3-144~图4-3-147）

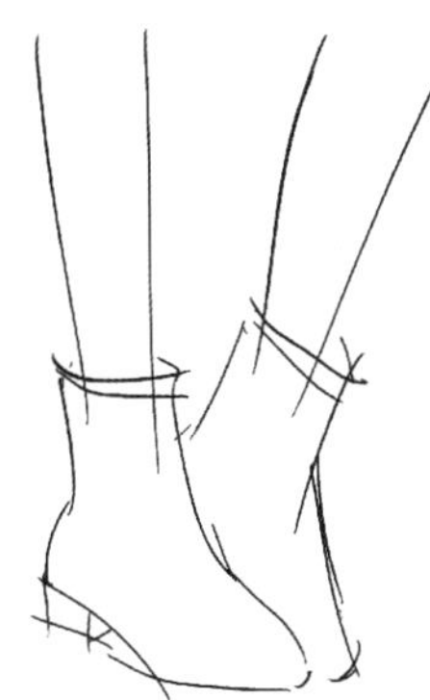
图4-3-144
概括画出腿和鞋的位置

图4-3-145
刻画鞋的外轮廓线

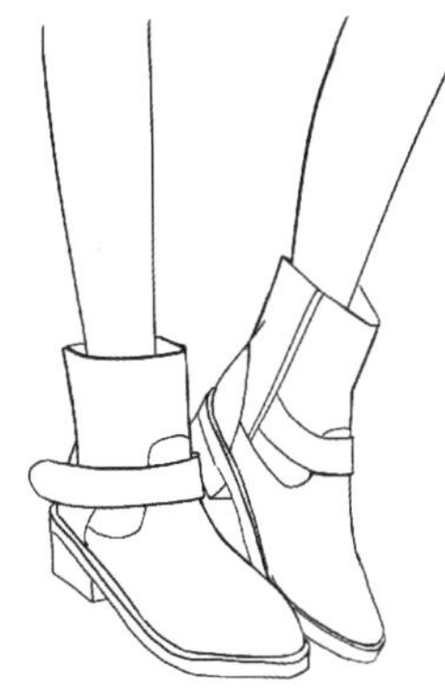
图4-3-146
绘制内部分割线等细节

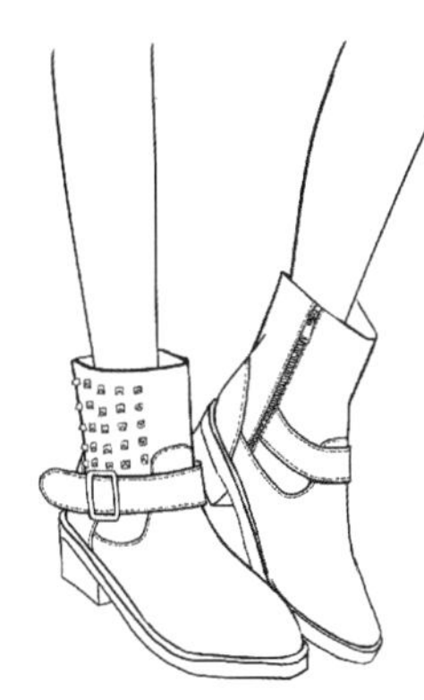
图4-3-147
勾出铆钉、拉链和明线，完成

单足站立姿态时高跟针织筒靴的侧视图绘制步骤（图4-3-148~图4-3-151）

图4-3-148
抬起腿与支持腿的角度是起稿的重点

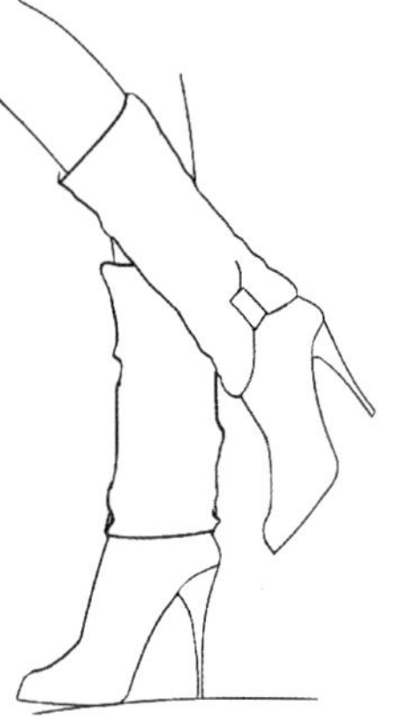
图4-3-149
画出靴子的外轮廓

图4-3-150
勾勒针织部分的褶皱效果

图4-3-151
绘制肌理条纹，完成

行走姿态时高筒靴的后视图绘制步骤（图4-3-152~图4-3-155）

图4-3-152
抬起腿的腿部和鞋跟角度是体现透视感觉的重点

图4-3-153
画出靴子的外轮廓和靴底

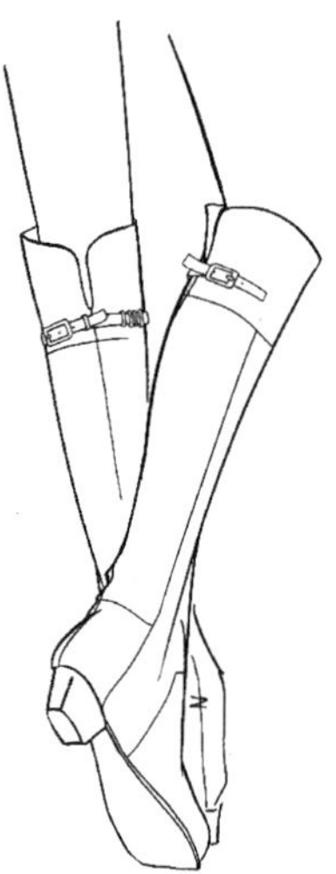
图4-3-154
绘制细节

图4-3-155
勾勒转折处的褶皱关系，完成画面

小滑步姿态时短靴的侧视图绘制步骤（图4-3-156~图4-3-159）

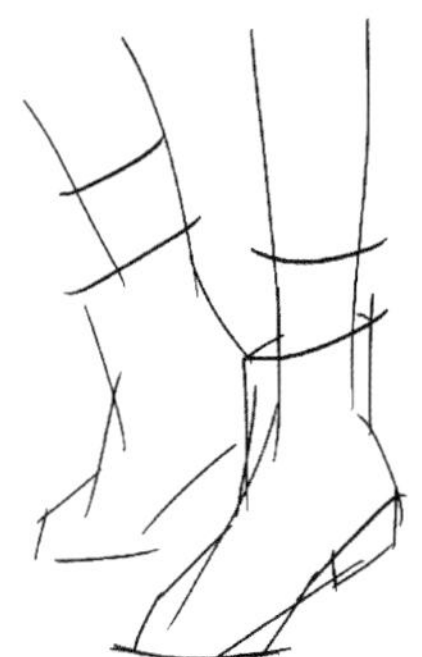
图4-3-156
画出鞋的几何形态

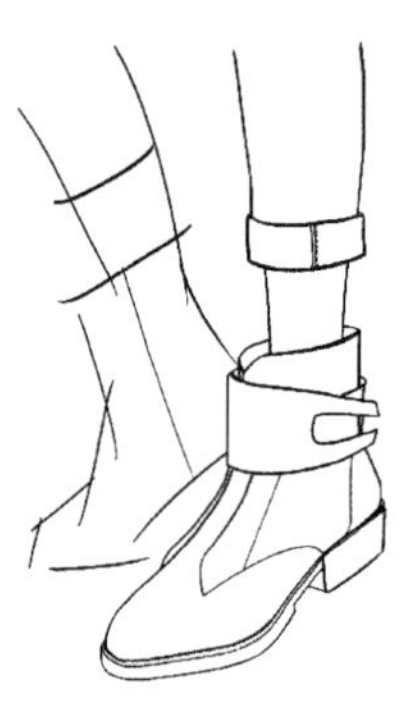
图4-3-157
画出靴子的外轮廓

图4-3-158
绘制皮毛的效果

图4-3-159
勾勒皮带和带扣与鞋底等，完成画面

小滑步姿态时带毛短靴的绘制步骤（图4-3-160~图4-3-163）

图4-3-160
画出鞋的几何形态

图4-3-161
画出靴子的外轮廓

图4-3-162
绘制细节和拉链

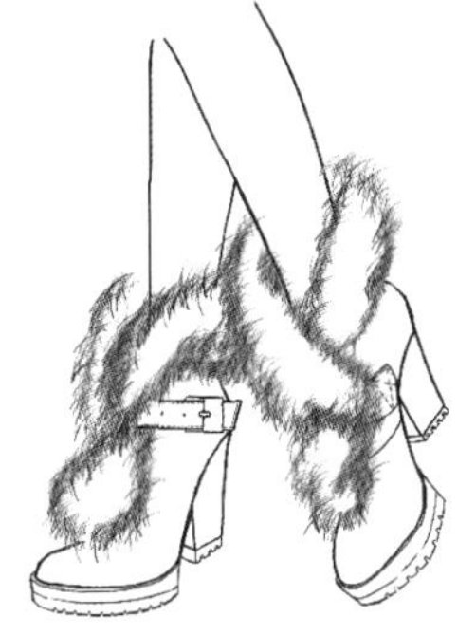

图4-3-163
勾勒装饰气孔和明线，完成画面

双脚并拢站立时高筒靴的绘制步骤（图4-3-164~图4-3-167）

图4-3-164
用长直线概括出靴子的轮廓

图4-3-165
去除不必要的辅助线，肯定画出靴子的外轮廓

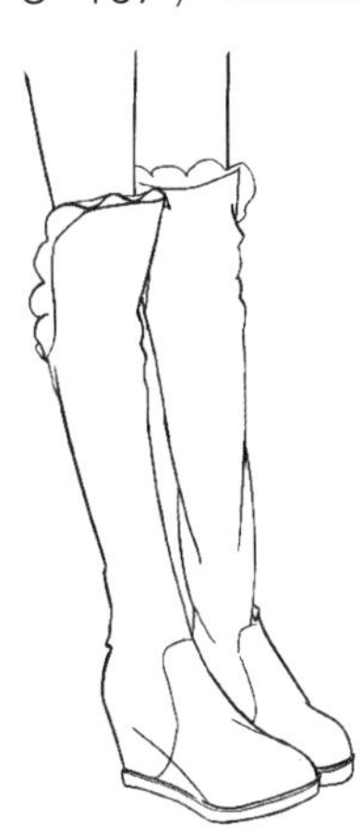

图4-3-166
绘制细节和内部分割线

图4-3-167
勾画因人体转折产生的褶皱和明线，完成画面

坐姿膝盖并拢两脚张开时高筒靴的绘制步骤（图4-3-168~图4-3-171）

图4-3-168
概括画出两条腿的动势，脚踝处的转折角度是绘制要点

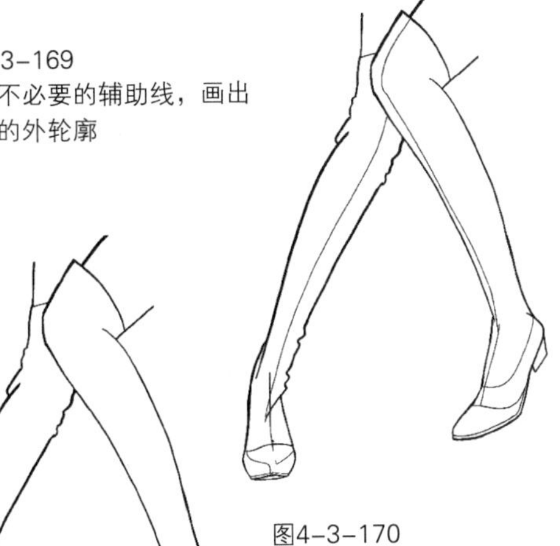

图4-3-169
去除不必要的辅助线，画出靴子的外轮廓

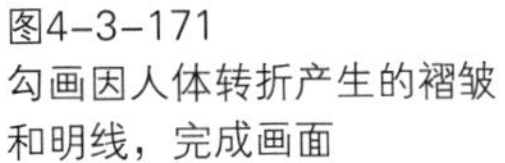

图4-3-170
绘制细节和内部分割线

图4-3-171
勾画因人体转折产生的褶皱和明线，完成画面

行走姿态斜侧面软皮高筒靴的绘制步骤（图4-3-172~图4-3-175）

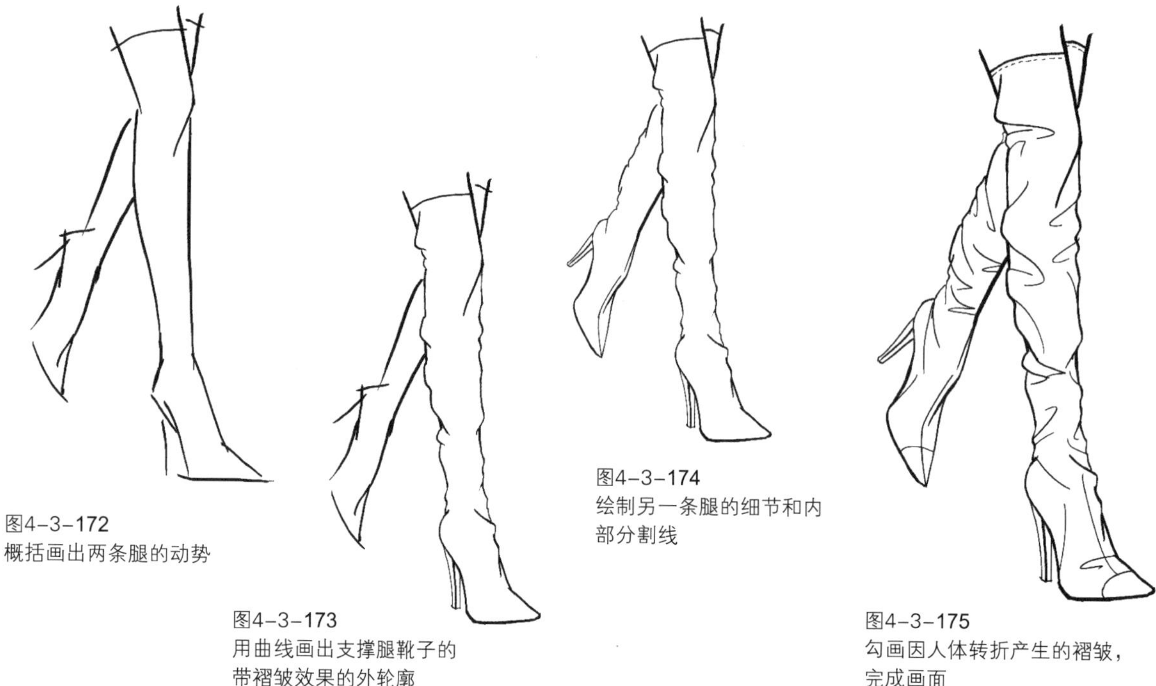

图4-3-172
概括画出两条腿的动势

图4-3-173
用曲线画出支撑腿靴子的带褶皱效果的外轮廓

图4-3-174
绘制另一条腿的细节和内部分割线

图4-3-175
勾画因人体转折产生的褶皱，完成画面

第四节　发型的画法

绘制发型时要把握好发际线的位置和头发的厚度，解决好发型的梳理脉络及发丝的详略处理。

盘发的绘制步骤（图4-4-1~图4-4-4）

图4-4-1
绘制基本发型的外轮廓

图4-4-2
用曲线画出头发翻转特点，整理每组发丝的方向

图4-4-3
强调明暗交界线

图4-4-3 加重暗部，深入完成画面

中长发的绘制步骤（图4-4-5~图4-4-8）

图4-4-5
绘制基本发型的外轮廓

图4-4-6
注意线条要有疏密、长短、粗细的变化

图4-4-7
强调明暗交界线

图4-4-8 加重暗部，深入完成画面

盘发的后视图绘制步骤（图4-4-9~图4-4-12）

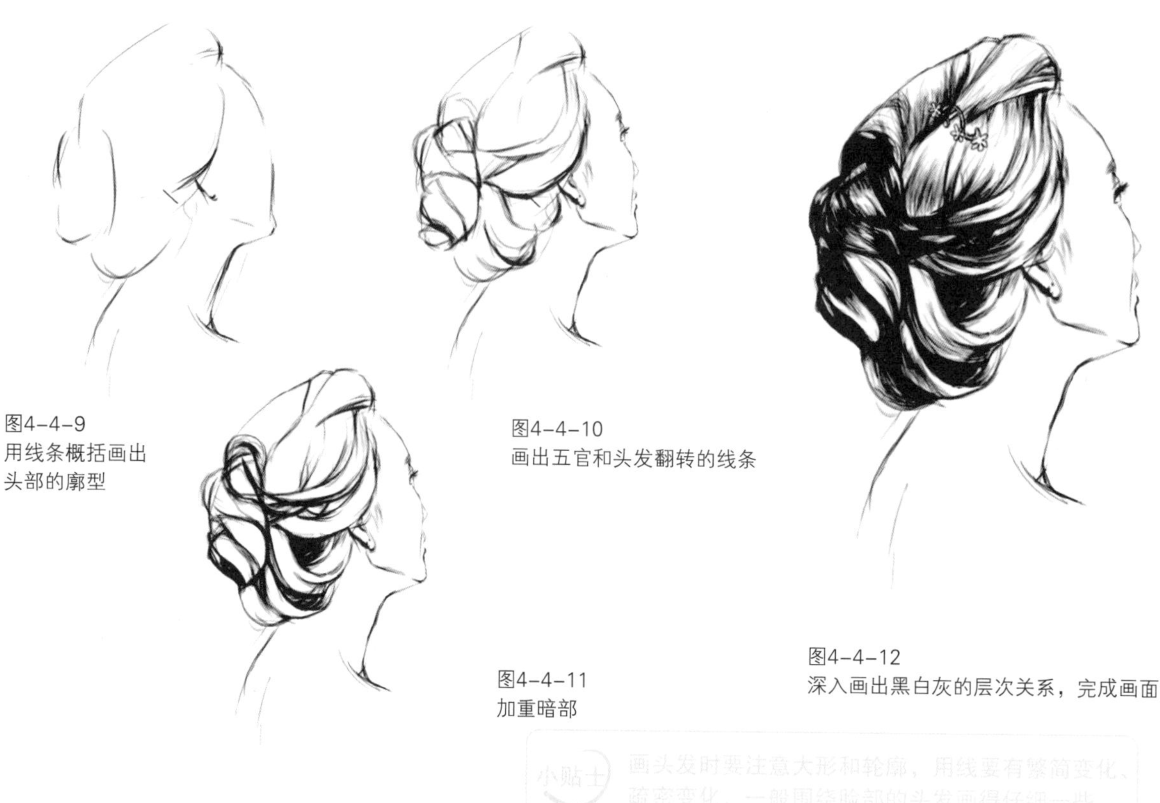

图4-4-9
用线条概括画出头部的廓型

图4-4-10
画出五官和头发翻转的线条

图4-4-11
加重暗部

图4-4-12
深入画出黑白灰的层次关系，完成画面

小贴士 画头发时要注意大形和轮廓，用线要有繁简变化、疏密变化，一般围绕脸部的头发画得仔细一些

马尾辫的侧视图绘制步骤（图4-4-13~图4-4-16）

图4-4-13
用线条概括画出头部侧面的廓型和脑后部的马尾

图4-4-14
沿头顶画出头发，切忌线条均匀分配

图4-4-15
束紧处加重，顺势向上逐渐变浅

图4-4-16
深入画出黑白灰的层次关系，完成画面

编发的后视图绘制步骤（图4-4-17~图4-4-20）

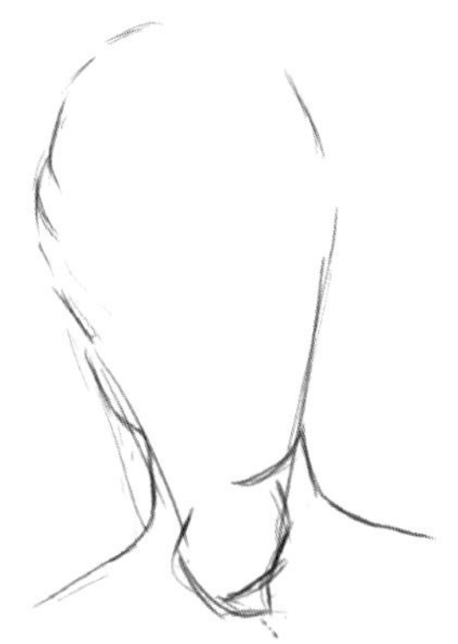

图4-4-17
编发头顶处的头发与头皮之间间隙较小，形成紧贴颅骨的造型。用线条概括画出头部轮廓

图4-4-18
画出头发编织的结构分割线

图4-4-19
用明确的线条把发丝走向画出来

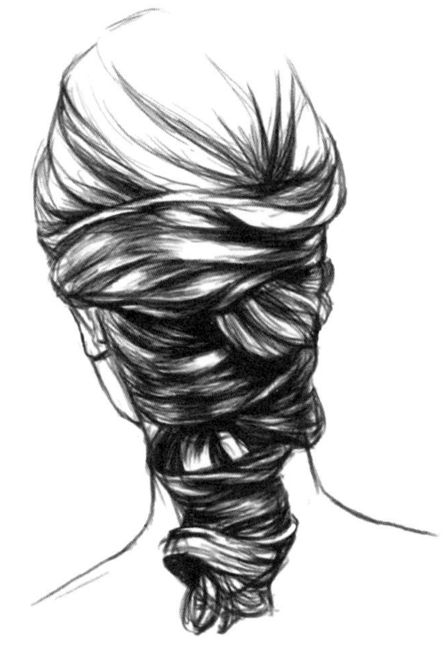

图4-4-20
深入画出黑白灰的层次关系，完成画面

烫发的侧视图绘制步骤（图4-4-21~图4-4-24）

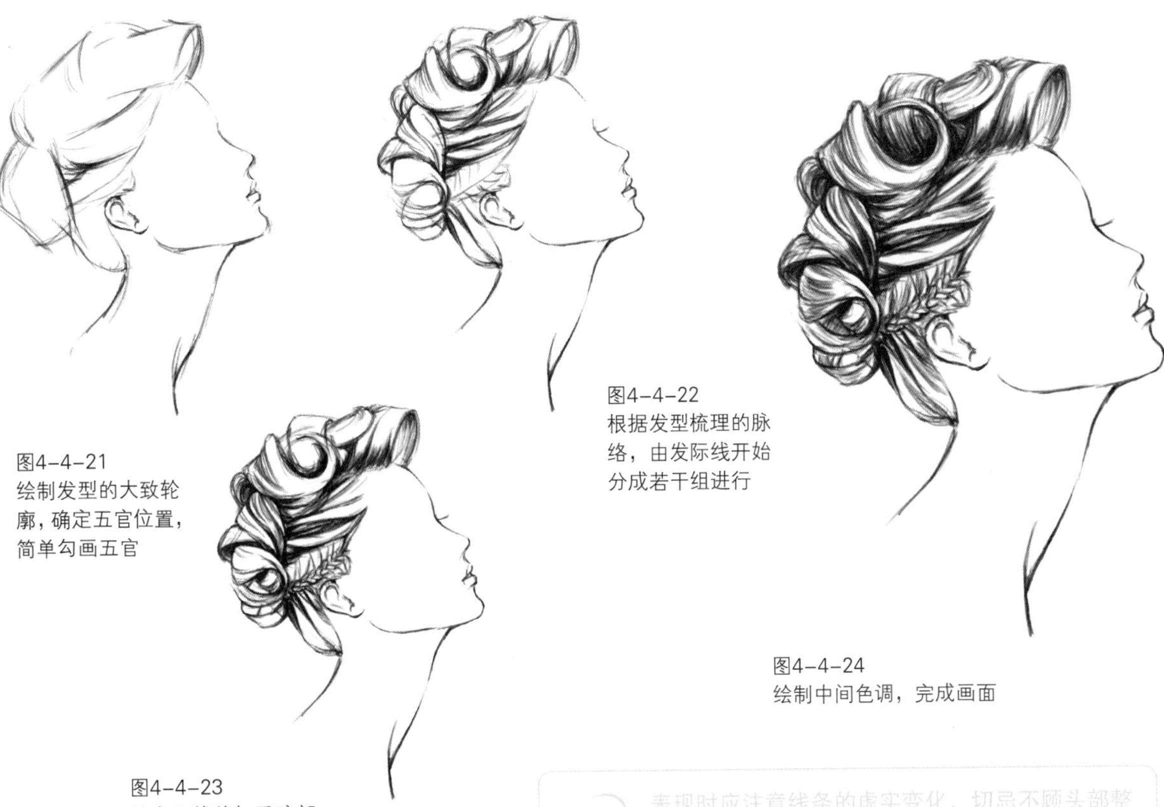

图4-4-21
绘制发型的大致轮廓，确定五官位置，简单勾画五官

图4-4-22
根据发型梳理的脉络，由发际线开始分成若干组进行

图4-4-23
从交界线处加重暗部

图4-4-24
绘制中间色调，完成画面

小贴士　表现时应注意线条的虚实变化，切忌不顾头部整体而琐碎凌乱地加以表现。

盘发的后视图绘制步骤（图4-4-25~图4-4-28）

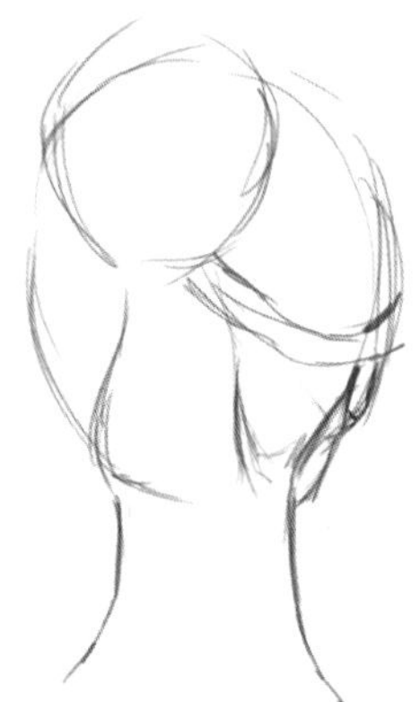

图4-4-25
绘制出一个椭圆形为头部的外轮廓，在外轮廓上方再勾画出一个小圆，为盘发后的发髻

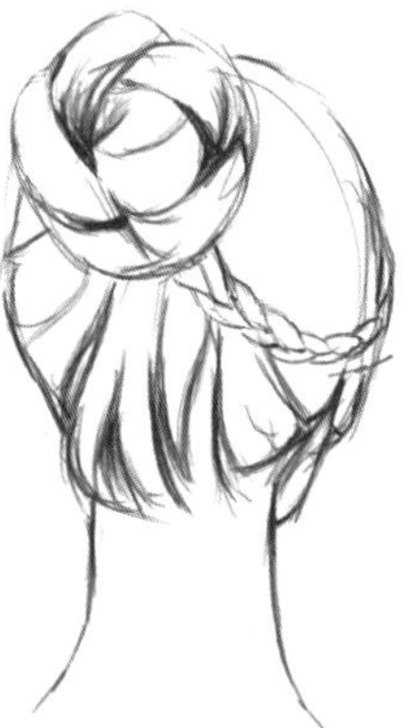

图4-4-26
用明确的线条画出发丝的转折关系

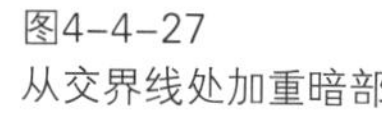

图4-4-27
从交界线处加重暗部

图4-4-28
绘制中间色调，完成画面

辫发的侧视图绘制步骤（图4-4-29~图4-4-32）

图4-4-29
绘制发型的大致轮廓，确定五官位置，简单勾画五官

图4-4-30
整体观察、区分各组线条之间的穿插关系

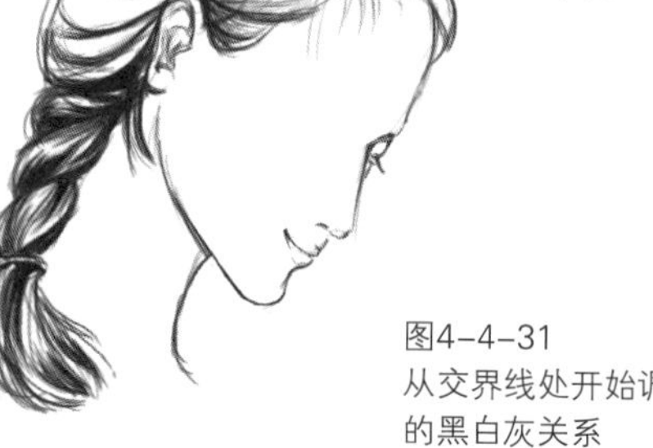

图4-4-31
从交界线处开始调整画面的黑白灰关系

图4-4-32
绘制中间色调，完成画面

挽发的后视图绘制步骤（图4-4-33~图4-4-36）

图4-4-33
把头部概括成椭圆形

图4-4-34
把握好前后穿插和主次穿插关系

图4-4-35
加重暗部的色调

图4-4-36
从暗部往亮部深入刻画，完成画面

侧鬓辫发的侧视图绘制步骤（图4-4-37~图4-4-40）

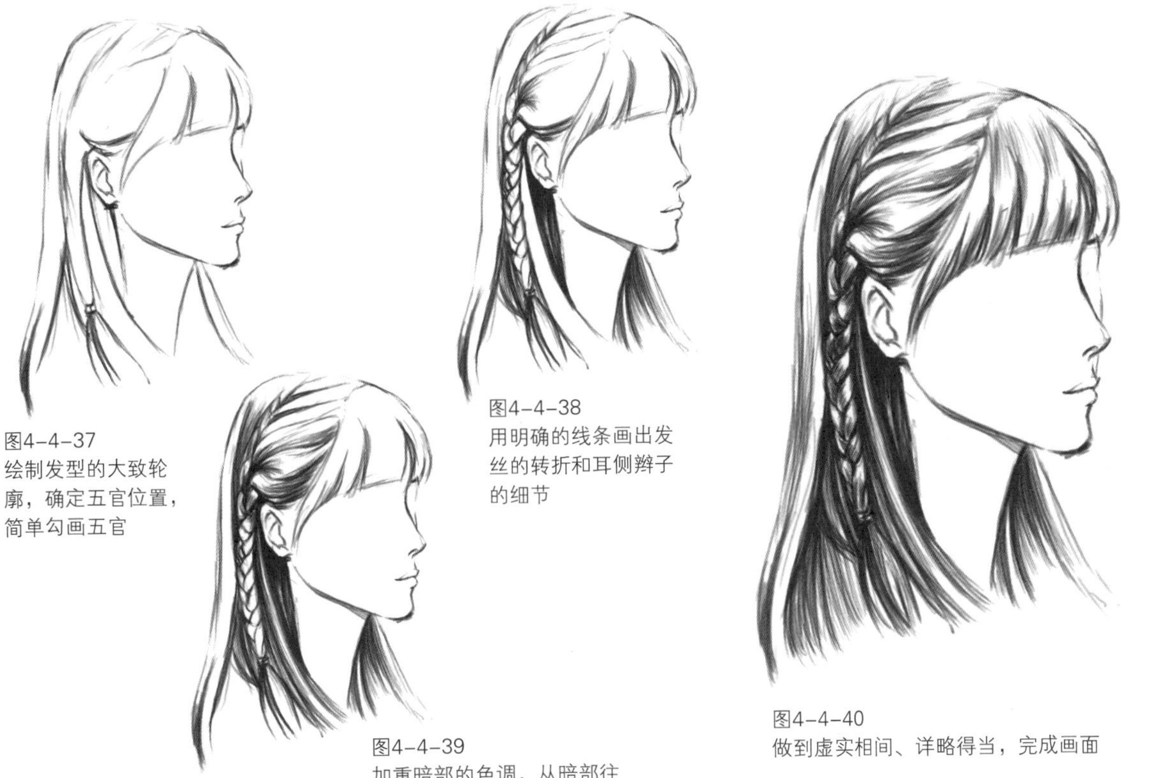

图4-4-37
绘制发型的大致轮廓，确定五官位置，简单勾画五官

图4-4-38
用明确的线条画出发丝的转折和耳侧辫子的细节

图4-4-39
加重暗部的色调，从暗部往亮部深入刻画

图4-4-40
做到虚实相间、详略得当，完成画面

编发的后视图绘制步骤（图4-4-41~图4-4-44）

图4-4-41
用概括的线条画出
编发的转折

图4-4-42
强调交界线部分

图4-4-43
加重暗部的色调，从暗部
往亮部深入刻画

图4-4-44
绘制中间色调，完成画面

高挽发髻绘制步骤（图4-4-45~图4-4-48）

图4-4-45
绘制发型的大致轮廓，
确定五官位置，简单
勾画五官

图4-4-46
强调交界线部分

图4-4-47
加重暗部的色调，从暗
部往亮部深入刻画

图4-4-48
绘制中间色调，完成画面

注意头发的厚度及生长纹理、梳理方式等规律，将头发分成几个块面加以表现。

卷发的侧视图绘制步骤（图4-4-49~图4-4-52）

图4-4-49
绘制发型的大致轮廓，确定五官位置，简单勾画五官

图4-4-50
整体观察、区分各组发卷之间的虚实关系

图4-4-51
强调暗部的色调，加大对比度

图4-4-52
绘制中间色调，完成画面

编发的后视图绘制步骤（图4-4-53~图4-4-56）

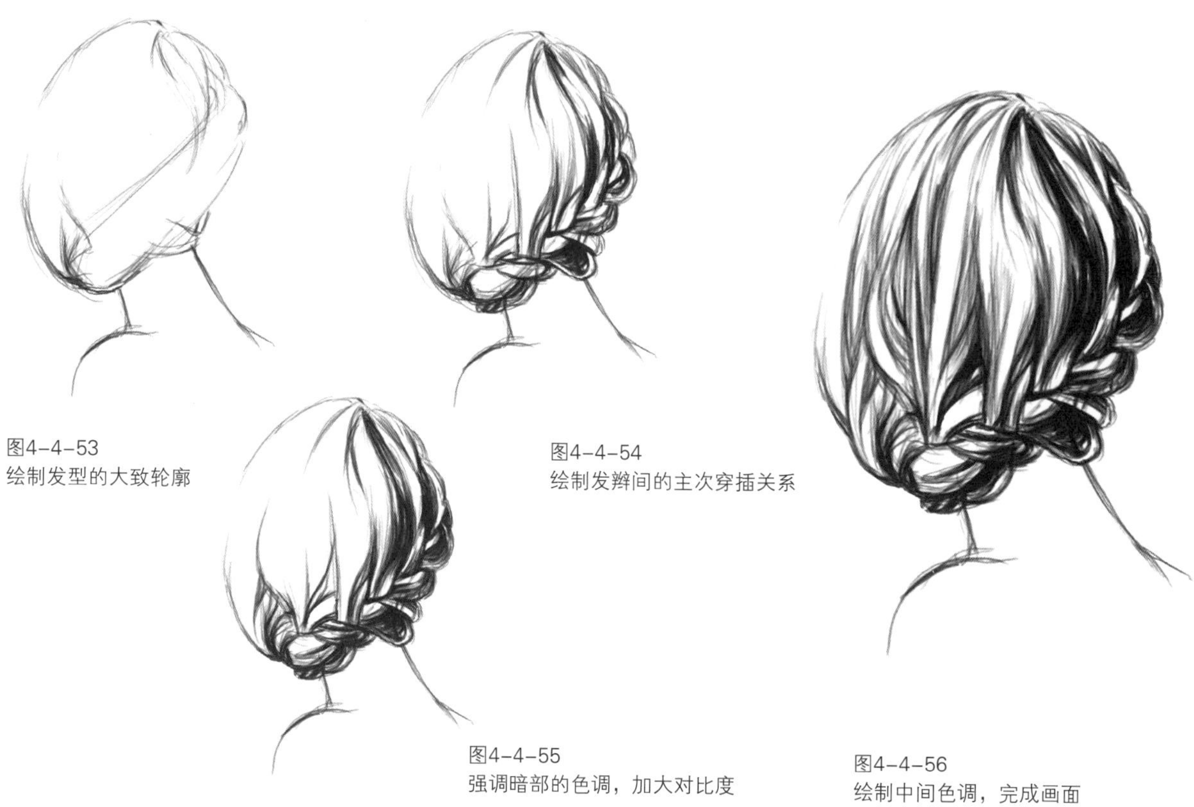

图4-4-53
绘制发型的大致轮廓

图4-4-54
绘制发辫间的主次穿插关系

图4-4-55
强调暗部的色调，加大对比度

图4-4-56
绘制中间色调，完成画面

带卷的马尾侧视图绘制步骤（图4-4-57~图4-4-60）

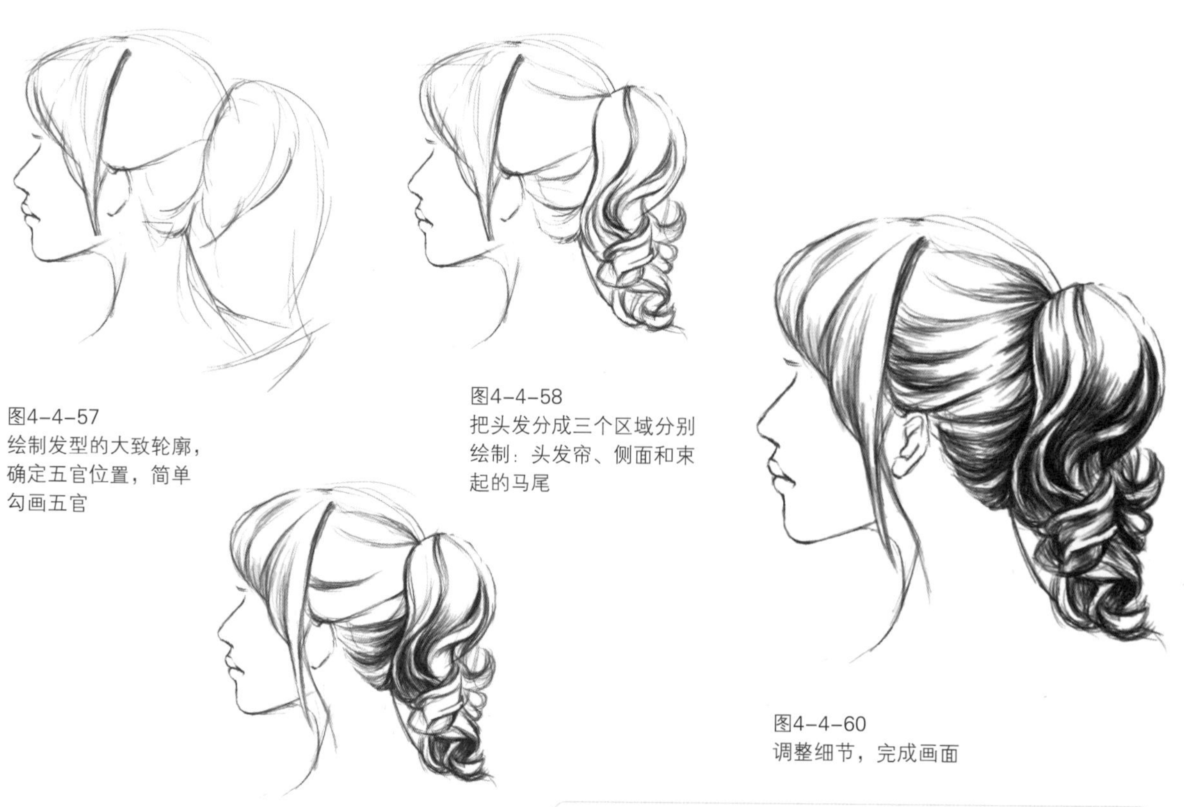

图4-4-57
绘制发型的大致轮廓，确定五官位置，简单勾画五官

图4-4-58
把头发分成三个区域分别绘制：头发帘、侧面和束起的马尾

图4-4-59
以束发点为最重处，加重暗部关系

图4-4-60
调整细节，完成画面

画头发时要注意大形和轮廓，用线要有繁简变化、疏密变化。

松卷式盘发绘制步骤（图4-4-61~图4-4-64）

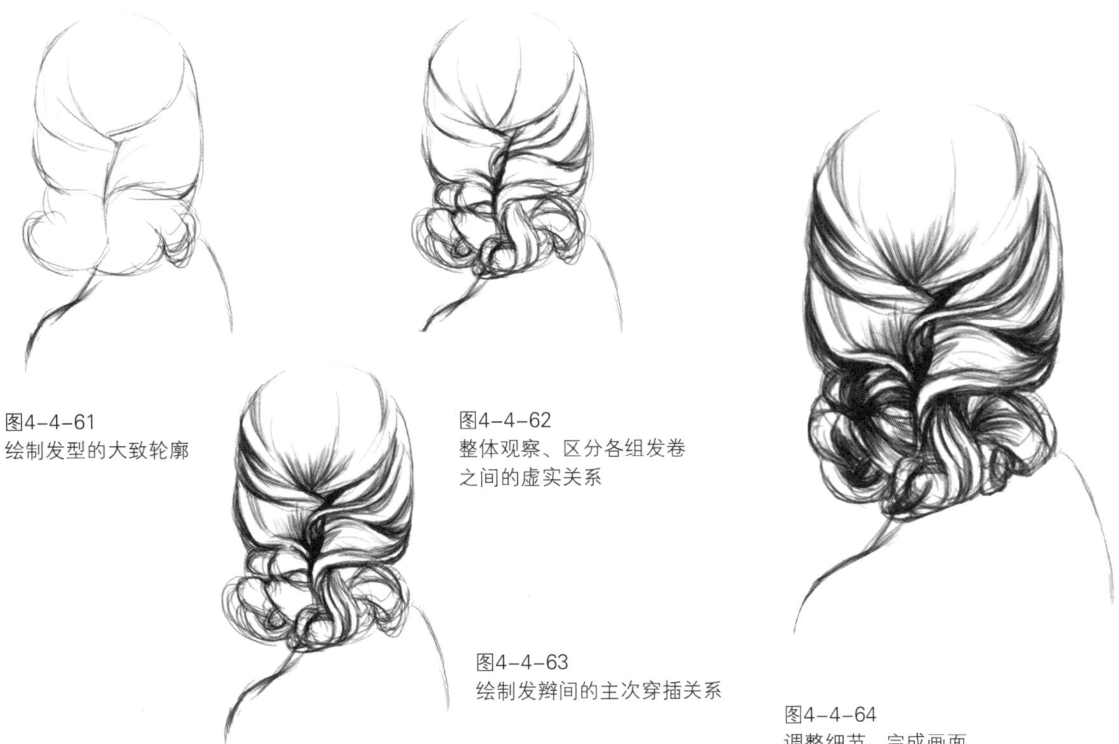

图4-4-61
绘制发型的大致轮廓

图4-4-62
整体观察、区分各组发卷之间的虚实关系

图4-4-63
绘制发辫间的主次穿插关系

图4-4-64
调整细节，完成画面

人物头部整体绘制图（图4-4-65~图4-4-68）

图4-4-65
绘制发型的大致轮廓，确定五官位置

图4-4-66
勾画五官，加重脖子处的头发的纵深关系

图4-4-67
绘制发辫间和额头交界处的细节

图4-4-68
绘制中间色调，完成画面

活泼长卷发绘制步骤（图4-4-69~图4-4-80）

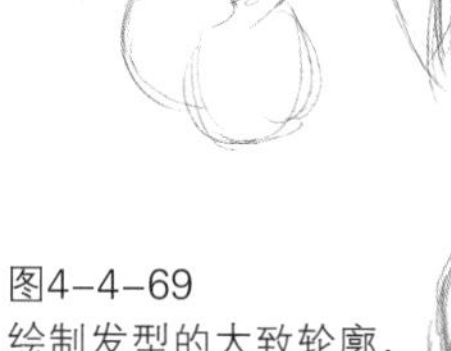

图4-4-69
绘制发型的大致轮廓，确定五官位置

图4-4-70
勾画五官，绘制发丝间的主次穿插关系

图4-4-71
加强暗部关系

图4-4-72
绘制中间色调，完成画面

梨花小卷发绘制步骤（图4-4-73~图4-4-76）

图4-4-73
绘制发型的大致轮廓，确定五官位置

图4-4-74
勾画五官，从脸的外轮廓开始绘制头发

图4-4-75
绘制发卷间的主次穿插关系

图4-4-76
绘制亮部，完成画面

梨花大卷发绘制步骤（图4-4-77~图4-4-80）

图4-4-77
绘制发型的大致轮廓，确定五官位置

图4-4-78
勾画五官，从脸的外轮廓开始绘制头发

图4-4-79
从暗部往亮部按层次绘制

图4-4-80
绘制亮部，完成画面

中式挽髻发式绘制步骤（图4-4-81~图4-4-84）

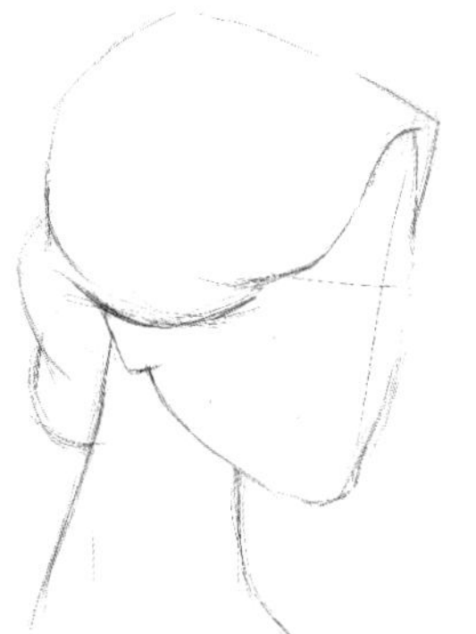

图4-4-81
绘制发型的大致轮廓，确定五官位置

图4-4-82
勾画五官，绘制发卷间的主次穿插关系

图4-4-83
从头发后部编发处开始加重

图4-4-84
逐渐过渡到亮部，完成画面

画头发时，要注意立体感，头发是长在圆形的头上的，无论长短曲直，都要有层次地表现出发丝的走向和头发的质感。

前额编辫发式绘制步骤（图4-4-85~图4-4-88）

图4-4-85
绘制发型的大致轮廓，确定五官位置

图4-4-86
勾画五官，从额头处开始绘制头发

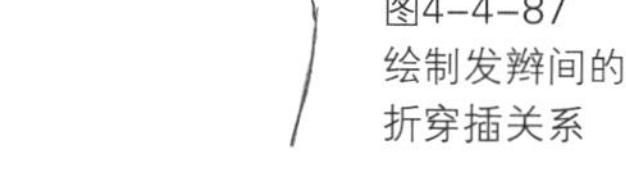

图4-4-87
绘制发辫间的转折穿插关系

图4-4-88
用细腻的线条刻画，完成画面

外翻飞尾式BOBO短发的绘制步骤（图4-4-89~图4-4-92）

图4-4-89
绘制发型的大致轮廓，确定五官位置

图4-4-90
勾画五官，由前往后绘制头发

图4-4-91
加重发际线和发梢

图4-4-92
逐渐过渡到亮部，完成画面

普通波浪式中长发式绘制步骤（图4-4-93~图4-4-96）

图4-4-93
绘制发型的大致轮廓，确定五官位置

图4-4-94
勾画五官

图4-4-95
以脸部周边的头发为中心，画出发丝间的层次

图4-4-96
调整画面的黑白灰关系，完成画面

韩式新娘挽头发式绘制步骤（图4-4-97~图4-4-100）

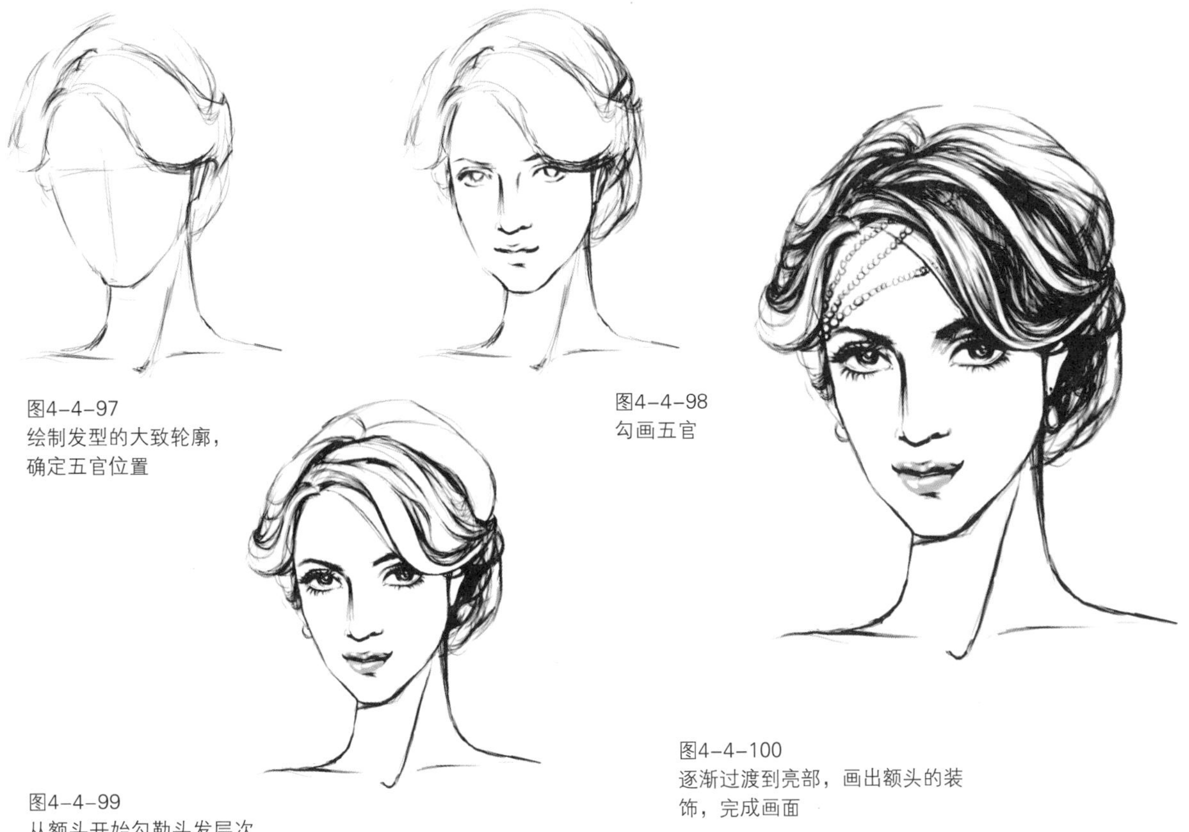

图4-4-97
绘制发型的大致轮廓，确定五官位置

图4-4-98
勾画五官

图4-4-99
从额头开始勾勒头发层次

图4-4-100
逐渐过渡到亮部，画出额头的装饰，完成画面

时尚花式挽发绘制步骤（图4-4-101~图4-4-104）

图4-4-101
绘制发型的大致轮廓，确定五官位置

图4-4-102
勾画五官，绘制发卷间的主次穿插关系

图4-4-103
加大对比度，刻画暗部

图4-4-104
逐渐过渡到亮部，完成画面

20世纪30年代中式烫发绘制步骤（图4-4-105~图4-4-108）

图4-4-105
绘制发型的大致轮廓，确定五官位置

图4-4-106
勾画眼睛、眉毛、鼻子和嘴的形态

图4-4-107
画出头发的虚实转折

图4-4-108
加大对比度，深入刻画，完成画面

韩式梨花短发绘制步骤（图4-4-109~图4-4-112）

图4-4-109
绘制发型的大致轮廓，确定五官位置

图4-4-110
勾画眼睛、眉毛、鼻子和嘴的形态，把头发分组

图4-4-111
从发梢开始加重

图4-4-112
逐渐过渡到头顶部，留出高光部分，完成画面

BOBO短发绘制步骤（图4-4-113~图4-4-116）

图4-4-113
绘制发型的大致轮廓和五官位置

图4-4-114
勾画眼睛、眉毛、鼻子和嘴的形态，把头发分组

图4-4-115
从额头开始勾勒头发层次

图4-4-116
用细腻的线条画出头发的灰色调，加大明暗对比度，完成画面

清新简易束发绘制步骤（图4-4-117~图4-4-120）

图4-4-117
用铅笔轻轻勾画出五官和头部位置

图4-4-118
勾画眼睛、眉毛、鼻子和嘴的形态，把头发分组

图4-4-119
从头发扎结处分界，分别向头顶和发梢过渡

图4-4-120
留出高光部分，完成画面

电卷式长发束发绘制步骤（图4-4-121~图4-4-124）

图4-4-121
绘制发型的大致轮廓和五官位置

图4-4-122
深入画出五官细节，把头发分组

图4-4-123
从头发扎结处分界，分别向头顶和发梢过渡

图4-4-124
用细腻的线条画出头发的灰色调，加大明暗对比度，完成画面

活泼歪束式马尾绘制步骤（图4-4-125~图4-4-128）

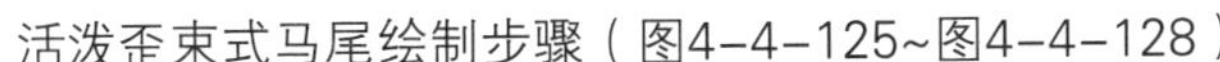

图4-4-125
绘制发型的大致轮廓和五官位置

图4-4-126
深入画出五官细节，把头发分组

图4-4-127
从头发扎结处分界，分别向头顶和发梢过渡

图4-4-128
用细腻的线条画出灰色调，留出高光，完成画面

韩式卷尾发绘制步骤（图4-4-129~图4-4-132）

图4-4-129
绘制发型的大致轮廓和五官位置

图4-4-130
画出五官细节，从脸部外轮廓线开始加重头发的明暗关系

图4-4-131
往亮部画出中间色调

图4-4-132
留出高光部分，完成画面

韩式中长发绘制步骤（图4-4-133~图4-4-136）

图4-4-133
用辅助线轻轻勾画出头部外轮廓

图4-4-134
画出五官细节，把头发分组，加重脖子后的头发

图4-4-135
由发梢向头顶慢慢深入

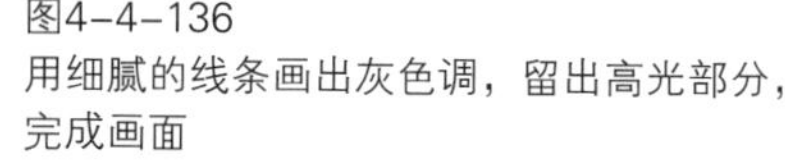

图4-4-136
用细腻的线条画出灰色调，留出高光部分，完成画面

系发带式中长卷发绘制步骤（图4-4-137~图4-4-140）

图4-4-137
起稿，用铅笔画出五官辅助线和脖子

图4-4-138
深入画出五官细节，按发丝走向勾画头发

图4-4-139
加重头发的明暗交界线

图4-4-140
用细腻的线条画出灰色调，留出高光部分，完成画面

韩式自然卷曲纹理长发绘制步骤（图4-4-141~图4-4-144）

图4-4-141
用铅笔画出五官辅助线和脖子

图4-4-142
归纳头发的走向，画出五官

图4-4-143
加重脖子后的头发，突出空间关系

图4-4-144
用细腻的线条画出灰色调，留出高光部分，完成画面

清爽韩式小卷发短发绘制步骤（图4-4-145~图4-4-148）

图4-4-145
绘制发型的大致轮廓和五官位置

图4-4-146
画出发梢弯曲的转折效果，勾勒五官

图4-4-147
加重发梢和眼睛

图4-4-148
深入刻画，留出高光部分，完成画面

韩式时尚中长发绘制步骤（图4-4-149~图4-4-152）

图4-4-149
用铅笔画出五官位置和发型

图4-4-150
深入画出五官细节，把头发分组

图4-4-151
加重暗部

图4-4-152
用细腻的线条画出灰色调，留出高光部分，完成画面

小贴士 耳朵后的头发要特别加重，这样才能突显主次。

不等式短发绘制步骤（图4-4-153~图4-4-156）

图4-4-153
画出发型和
五官位置

图4-4-154
深入画出五官细节

图4-4-155
刻画头发暗部

图4-4-156
往亮部逐渐用细腻的线条画出灰色调，留出高光，完成画面

直发式侧分BOBO短发绘制步骤（图4-4-157~图4-4-160）

图4-4-157
概括画出发型和五官位置

图4-4-158
画出眼睛、鼻子和嘴

图4-4-159
沿发际线开始加重

图4-4-160
用细腻的线条画出发丝的灰色调，留出高光，完成画面

中长发式男头绘制步骤（图4-4-161~图4-4-163）

图4-4-161
画出头的廓型及眼睛、鼻子和嘴等五官细节

图4-4-162
绘制头发的外轮廓

图4-4-163
用流畅的线条绘制头发的发丝，完成画面

戴帽子男头绘制步骤（图4-4-164~图4-4-166）

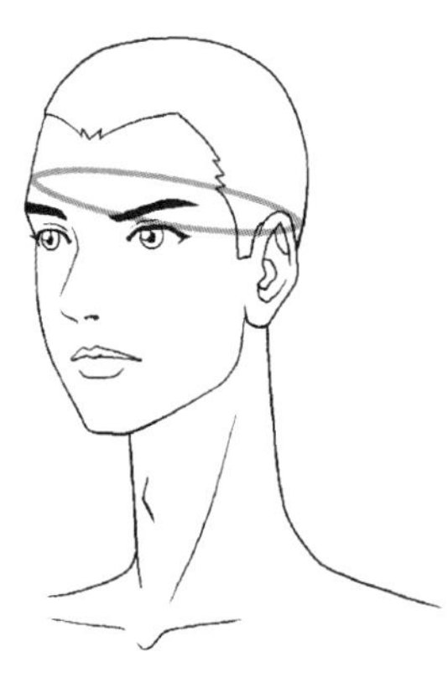

图4-4-164
画出头的廓型及眼睛、鼻子和嘴等五官细节，在头部绘制一个辅助的椭圆形

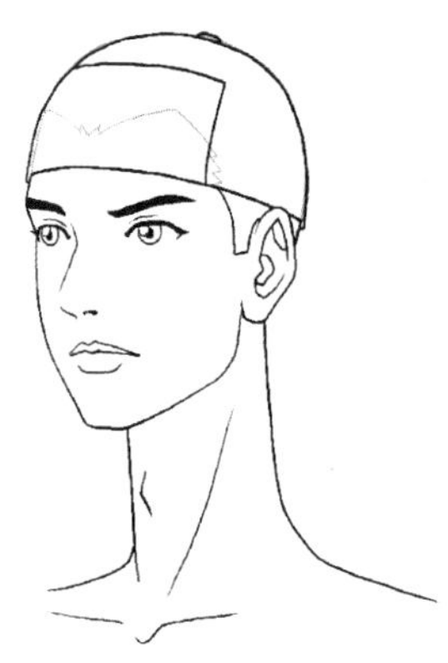

图4-4-165
绘制帽子贴合头皮部分

图4-4-166
勾勒帽檐，完成画面

中短发式男头绘制步骤（图4-4-167~图4-4-169）

图4-4-167
画出发型和五官位置

图4-4-168
画出眼睛、鼻子和嘴及头发细节

图4-4-169
勾画眼镜，完成画面

第五章　服装效果图中人体着装动态画法

第五章　服装效果图中人体着装动态画法

第一节　人体与服装的关系

一、人体与服装的箱型结构

1. 人体与服装省道

研究服装，首先要考虑人体与服装的关系，服装服务于人体，为了使服装美观、合体，在服装中常设计省道。省道是服装制作中对余量部分的一种处理形式，可以塑造出各种美观贴体的造型，达美化人体的作用。

服装上应用的省道有多种类型，不同类型的省道有不同的外观立体形态，常见的省道有肩省、领省、袖窿省、腰省、侧缝省、门襟省等（图5-1-1~图5-1-3）。

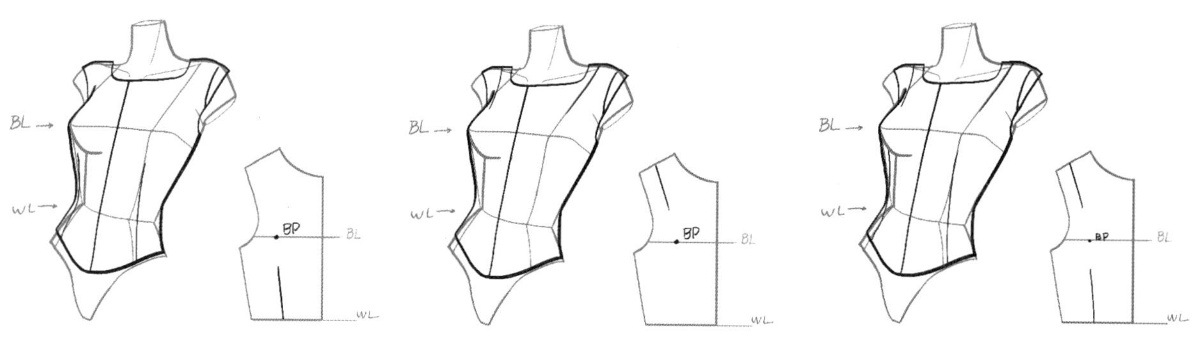

图5-1-1 胸省基础位置　　图5-1-2　肩省基础位置　　图5-1-3 胸省与肩省组合基础形

2. 服装省道位移的应用

胸省隐形转移能解决无省缝型款式，为隐形转移之后避免余褶量过多，常常将胸省量分作几处转移：侧缝、肩部、袖窿、领口等。

省道的设计与应用是女装设计的灵魂，女装中的省道可根据复杂的人体曲面的需要从各个方位进行设计，省道尺寸则根据复杂的造型风格确定。因人体透视角度不同，绘制侧面时一侧的省道会被遮挡（图5-1-4~图5-1-9）。

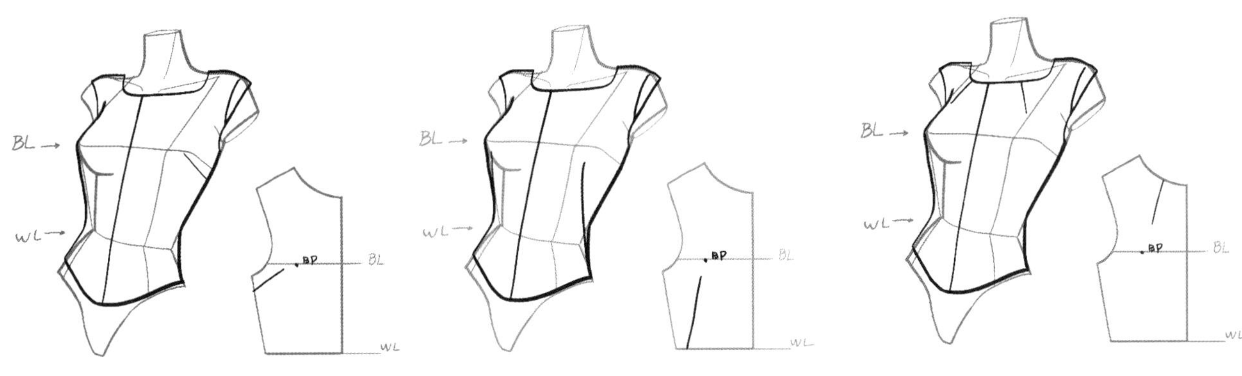

图5-1-4 胸省至腋下的位移　图5-1-5 胸省至侧摆的位移　图5-1-6 肩省至领口的位移

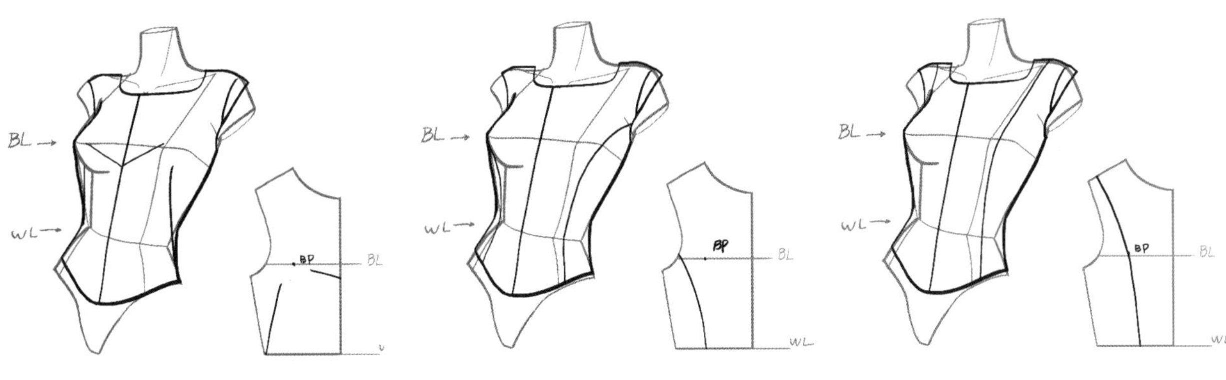

图5-1-7 胸省分移至胸口及侧摆　图5-1-8 胸省分移成公主线　图5-1-9 胸省与肩省连通成公主线

3. 服装的领子（图5-1-10~图5-1-19）

1）立领：颈部前后都有领座的领子，如中式立领、中山装领子、男式衬衫领子等。

2）驳领：颈部后面有领座，前面没有领座的领子，如单排扣西装领、双排扣西装领、围巾领、青果领、大衣领、女式衬衫领、短袖衬衫领等。

3）贴身领：颈部前后都没有领座的领子，如海军衫领子、娃娃领等。

4）连身领：领子和衣片是连接在一起的，如蝴蝶领、堆堆领等。

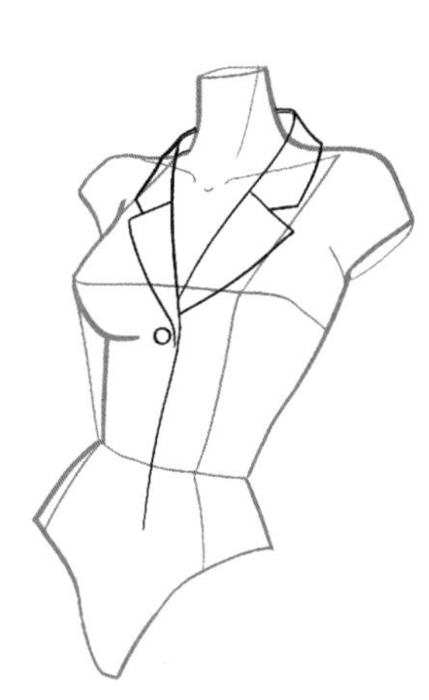

图5-1-10 常见西装领

图5-1-11 常见衬衫领

图5-1-12 戗驳领

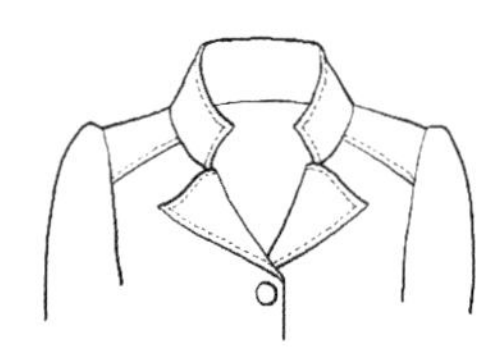

图5-1-13 时尚西装领

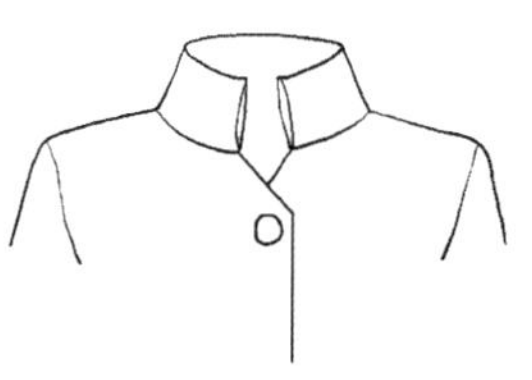

图5-1-14 常见立领

图5-1-15 常见连身领

图5-1-16 连身式翻折堆堆领

图5-1-17 贴身式海军领

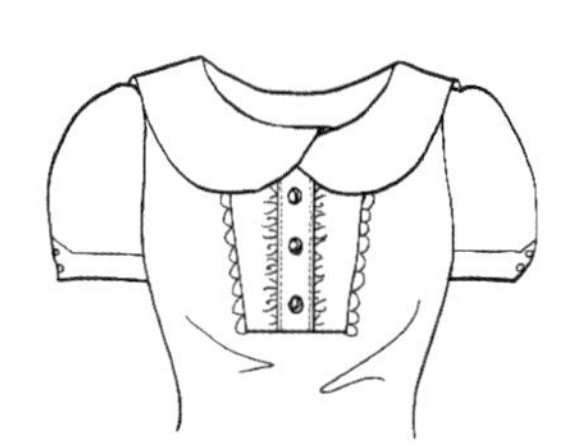

图5-1-18 贴身式青果领

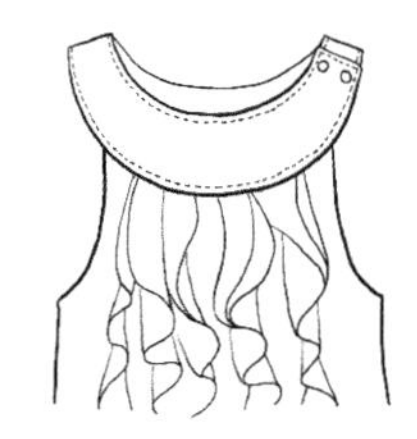

图5-1-19 圆形贴边领

小贴士 领子的造型风格对整套服装的设计定位起着重要作用。衣领的种类繁多、造型多变，应结合颈部结构及透视原理加以描绘。

4. 服装的门襟样式

服装的门襟是为穿脱方便而设计的一种结构，其形式多种多样（图5-1-20~图5-1-27）。

1）按对接方式可分为对合门襟、对称门襟、非对称门襟。

2）按钮扣排数可分为单叠门襟和双叠门襟，单排钮扣称为单叠门襟，双排纽扣称为双叠门襟。

3）按线条类型可分为直线门襟、斜线门襟和曲线门襟等。

4）按长度可分为半开襟和全开门襟。如套衫大都是半开门襟或开至衣长的1/3。

5）按部位可分为前身门襟、后身门襟、肩部门襟及腋下门襟等。

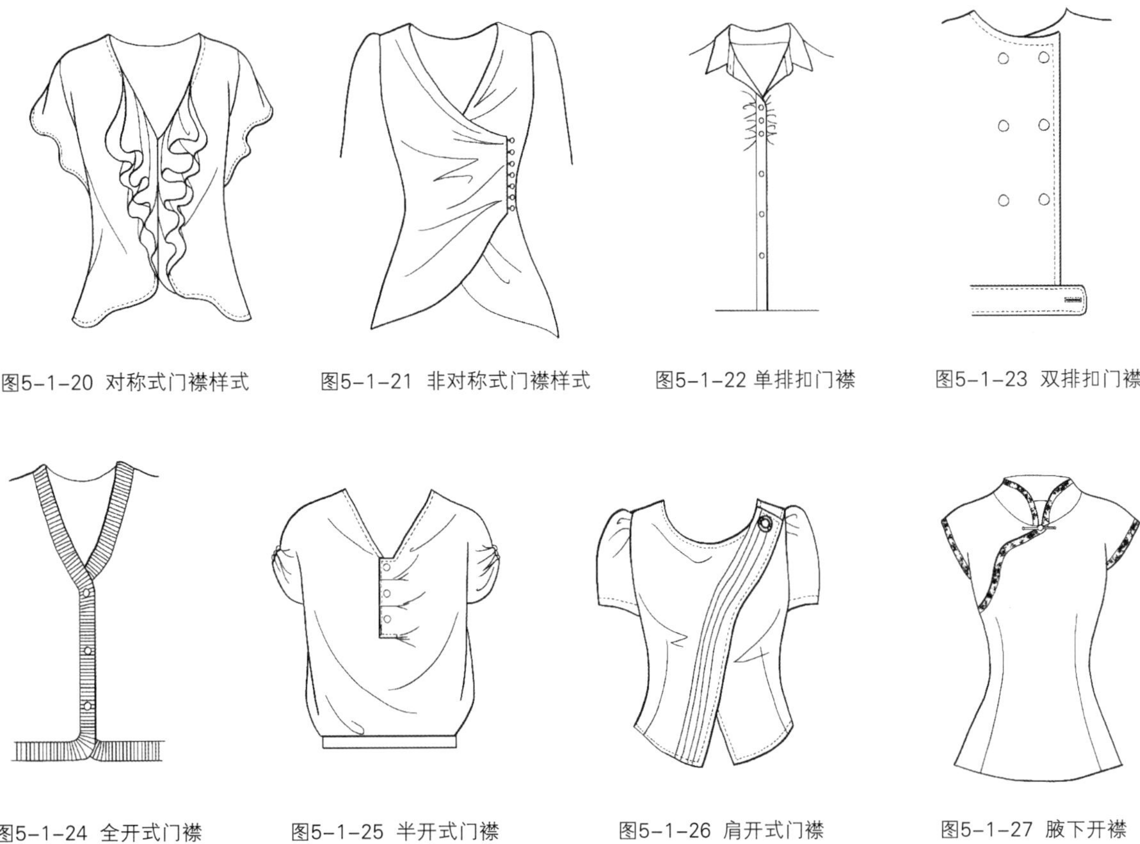

图5-1-20 对称式门襟样式　图5-1-21 非对称式门襟样式　图5-1-22 单排扣门襟　图5-1-23 双排扣门襟

图5-1-24 全开式门襟　图5-1-25 半开式门襟　图5-1-26 肩开式门襟　图5-1-27 腋下开襟

5. 服装的腰身样式

腰身设计可以是腰带式、紧身胸衣式、高腰式、扭缠式、缠绕式等（图5-1-28~图5-1-32）。

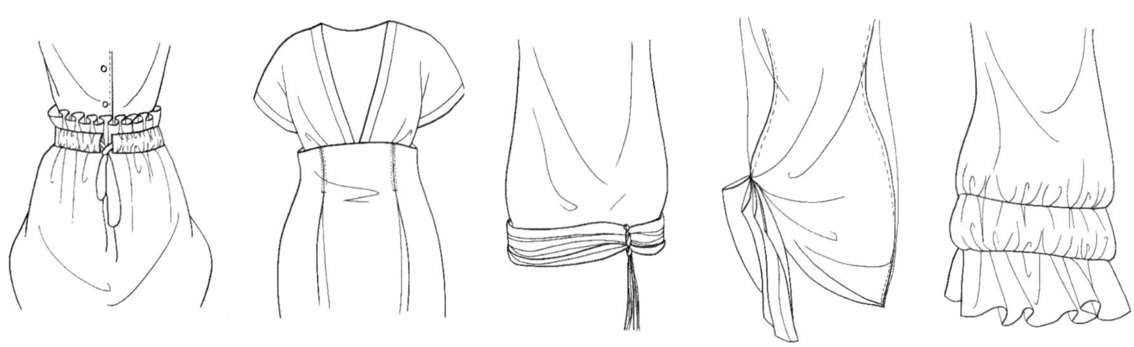

图5-1-28 松紧腰　图5-1-29 胸下收腰款　图5-1-30 低收腰　图5-1-31 非对称式扭结收腰　图5-1-32 多层收腰

6. 人体与服装袖子的关系

大部分袖子从肩部的袖窿开始，也有袖子连肩设计。袖子有各种各样的款式，肩部造型与肘部以下的袖形是绘制要点。根据袖子的长短度，一般分为以下五类(图5-1-33~图5-1-45)：

1）无袖：长度在人体上臂顶端。

2）短袖：长度为人体上臂的1/2。

3）半袖：长度接近人体肘部。

4）七分袖：长度约为整个胳膊的3/4。

5）长袖：长度在手腕处。

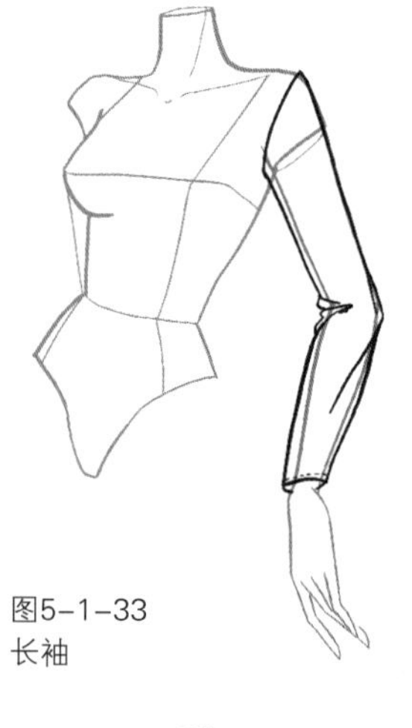
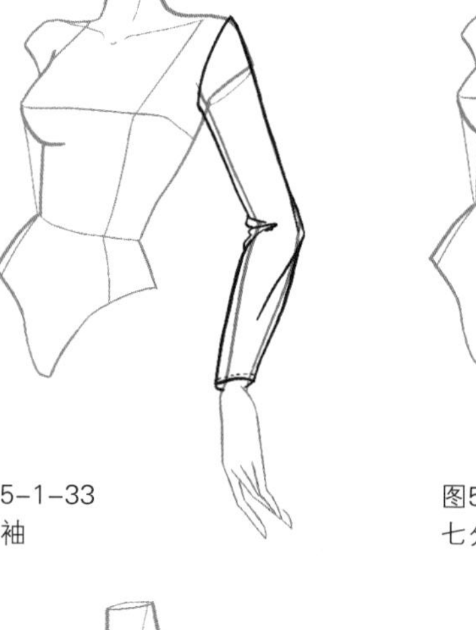

图5-1-33
长袖

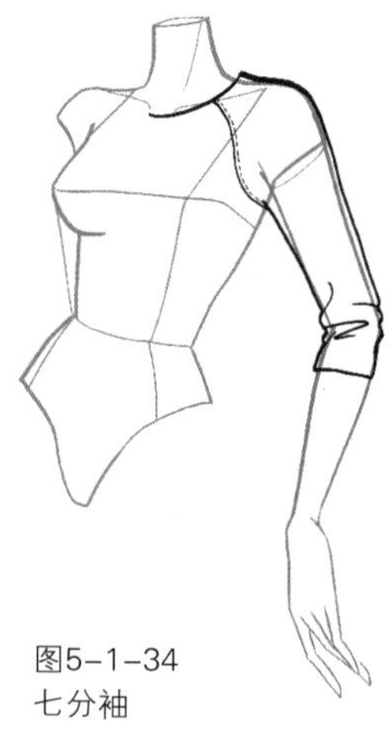

图5-1-34
七分袖

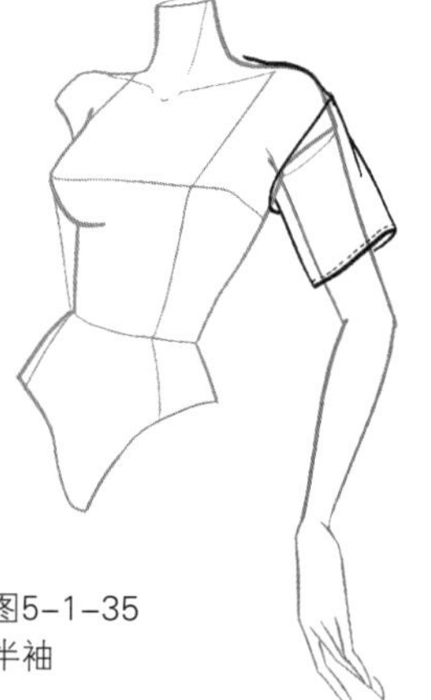

图5-1-35
半袖

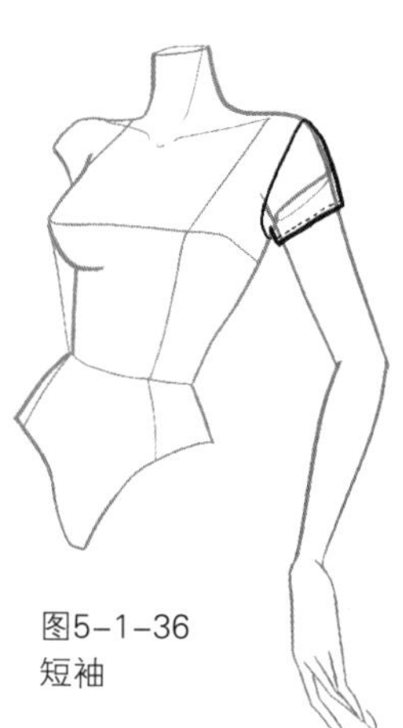

图5-1-36
短袖

图5-1-37
坎袖

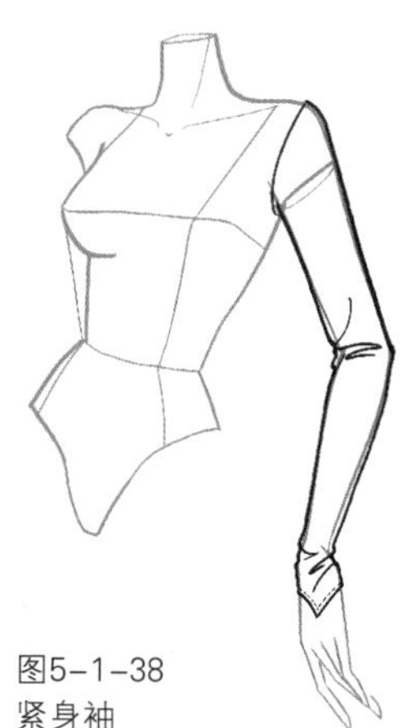

图5-1-38
紧身袖

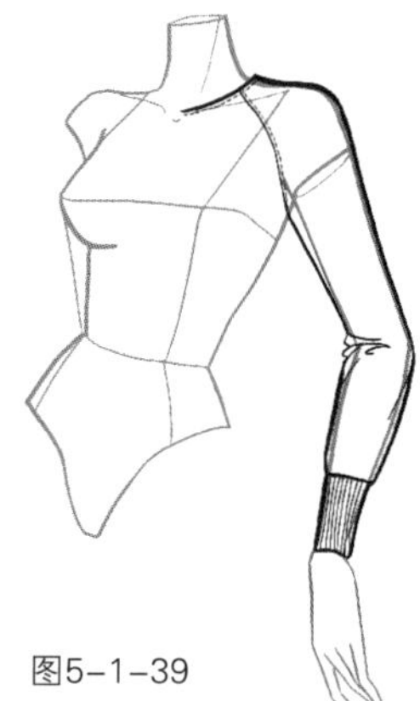

图5-1-39
插肩袖

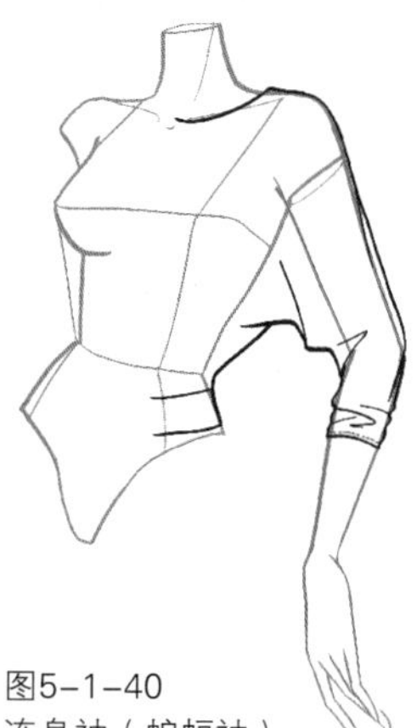

图5-1-40
连身袖（蝙蝠袖）

图5-1-41 小翼袖

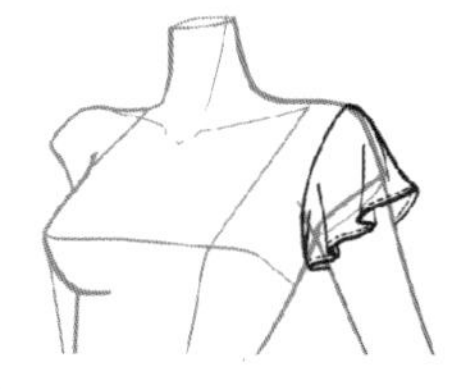

图5-1-42 大翼袖

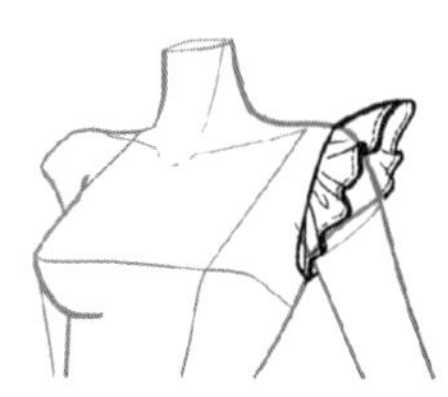

图5-1-43 飞袖

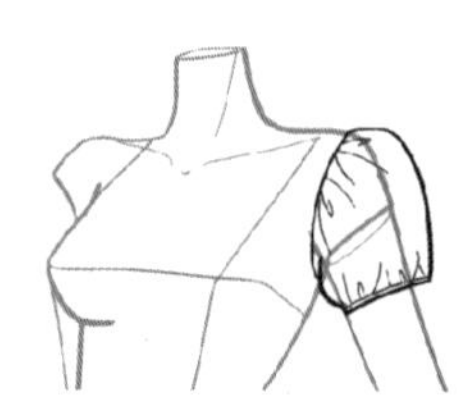

图5-1-44 灯笼袖

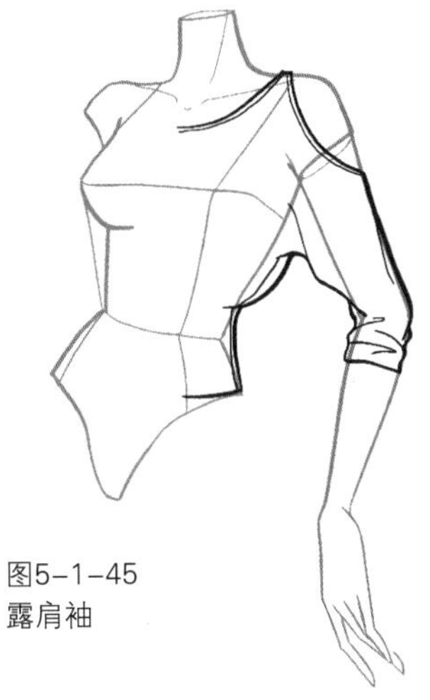

图5-1-45
露肩袖

> 小贴士　画袖子时，除了要注意袖型与手臂动态的一致性以外，还应对袖窿、袖身、肘关节的衣纹及袖口的透视关系加以准确描绘。

7. 人体与服装袖口(克夫)的关系

常见的克夫有翻折样式克夫、松紧带克夫、抽褶式克夫、罗纹克夫、荷叶边克夫、下垂式克夫等（图5-1-46~图5-1-56）。

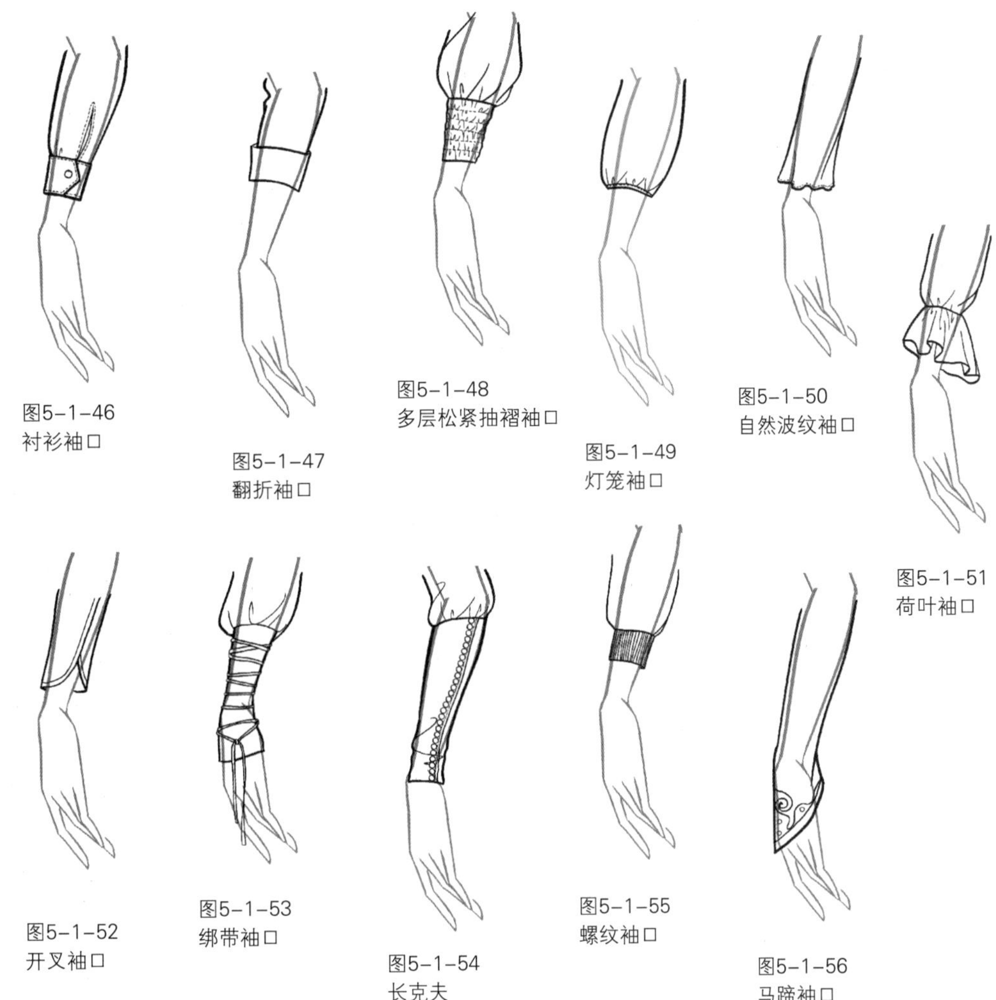

图5-1-46
衬衫袖口

图5-1-47
翻折袖口

图5-1-48
多层松紧抽褶袖口

图5-1-49
灯笼袖口

图5-1-50
自然波纹袖口

图5-1-51
荷叶袖口

图5-1-52
开叉袖口

图5-1-53
绑带袖口

图5-1-54
长克夫

图5-1-55
螺纹袖口

图5-1-56
马蹄袖口

8. 人体与裤型的关系

裤子可分为直筒裤、阔腿裤、踏脚裤、西装裤、牛仔裤、哈伦裤、马裤等（图5-1-57~图5-1-66）。

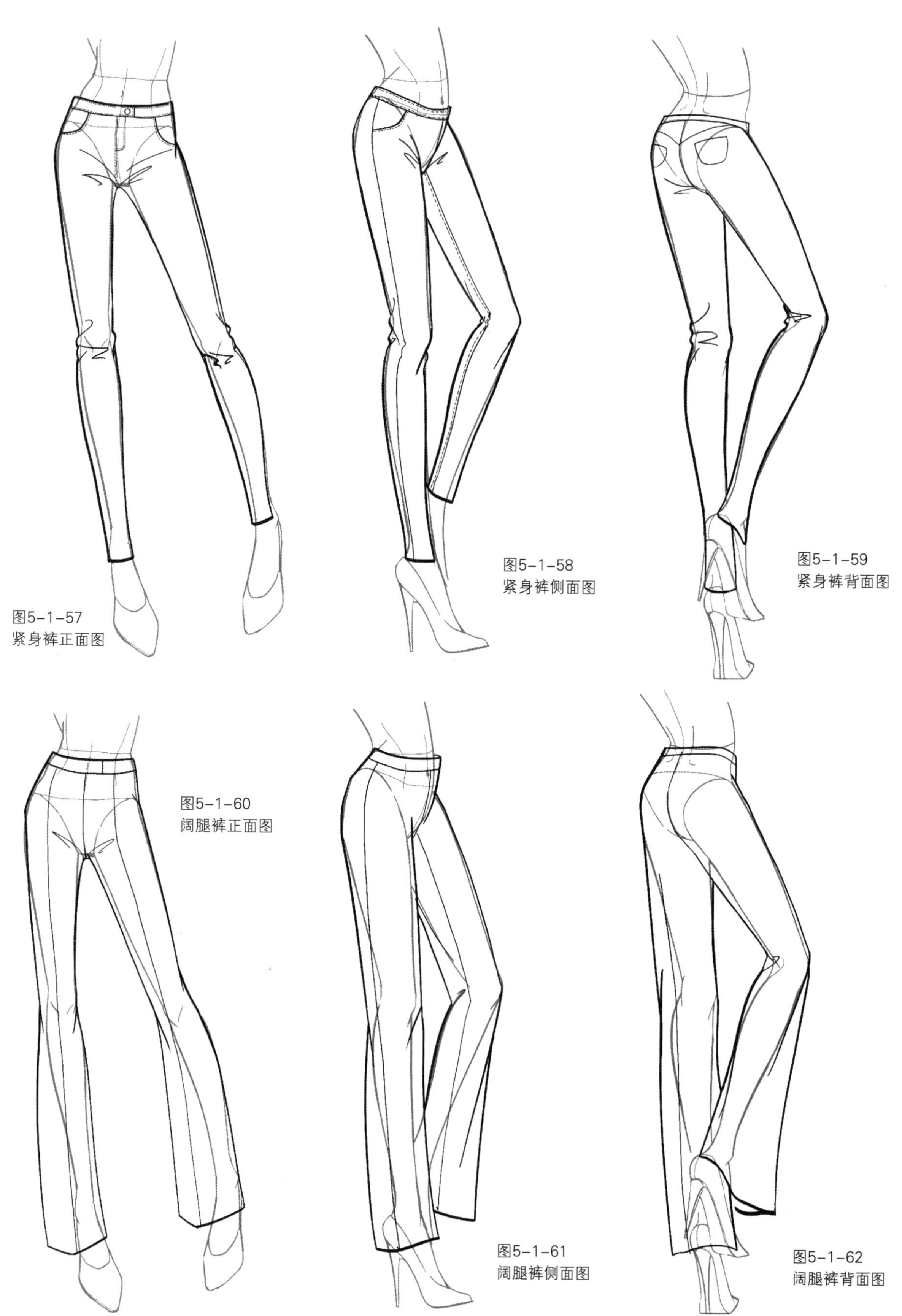

图5-1-57
紧身裤正面图

图5-1-58
紧身裤侧面图

图5-1-59
紧身裤背面图

图5-1-60
阔腿裤正面图

图5-1-61
阔腿裤侧面图

图5-1-62
阔腿裤背面图

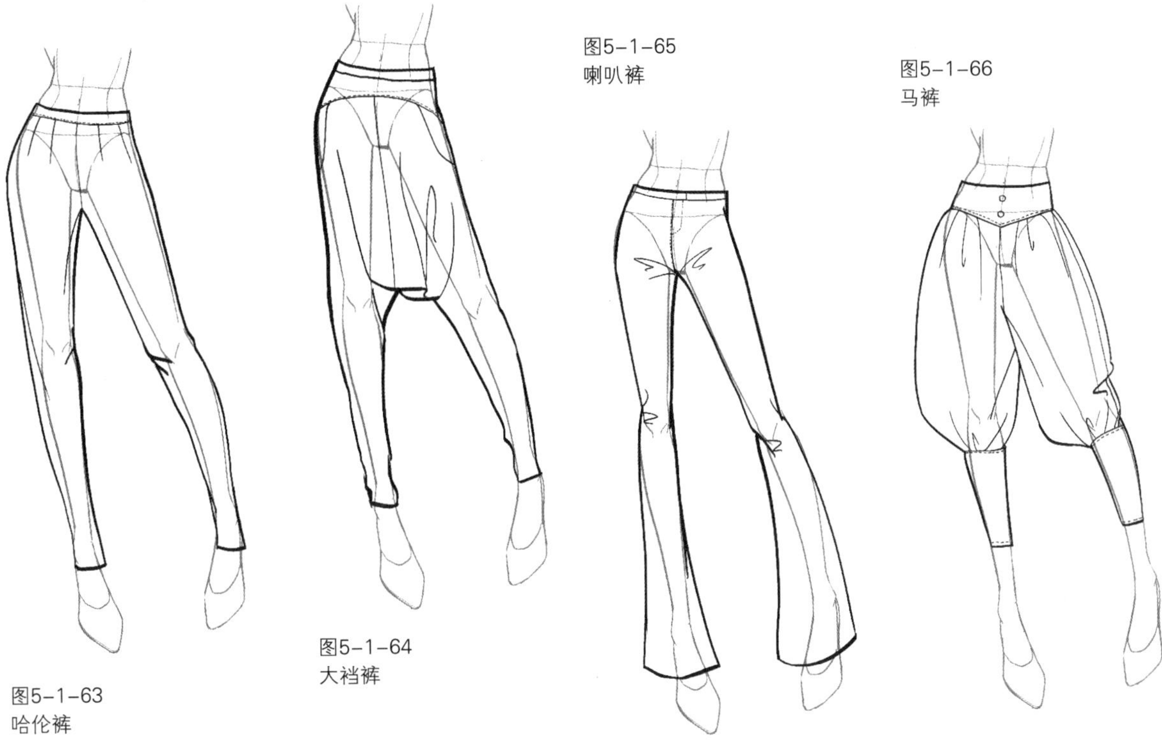

图5-1-63 哈伦裤

图5-1-64 大裆裤

图5-1-65 喇叭裤

图5-1-66 马裤

9. 人体与裙子的关系

裙子可分为紧身裙、铅笔裙、开衩长旗袍裙、围裹裙、A形裙、波浪裙、锥形裙、多层裙、太阳裙、喇叭裙、多片长裙、高贴腰裙、西服裙、偏搭缝裙、插袋裙、悬垂结褶裙、鱼尾裙等（图5-1-67~图5-1-80）。

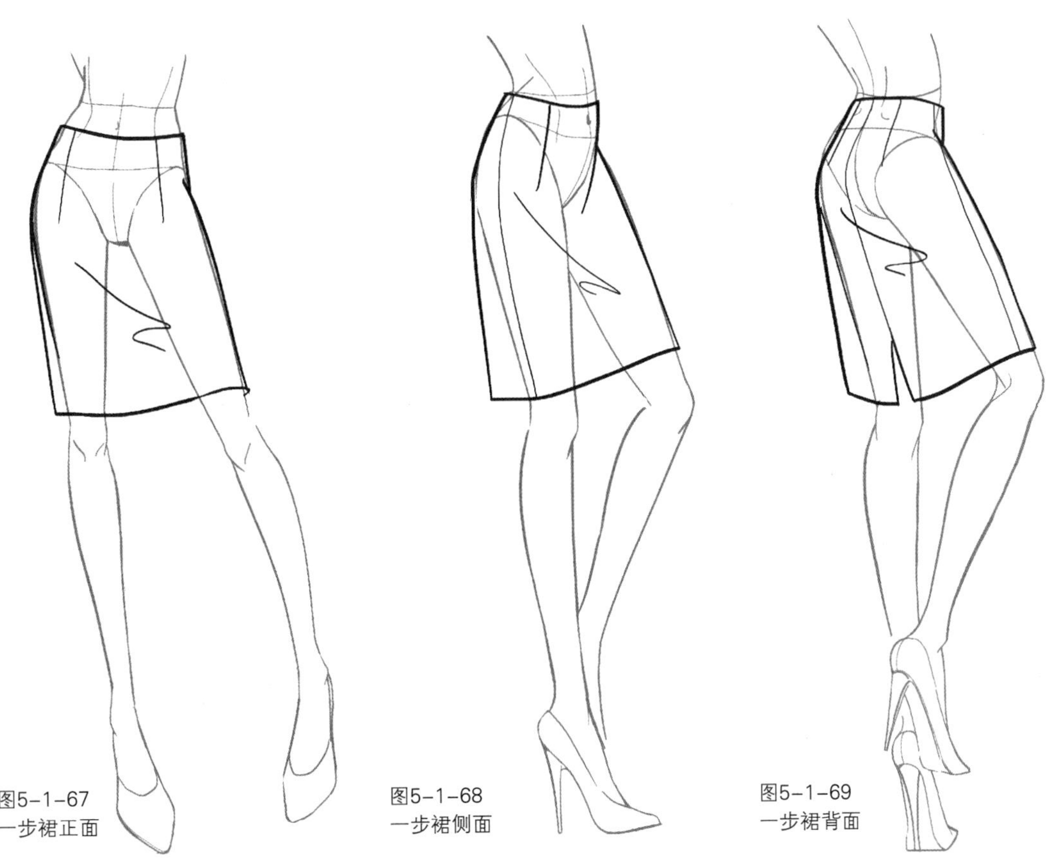

图5-1-67 一步裙正面

图5-1-68 一步裙侧面

图5-1-69 一步裙背面

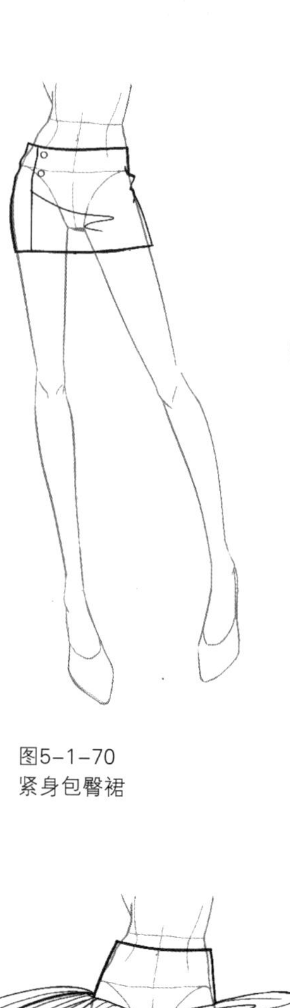

图5-1-70
紧身包臀裙

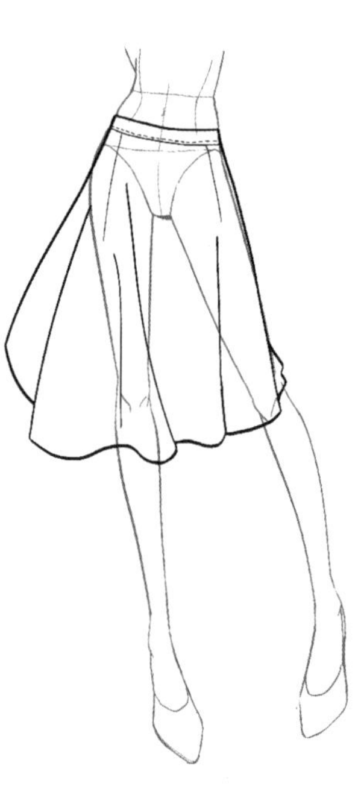

图5-1-71
大摆裙

图5-1-72
长裙

图5-1-73
开衩旗袍裙

图5-1-74
欧根纱蓬蓬裙

图5-1-75
紧身长裙

图5-1-76
锥形裙

图5-1-77
A字裙

图5–1–80
鱼尾裙

图5–1–78
荷叶摆裙

图5–1–79
百褶裙

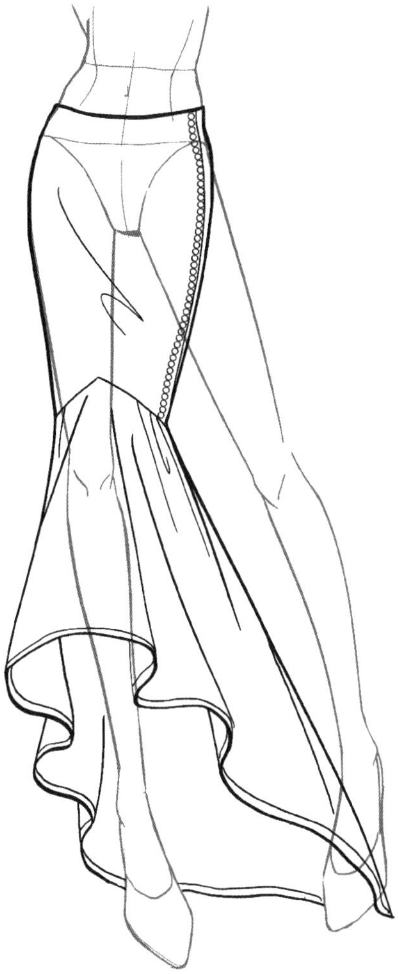

二、人体与服装配饰

1. 帽子

按款式特点分，帽子有贝蕾帽、鸭舌帽、钟型帽、三角尖帽、前进帽、青年帽、披巾帽、无边女帽、龙江帽、京式帽、山西帽、棉耳帽、八角帽、瓜皮帽、虎头帽等。

帽子的绘制步骤（图5–1–81）

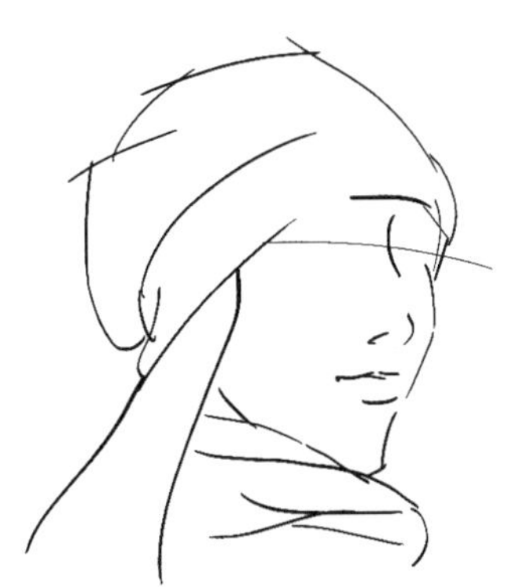

图5–1–81（1）
用简单线条勾勒出头部动势及帽子轮廓

图5–1–81（2）
绘制出五官及帽子具体外形

图5–1–81（3）
绘制帽子细节

鸭舌帽的绘制（图5-1-82）

图5-1-82（1）
以简单线条勾勒出头部动势及鸭舌帽的结构

图5-1-82（2）
绘制出人物五官及帽形

图5-1-82（3）
绘制帽子细节

帽形参考（图5-1-83~图5-1-90）

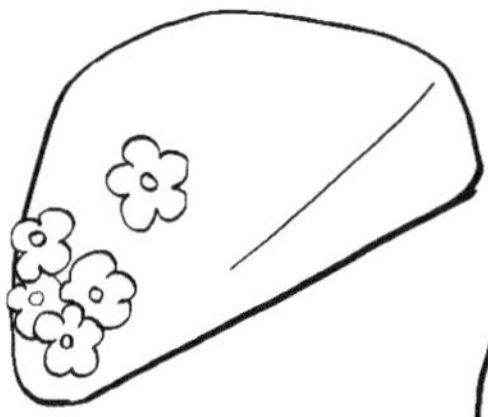

图5-1-83
蓓蕾帽

图5-1-84
带檐牛仔帽

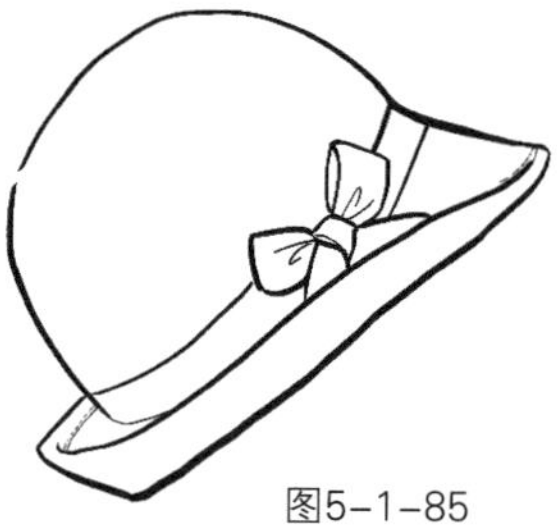

图5-1-85
盆帽

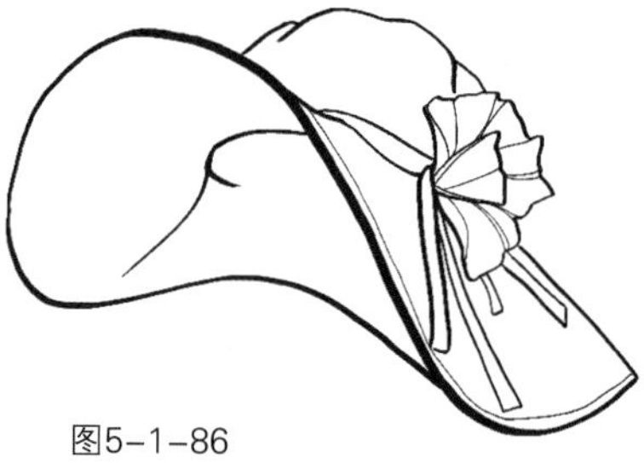

图5-1-86
遮阳大檐帽

图5-1-88
带舌蓓蕾帽

图5-1-87
渔夫帽

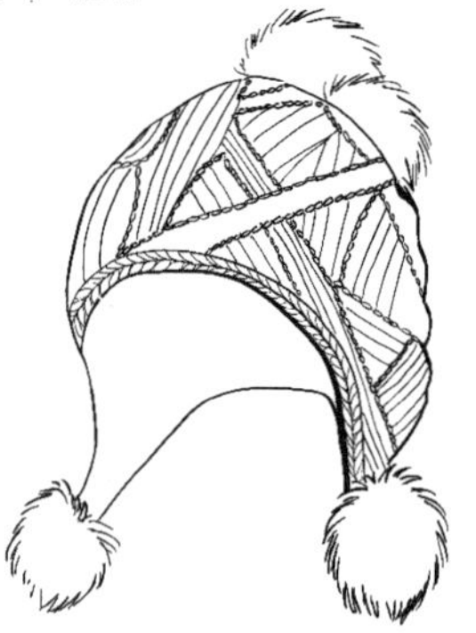

图5-1-90
毛线帽

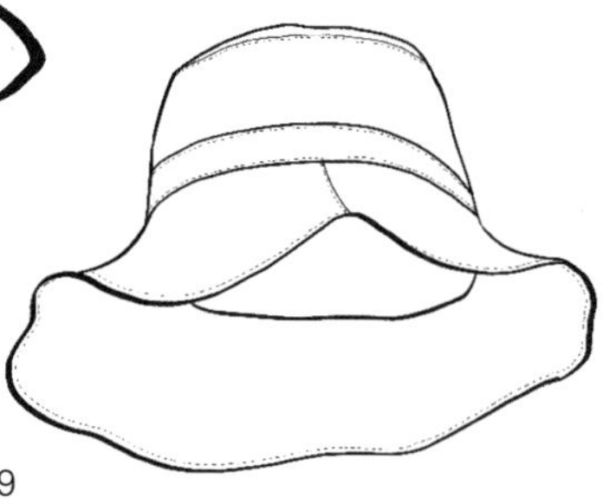

图5-1-89
渔夫大檐软帽

小贴士 帽子与头的接触部分，绘制时要与头的围度相符，不可过大或过小。

2. 头饰

头饰主要指用在头发四周及耳、鼻等部位的装饰，具体可分为发饰（发夹、头花等）、耳饰（耳环、耳坠、耳钉等）、鼻饰等。

发带的绘制（图5-1-91）

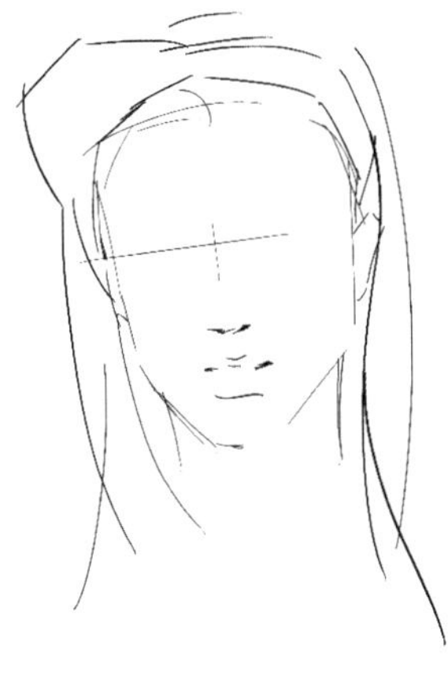

图5-1-91（1）
绘制出人物头部动势及发型轮廓

图5-1-91（2）
绘制人物五官及发带雏形

图5-1-91（3）
完善发带绘制

头巾的绘制（图5-1-92）

图5-1-92（1）
绘制出人物头部动势及头巾轮廓

图5-1-92（2）
完善头巾绘制

头饰的绘制（图5-1-93）

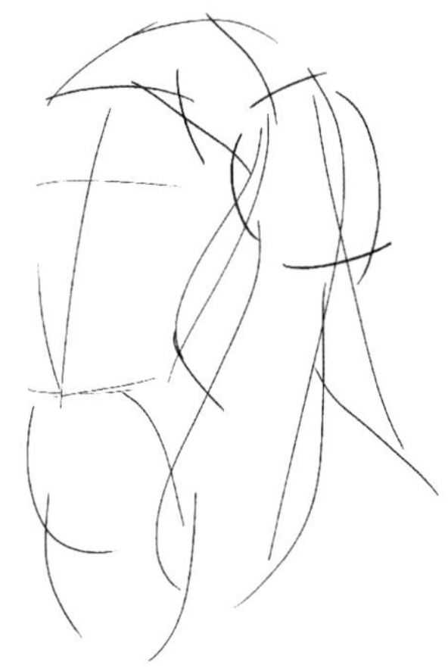

图5-1-93（1）
绘制出人物头部动势及发型轮廓

图5-1-93（2）
绘制人物五官及头饰轮廓

图5-1-93（3）
完善头饰绘制

侧边头饰的绘制（图5-1-94）

图5-1-94（1）
绘制出人物头部动势及发型轮廓

图5-1-94（2）
绘制人物五官及头饰轮廓

图5-1-94（3）
完善头饰绘制

头饰样式欣赏（图5-1-95~5-图1-102）

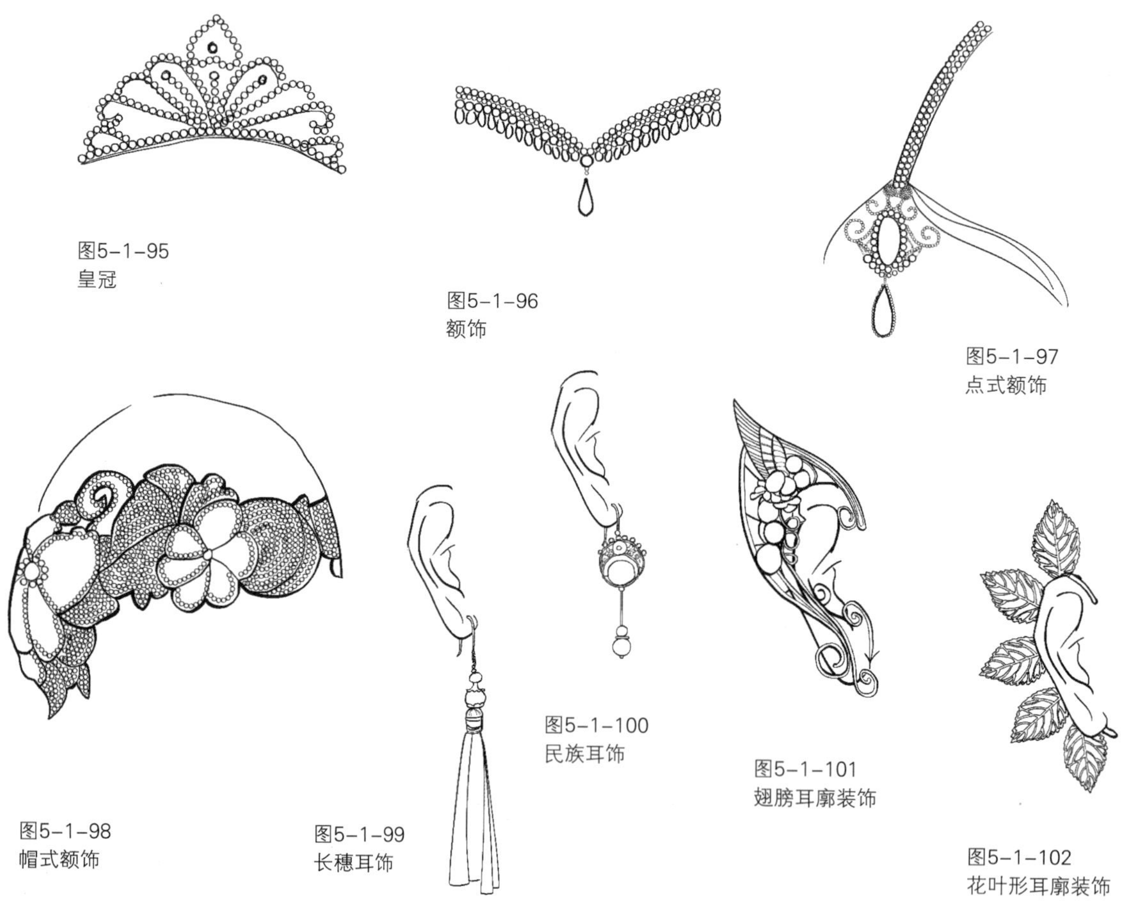

图5-1-95
皇冠

图5-1-96
额饰

图5-1-97
点式额饰

图5-1-98
帽式额饰

图5-1-99
长穗耳饰

图5-1-100
民族耳饰

图5-1-101
翅膀耳廓装饰

图5-1-102
花叶形耳廓装饰

3. 箱包

箱包按款式的不同，可以分为晚宴包、时款袋、化妆包、首饰盒、夹包、电脑包、登山包、背包、腰包、公文包等。

晚宴包的绘制（图5-1-103）

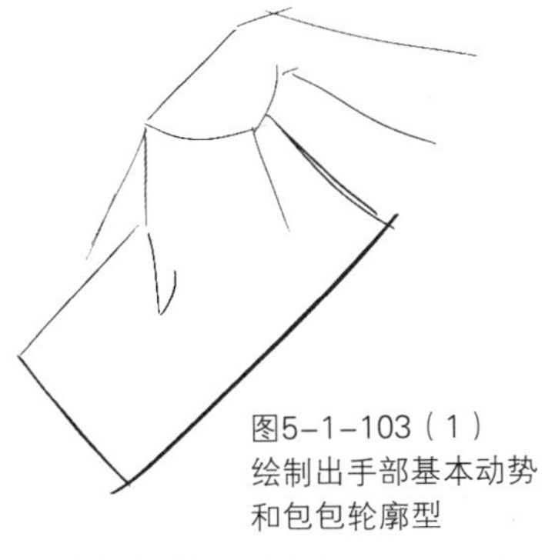
图5-1-103（1）
绘制出手部基本动势和包包轮廓型

图5-1-103（2）
完善手部绘制，具体化包包样式

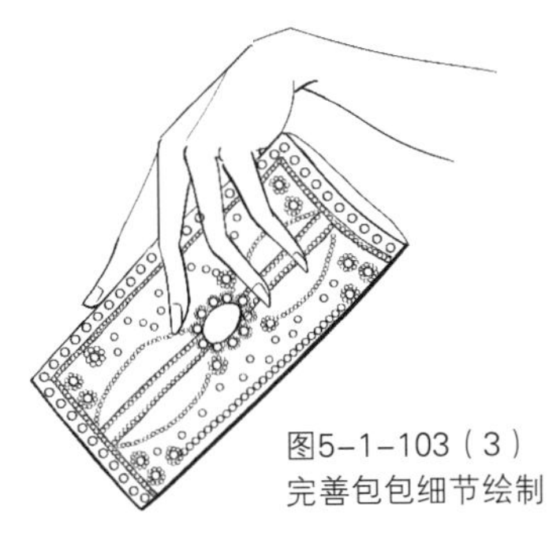
图5-1-103（3）
完善包包细节绘制

手拎包的绘制（图5-1-104）

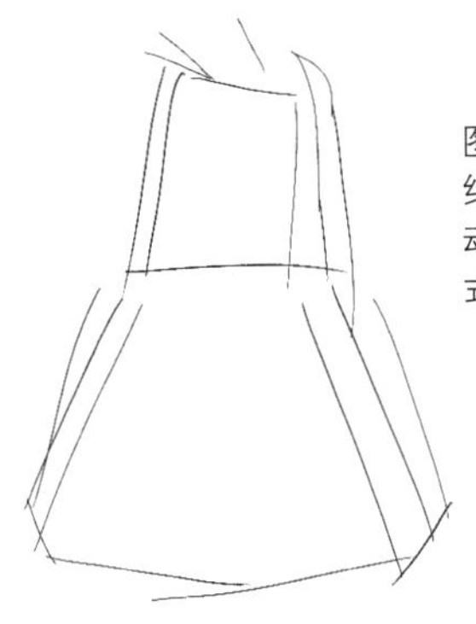
图5-1-104（1）
绘制出手部基本动势和手拎包款式轮廓

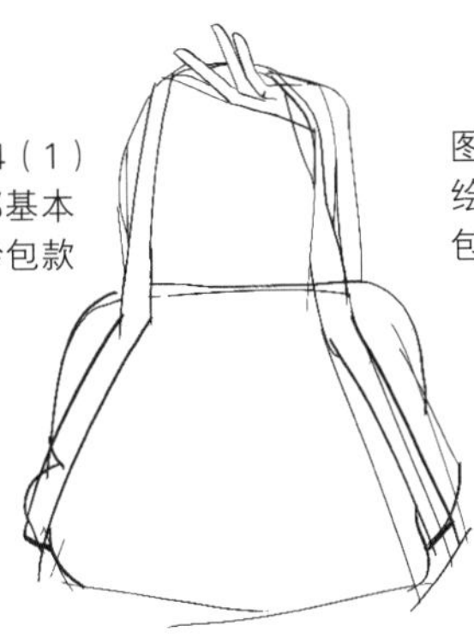
图5-1-104（2）
绘制手部结构及包包基础结构

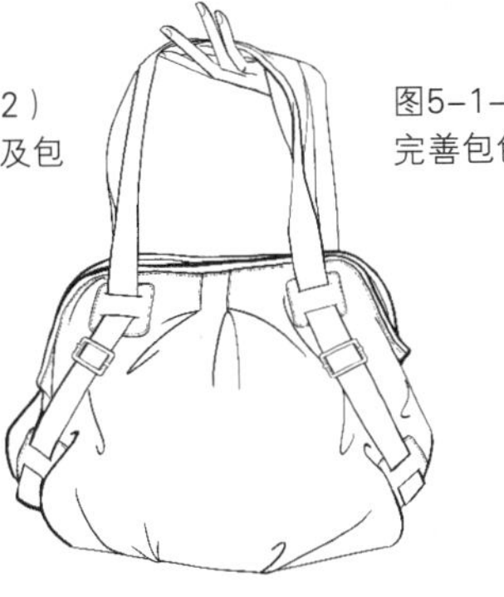
图5-1-104（3）
完善包包细节绘制

单肩挎包的绘制（图5-1-105）

图5-1-105（1）
绘制出人物肩、手臂及身体的基本形和包包轮廓型

图5-1-105（2）
绘制手臂及手部细节，画出包包结构

图5-1-105（3）
完善包包细节绘制

包包样式欣赏（图5-1-106~图5-1-110）

图5-1-106
晚宴包

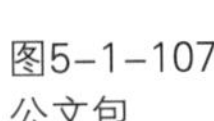
图5-1-107
公文包

图5-1-108
单肩休闲挎包

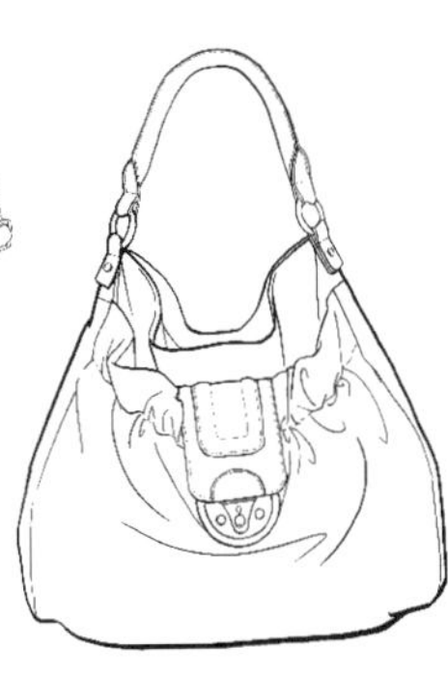
图5-1-109 女士坤包

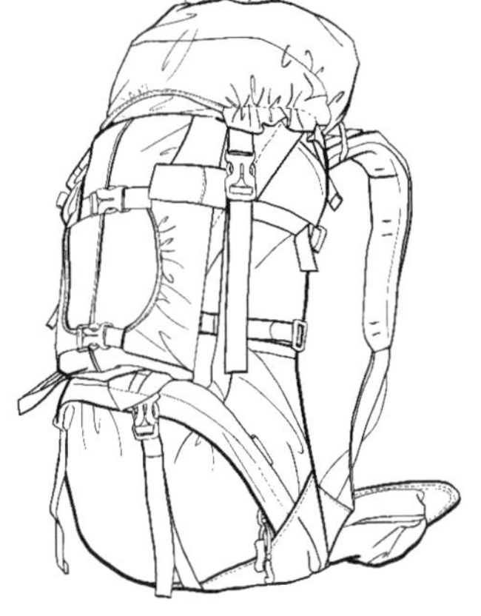
图5-1-110 旅行包

第二节　女装人体着装动态画法

一、人体着装的绘制步骤

1）设计出服装的款式。

2）根据服装的特点选择合适的人体动势。

3）用流畅的线条，根据人体的比例、动态、重心和透视关系勾画人体的轮廓。

4）绘制着装人体时，画面要能够表现出服装穿着的立体效果，宽松的款式应体现服装与人体的空间感，紧身款式要表现出人体肌肉线条的起伏关系，对衣纹线和结构线的处理手法要有区分，服装的外轮廓线要清晰明确。

5）对服装细节部分进行详细刻画，配饰部分的绘制也要符合透视规律。

二、人体着装动态范例欣赏（图5-2-1~图5-2-98）

图5-2-1　正面站立姿态

图5-2-2　休闲装着装效果

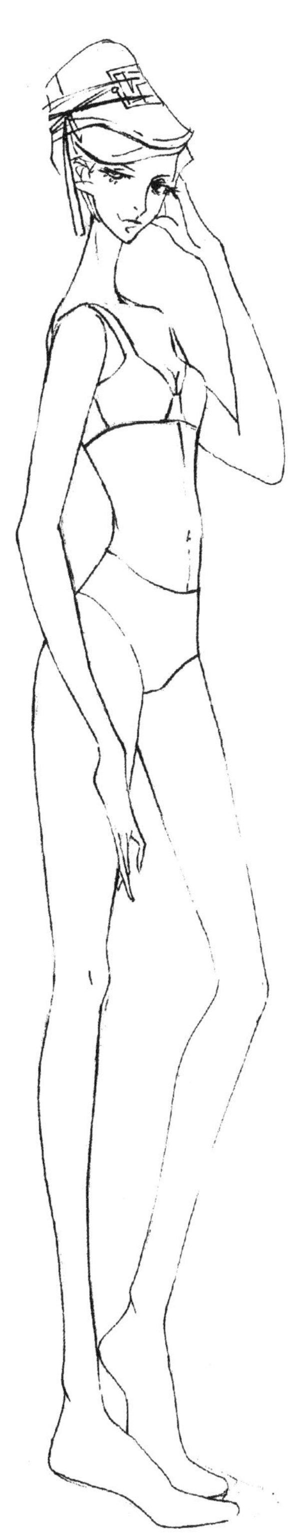

图5-2-3 侧面人体姿态

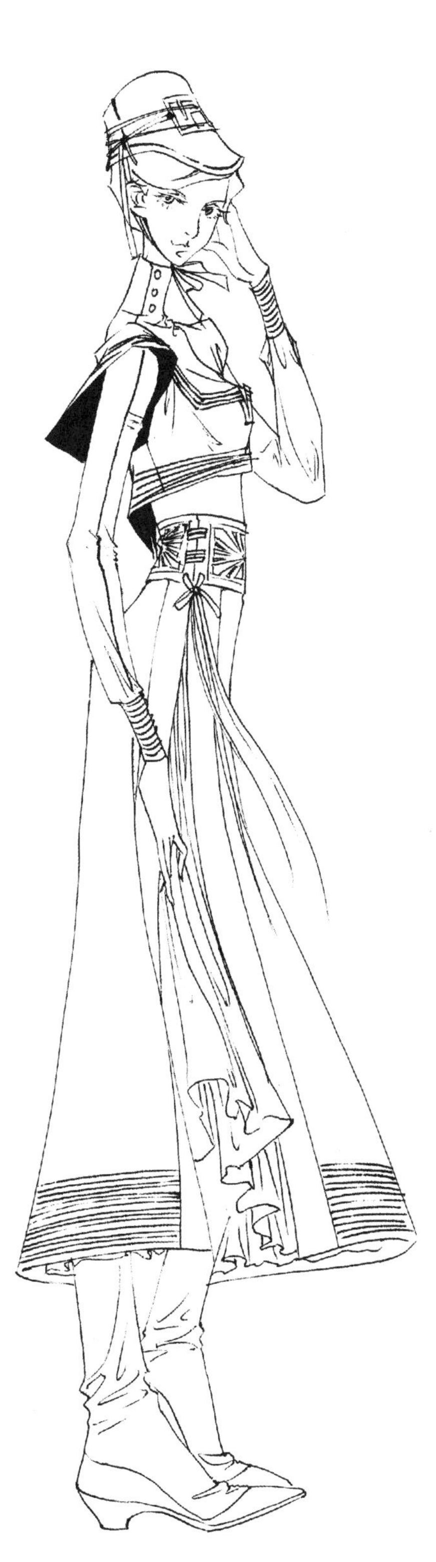

图5-2-4 半身裙着装效果

由于人体的动态变化多样，不同部位的服装与人体结合表现时，有的部位面料会紧贴身体，有的部位面料与身体之间则会存有一定的间隙。

图5-2-5 单腿支撑动态

图5-2-6 连衣裙着装效果

小贴士

画褶皱时，要掌握共同的规律，根据人物的行动坐卧、服装内人体的骨骼、肌肉的凹凸加以表现，所用线条要与人物姿态、动势相结合。衣质的厚薄，衣料的挺柔，必然会引起衣纹的粗细、刚柔等变化。一般来讲，厚实的衣料用线宜粗、宜刚、宜简，轻薄的衣料用线宜细、宜柔、宜繁。

图5-2-7 正面行走姿态

图5-2-8 坎肩、西裤着装效果

图5-2-9 正面行走姿态

图5-2-10 紧身牛仔裤着装效果

小贴士 真实的衣纹会有很多影响视觉效果的线条，要进行取舍，剔除多余的线条，用简练优美的线条表现衣纹。

图5-2-11 两脚开立人体姿态

图5-2-12 束腰连衣裙着装效果

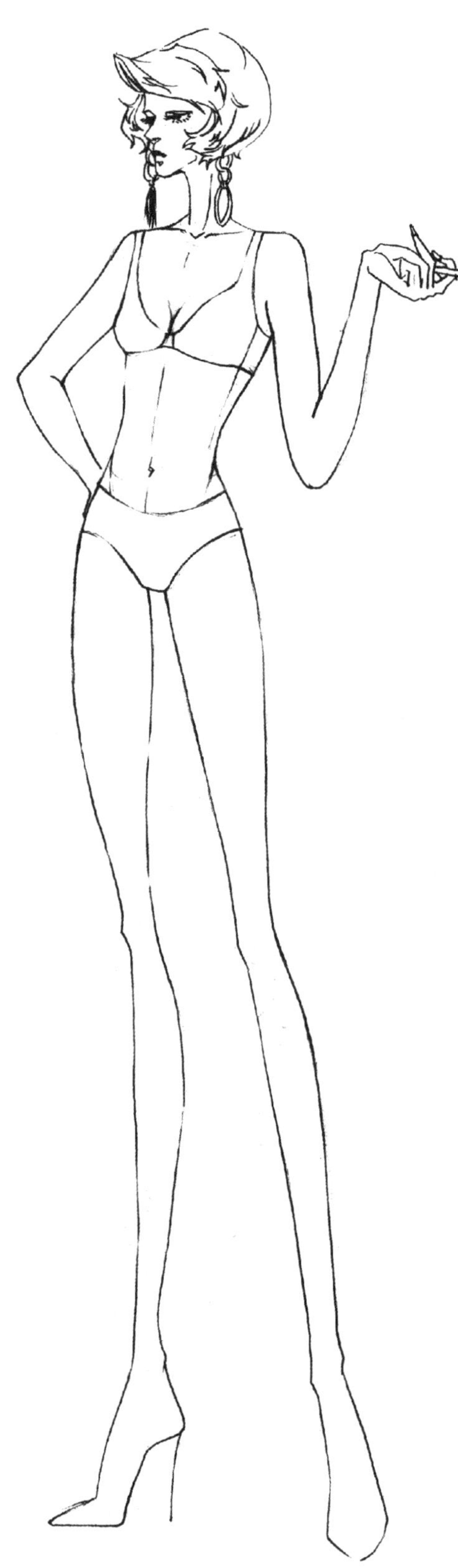

图5-2-13 两脚开立人体姿态

图5-2-14 连衣裤着装效果

小贴士 画衣纹时要注意肢体扭转带来的线条变化，衣纹是很重要的表现动态的因素。

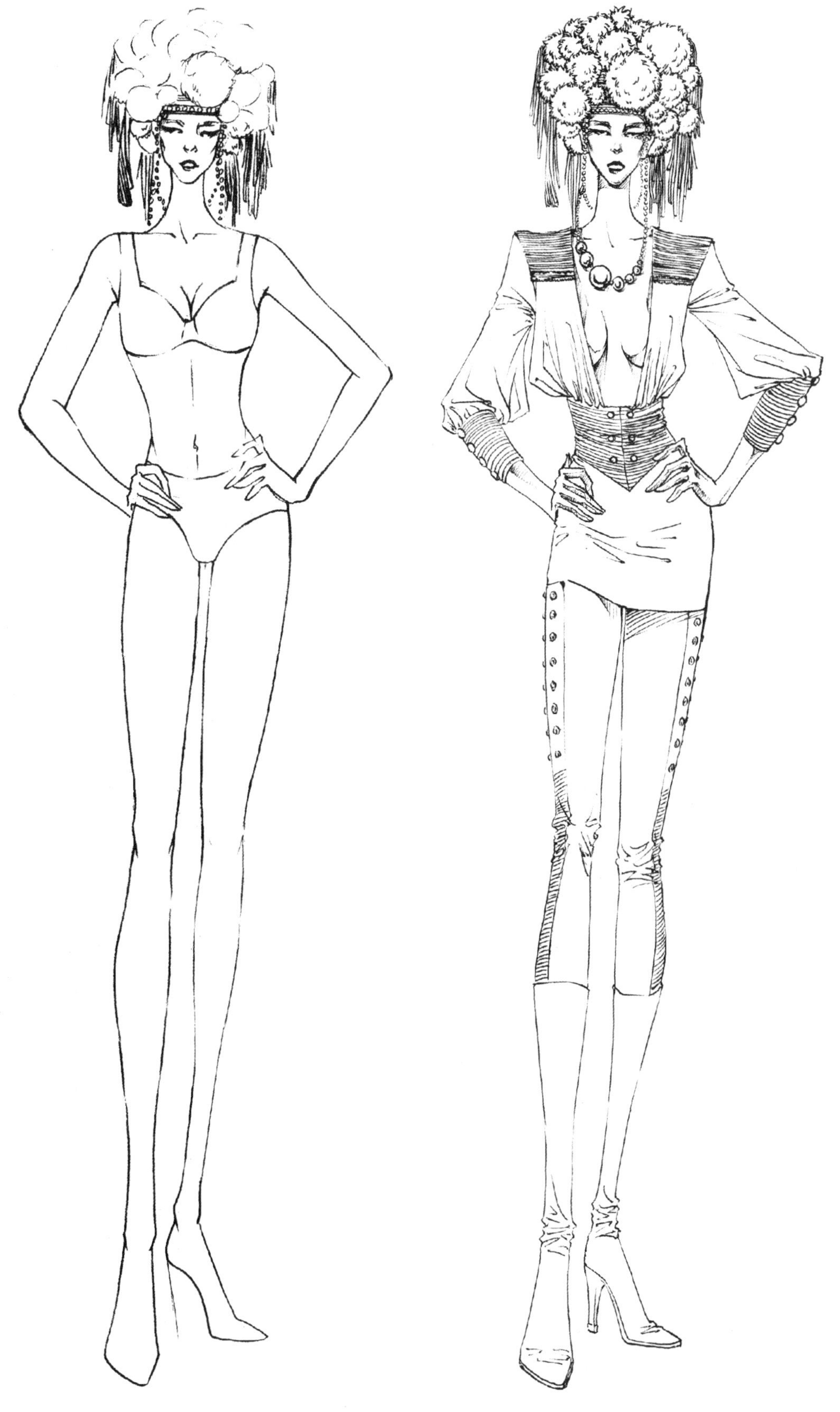

图5-2-15　双手叉腰人体姿态

图5-2-16　七分裤着装效果

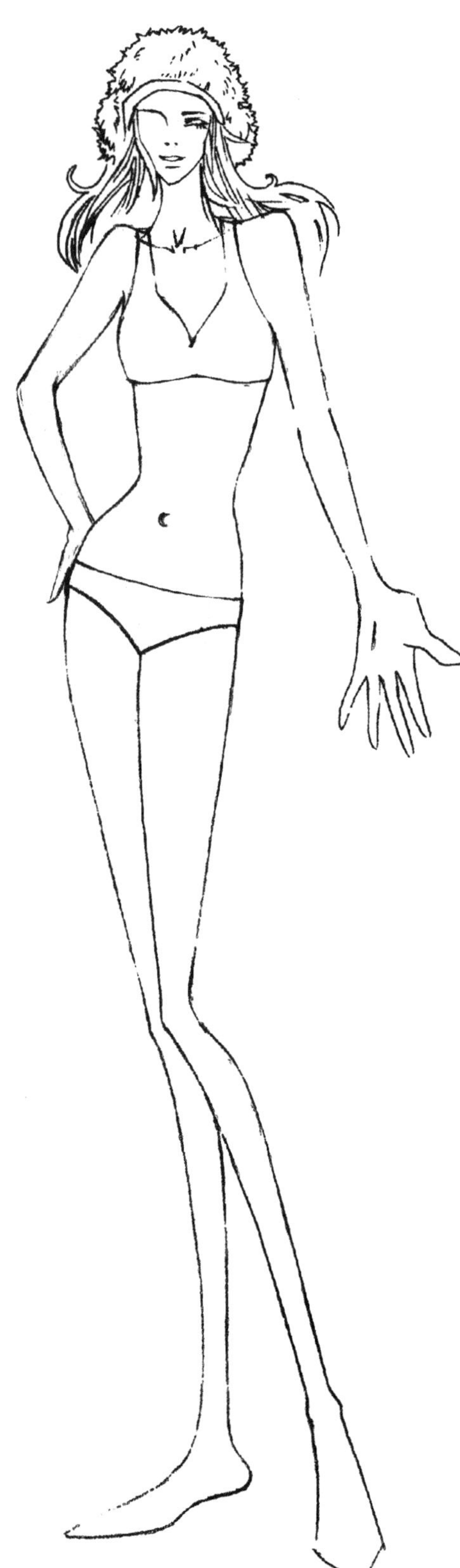

图5-2-17 正面小滑步人体姿态

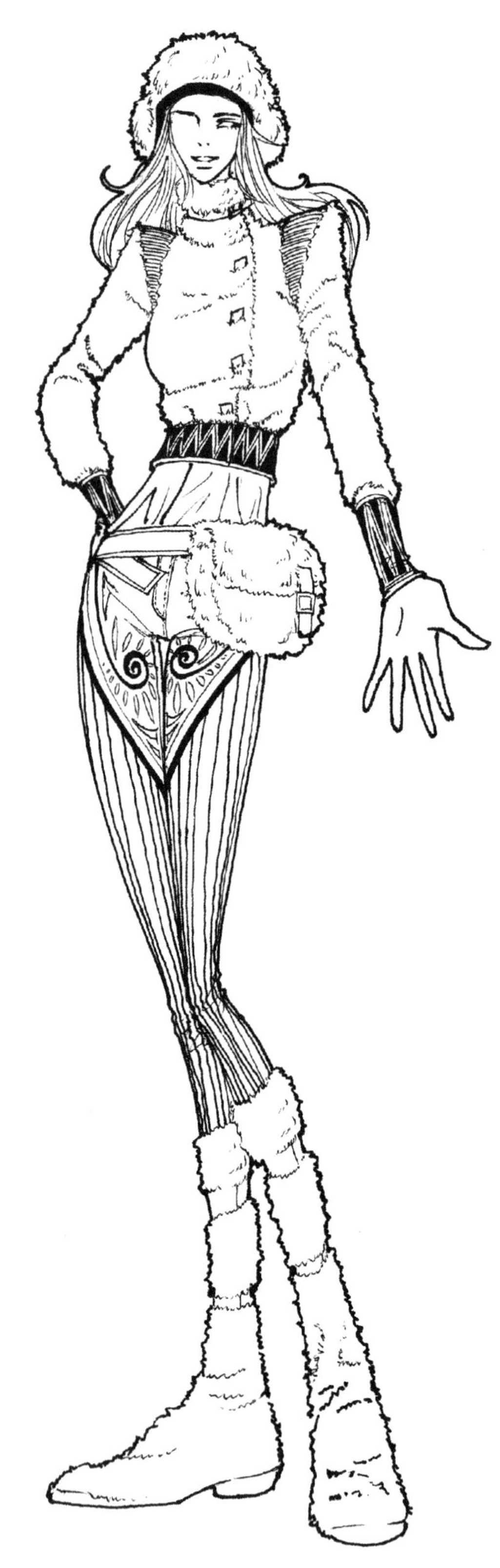

图5-2-18 带绒薄棉服着装效果

小贴士 衣褶和衣纹有着本质的区别。衣纹是反映面料的质感和人体运动状态自然产生的，衣褶是服装设计的表达方式和结构特征的人为创作的结果。

图5-2-19 正面小滑步人体姿态

图5-2-20 戴头巾印花裤着装效果

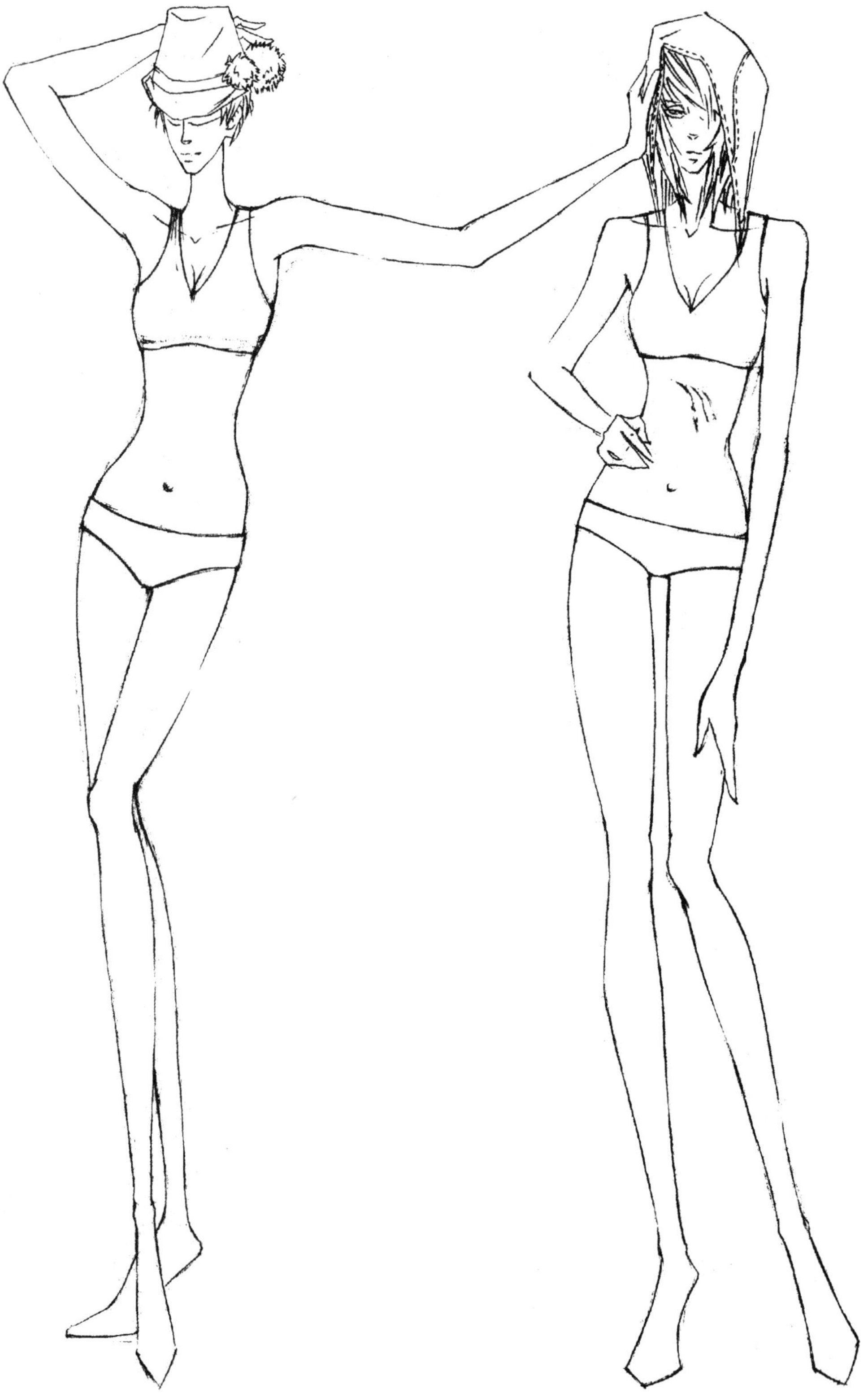

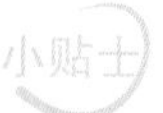

小贴士 效果图中，衣纹和衣褶的表现是有区别的，衣纹应力求简化和省略，衣褶应如实地表现清楚。

图5-2-21 双人组合人体姿态

图5-2-22 休闲装着装效果

图5-2-23 正面两脚开立人体姿态

图5-2-24 立领衬衫及坎肩两件套着装效果

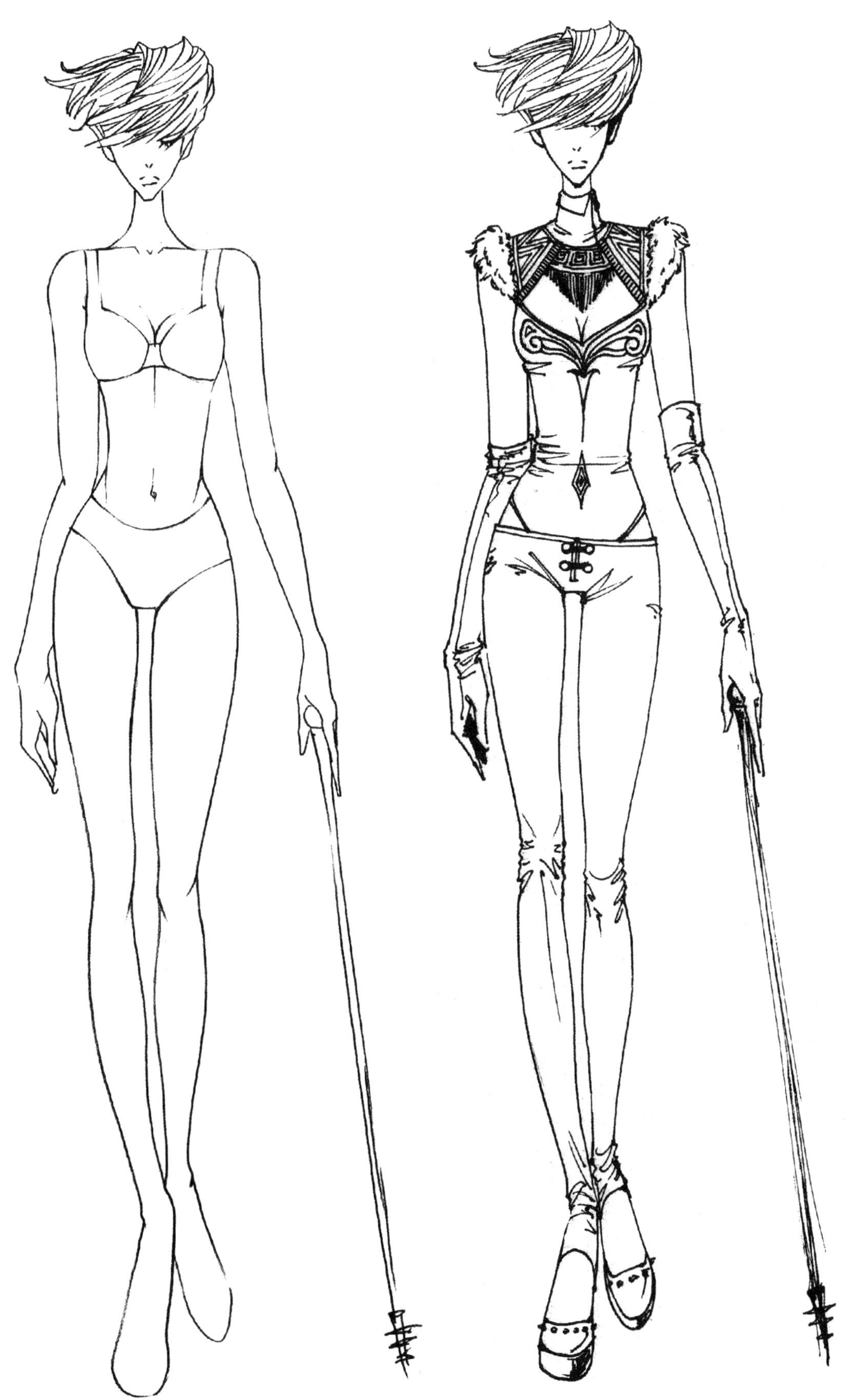

图5-2-25 行走姿态

图5-2-26 紧身衣着装效果

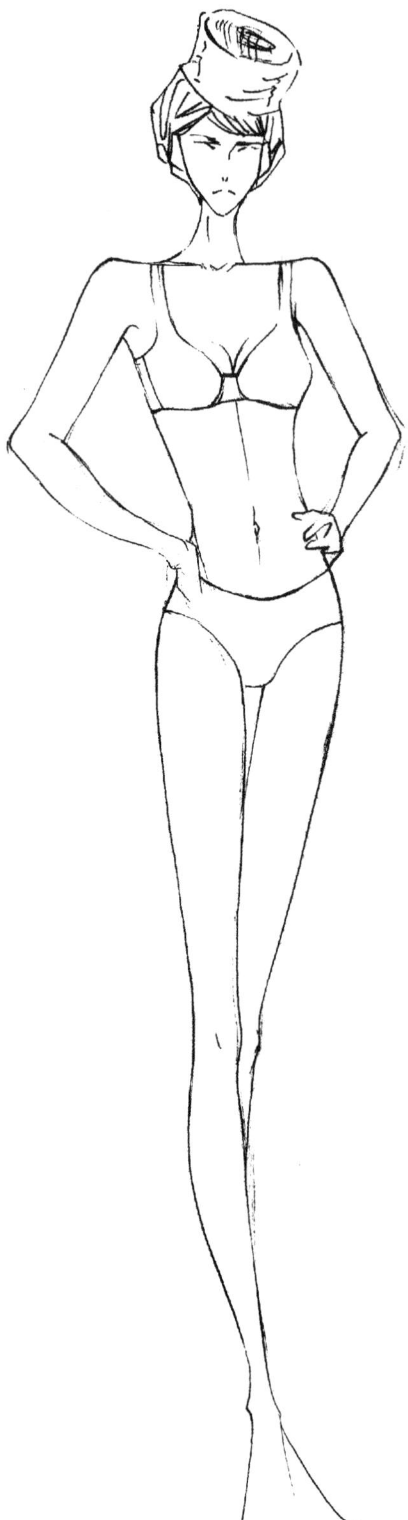

图5-2-27 双手叉腰丁字步站立

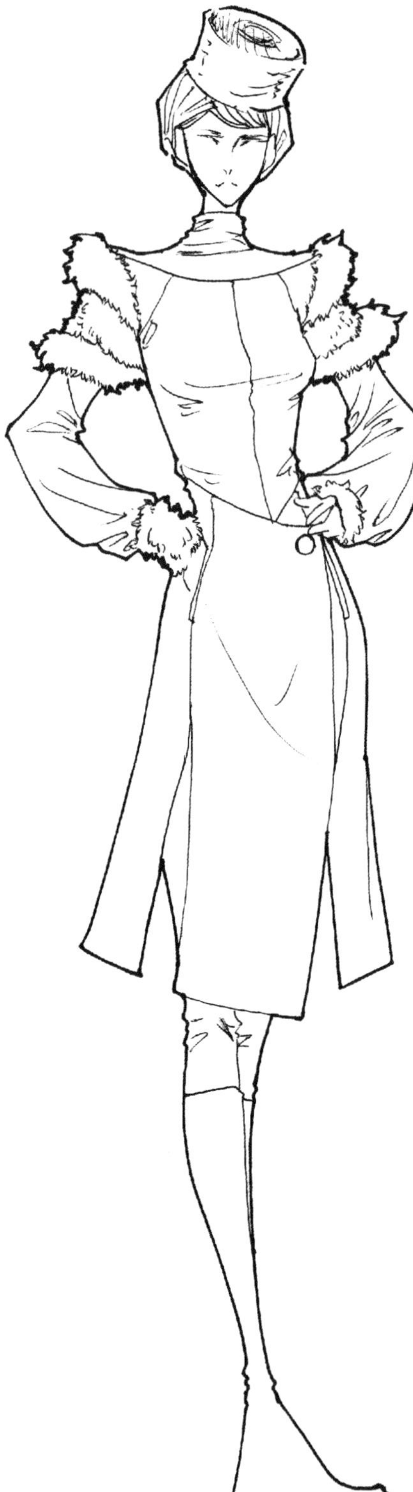

图5-2-28 连衣裙着装效果

用线时要有取舍，当衣纹和衣褶产生矛盾时，衣纹应让位于衣褶。

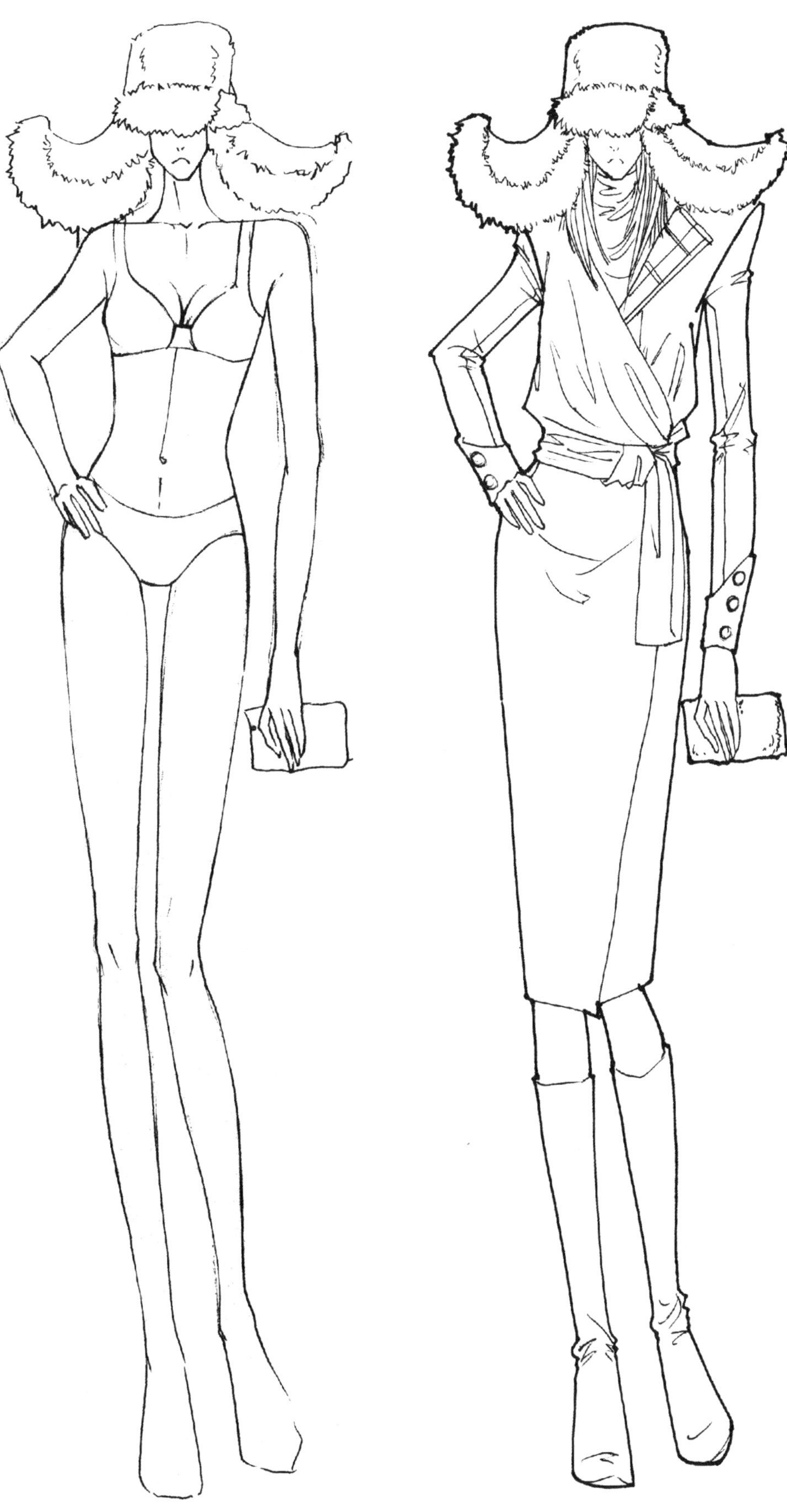

图5-2-29　单手叉腰行走姿态

图5-2-30　大衣着装效果

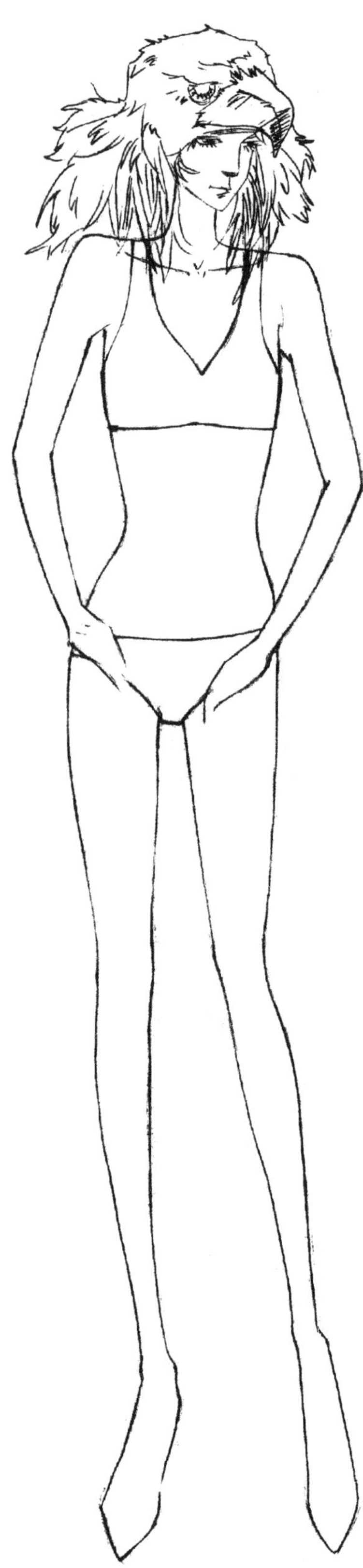

图5-2-31 单手叉腰行走姿态

图5-2-32 棉服着装效果

小贴士 画衣纹时宜少不宜多，与人体运动、与服装款式关系不大的衣纹线，要尽量少画。

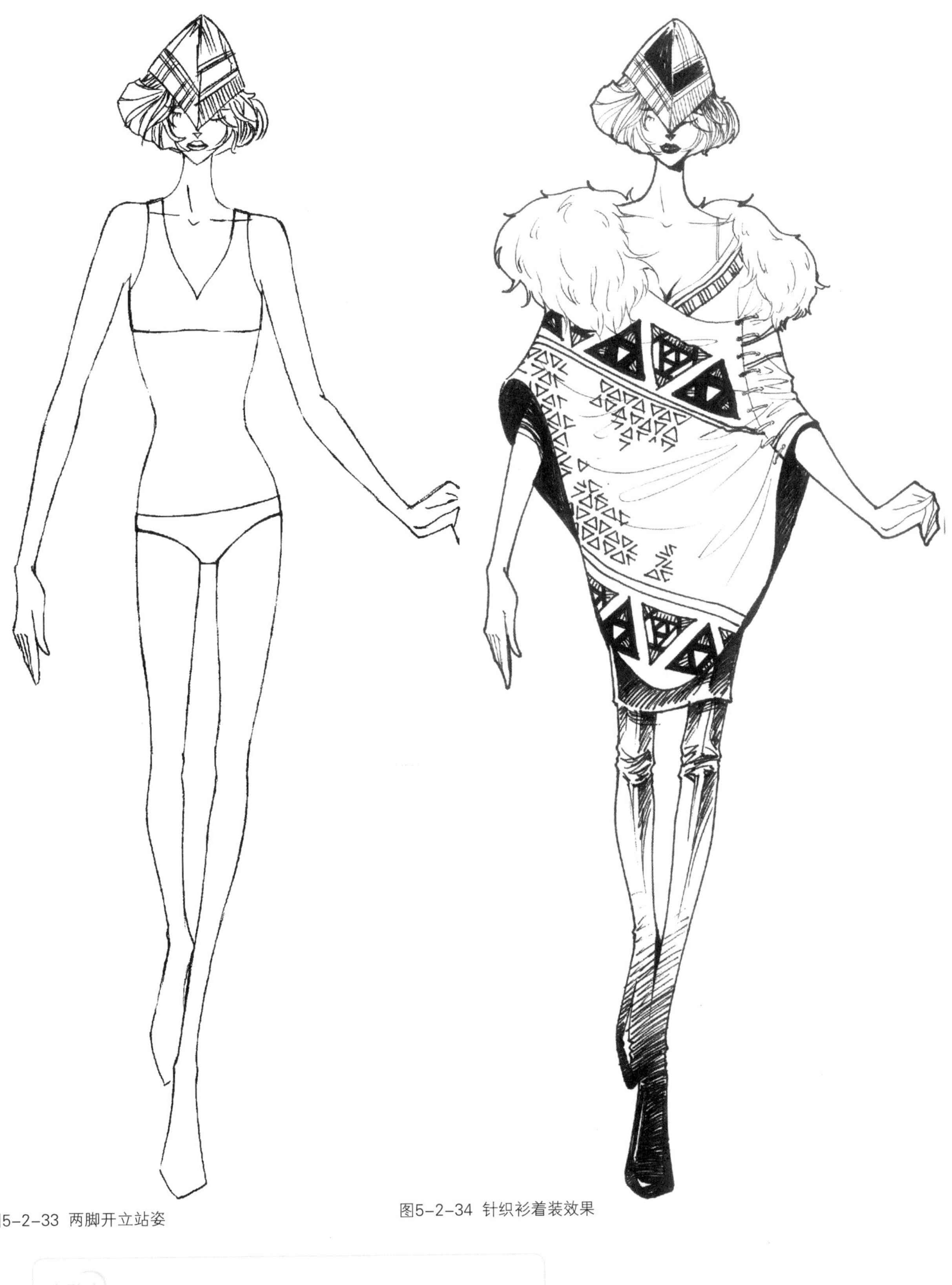

图5-2-33　两脚开立站姿

图5-2-34　针织衫着装效果

小贴士　毛织物只需要画出大概的轮廓，边缘要随意自然。

图5-2-35 单手叉腰小滑步站姿

图5-2-36 连衣裤着装效果

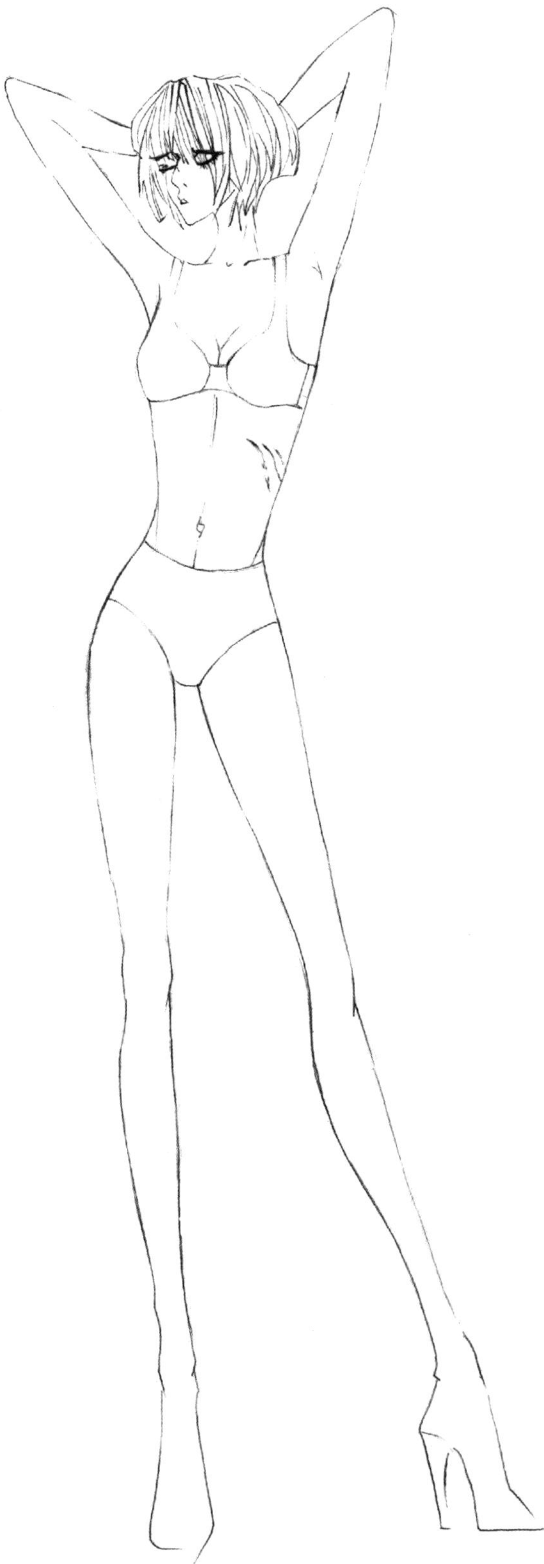

图5-2-37 双手抱头站姿

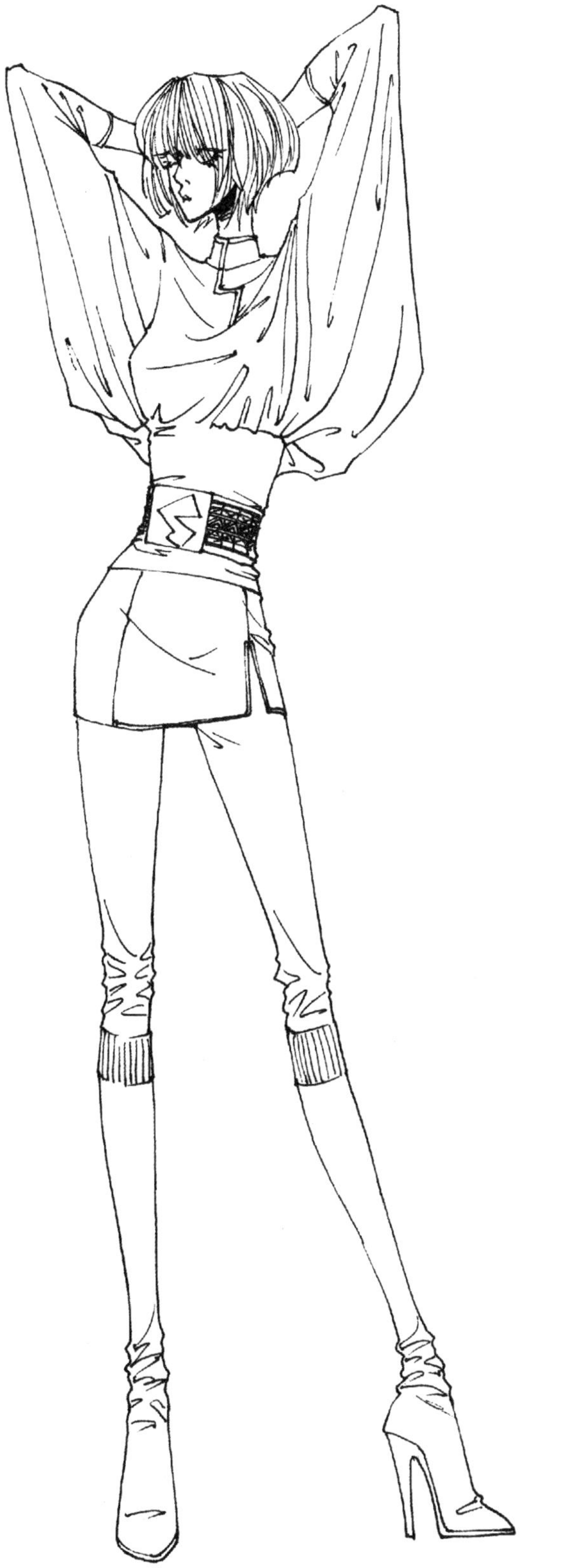

图5-2-38 蝙蝠袖上衣着装效果

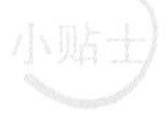

小贴士 线条的曲直变化主要体现在线的整体感觉和线的转折处，曲线过多，感觉画面较“软”，直线过多感觉“板”，理想的状态是线的转折处“外圆内方”。

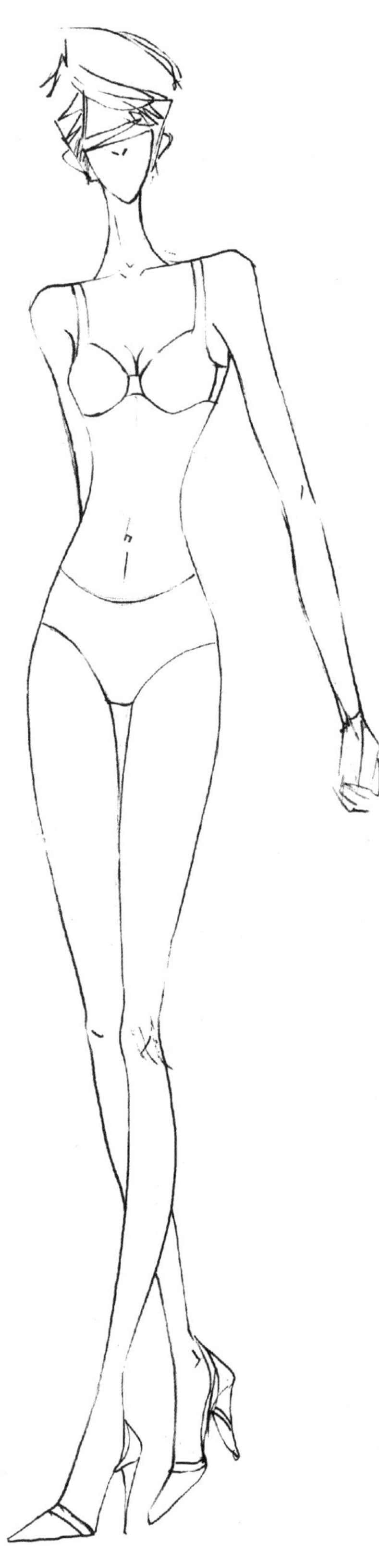

图5-2-39 行走姿态

图5-2-40 紧身胸衣、超短裙着装效果

小贴士 手在腰部有支撑时，转折处表达要清晰。

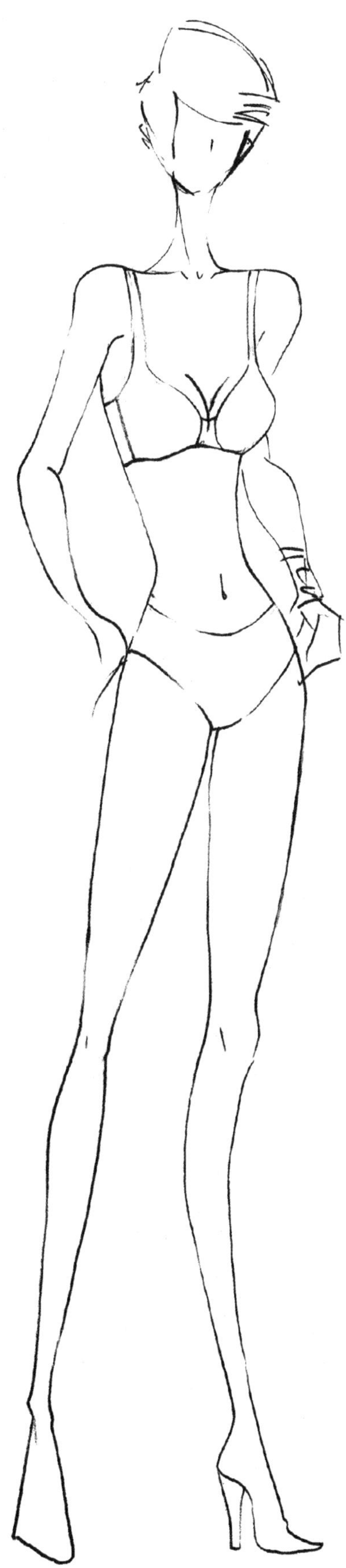

图5-2-41 双手叉腰小滑步站姿

图5-2-42 紧身胸衣着装效果

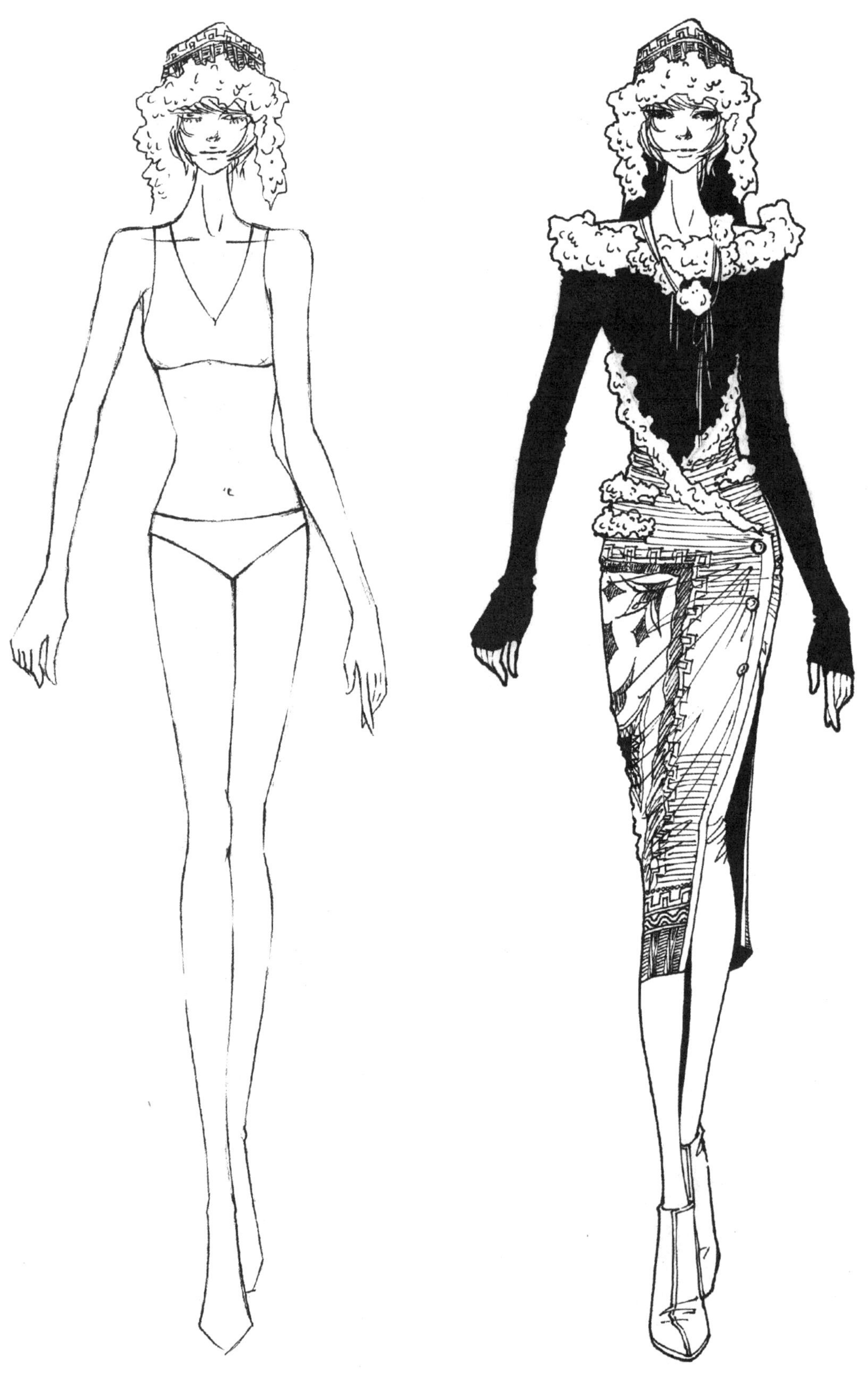

图5-2-43 自然行走姿态

图5-2-44 连衣裙着装效果

小贴士 衣纹线忌杂乱无章，忌过分平行，忌过分对称，忌无照应关系，忌交叉误读，忌简单草率。

图5-2-45 双手叉腰小滑步站姿

图5-2-46 连衣裙着装效果

图5-2-47 双人组合站姿

图5-2-48 民族风休闲装着装效果

图5-2-49 单手叉腰丁字步站姿

图5-2-50 套裙着装效果

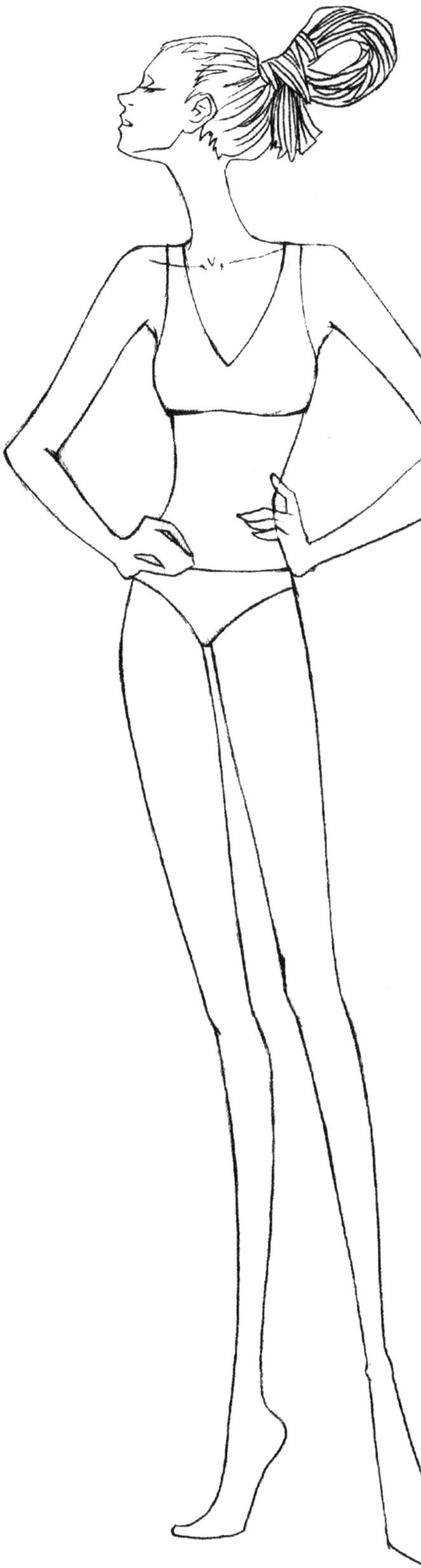

图5-2-51　双手叉腰小滑步站姿

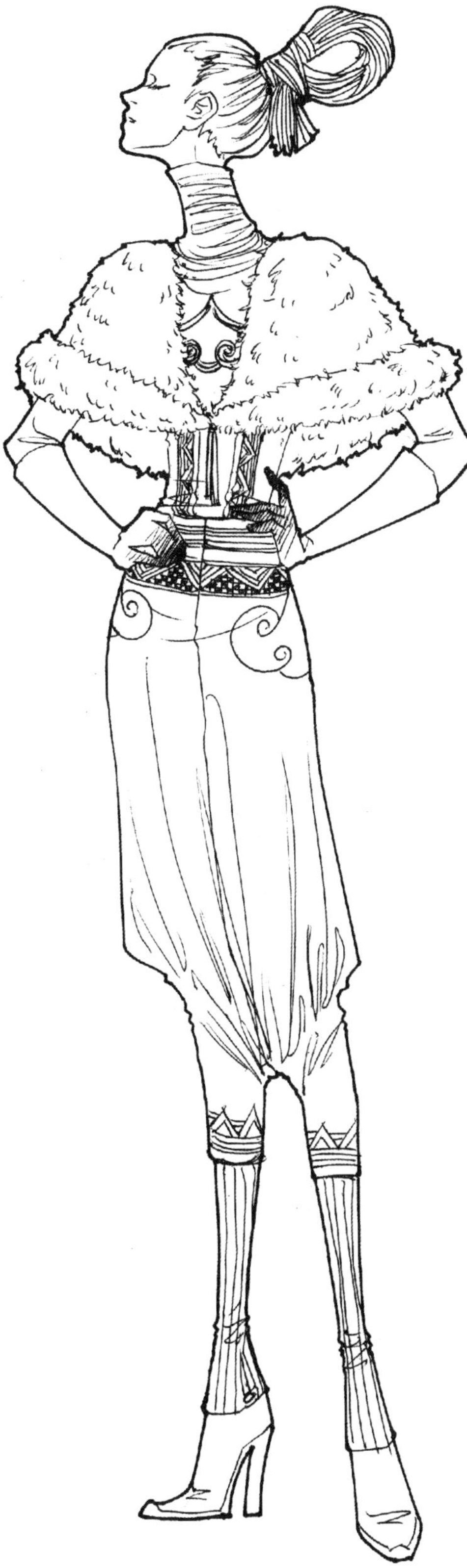

图5-2-52　哈伦裤着装效果

小贴士　两腿前后站姿时，前面的腿用线要“实”一些。

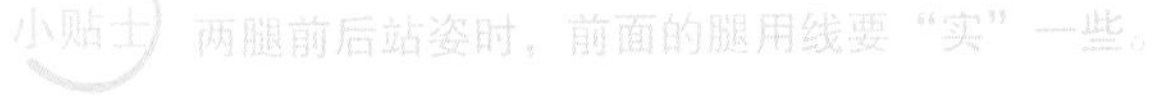

图5-2-53 侧脸小滑步站姿

图5-2-54 连衣裙着装效果

图5-2-55 自然行走姿态　　图5-2-56 宽松衬衫着装效果

图5-2-57 小滑步单手叉腰站姿

图5-2-58 连衣裙着装效果

图5-2-59 行走姿态

图5-2-60 长袖连衣裙着装效果

小贴士 双脚交叉人体动态下，臀部和脚部的微妙扭动关系是绘制要点。

图5-2-62 短袖连衣裙着装效果

图5-2-61 双脚交叉扬臂姿态

图5-2-63 双手叉腰小滑步站姿

图5-2-64 休闲西服着装效果

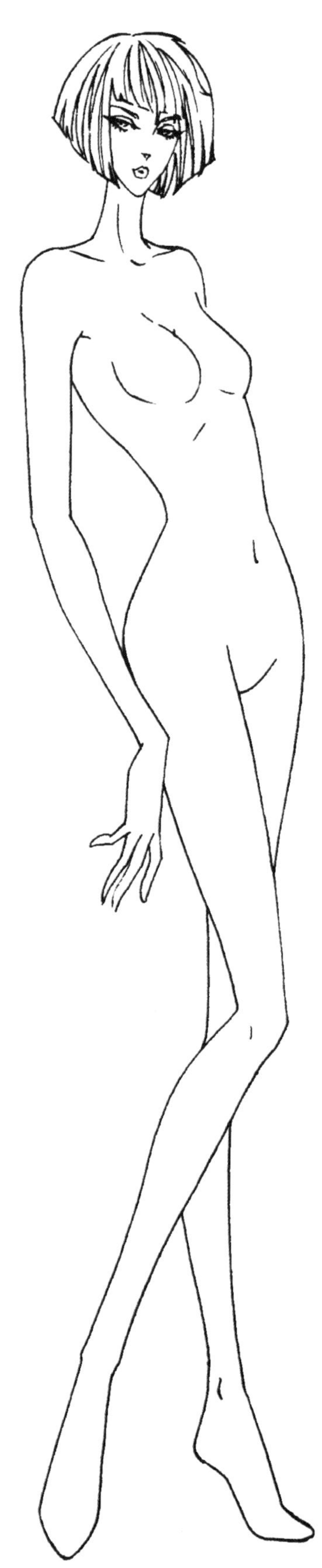

图5-2-65 侧面小滑步站姿

图5-2-66 多褶短裙着装效果

图5-2-67 两脚开立正面站姿

图5-2-68 哈伦裤着装效果

图5-2-69 两脚开立手臂抬起正面站姿

图5-2-70 及膝裙着装效果

图5-2-71 跨步叉腰站姿

小贴士 两脚开立较大时，腿部与服装贴合部分的边缘要能体现出腿部线条。

图5-2-72 背带裤着装效果

图5-2-73 跨步手臂抬起站姿

图5-2-74 多褶长裙着装效果

图5-2-75 小滑步站姿

图5-2-76 交领民族风服装着装效果

图5-2-78 翻毛外套着装效果

图5-2-77 叉腰行走姿态

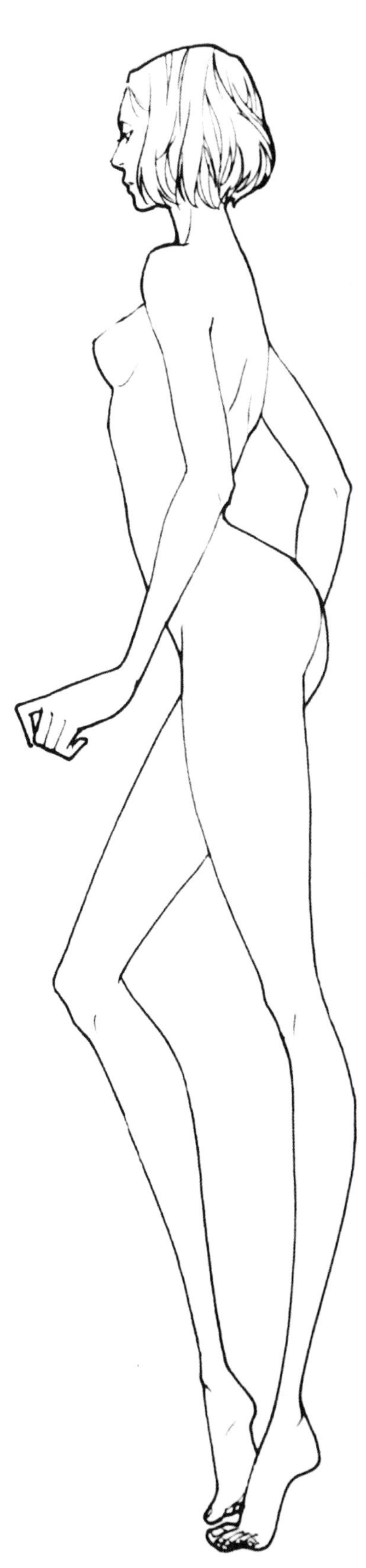

图5-2-79 侧面站立姿态

图5-2-80 休闲装着装效果

图5-2-82 舞台装着装效果

图5-2-81 跳跃姿态

图5-2-83 侧面单脚站立姿态

图5-2-84 套裙着装效果

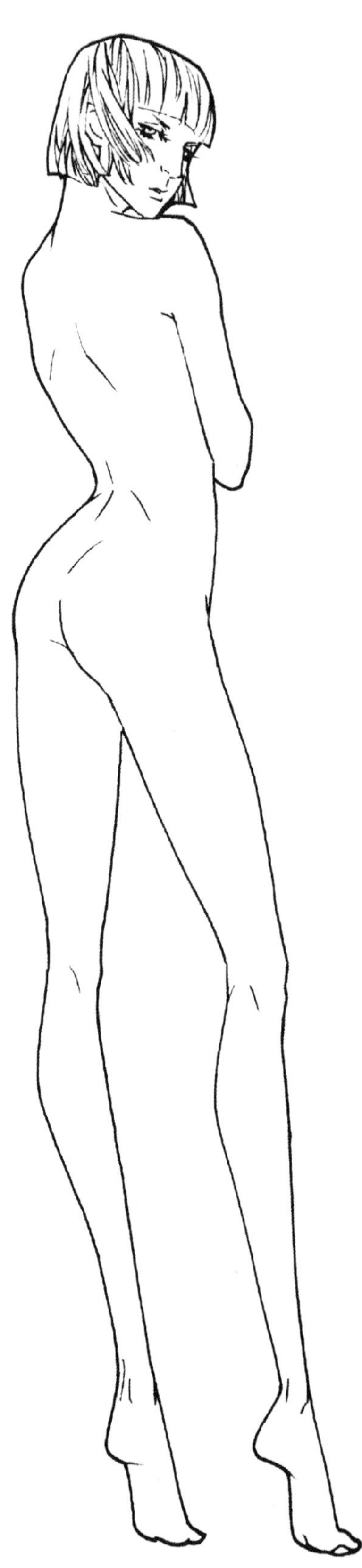

图5-2-85 背面回头站立姿态

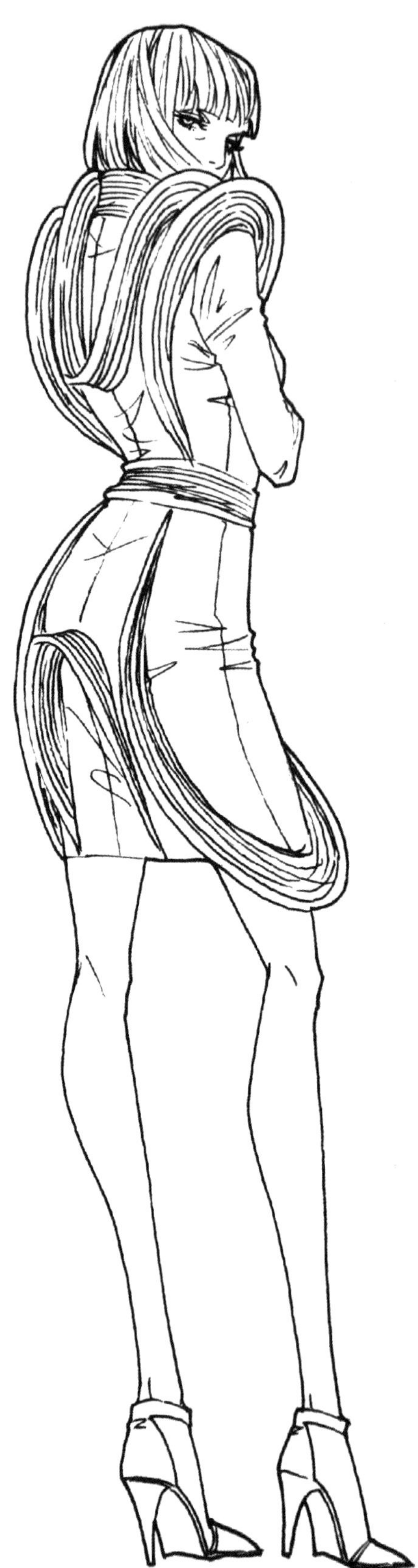

图5-2-86 大衣着装效果

图5-2-87 侧面叉腰站立姿态

图5-2-88 背心、七分裤着装效果

图5-2-90 连衣裙着装效果

图5-2-89 坐姿

小贴士 坐姿的肩、腰、臀部分的服装因人体扭动产生的褶皱，绘制时要有呼应。

图5-2-92 连衣裙着装效果

图5-2-91 扶腰头部前倾坐姿

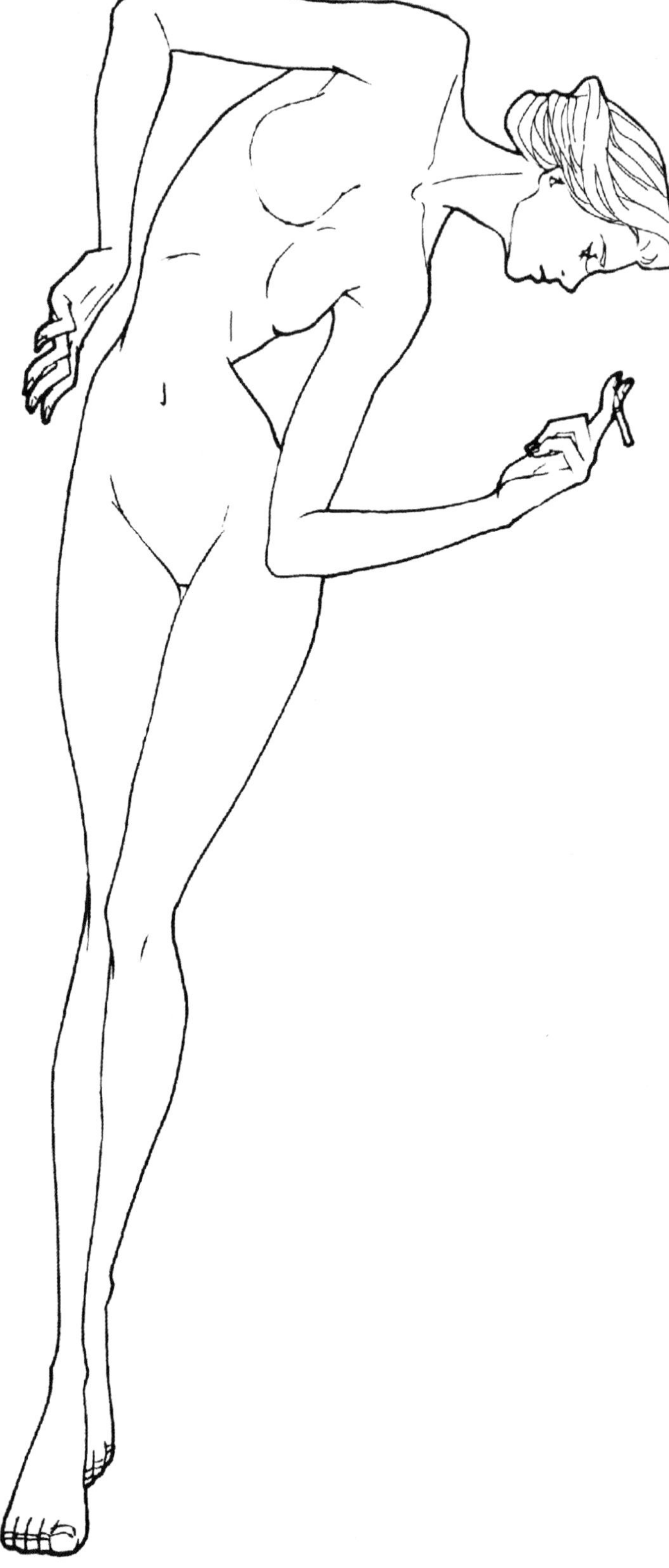

图5–2–93 单臂支撑半卧姿态

图5-2-94　礼服着装效果

图5-2-95 舞动姿态

图5-2-96 飘带裙着装效果

图5-2-97　舞动姿态

图5-2-98　连衣裤着装效果

小贴士　绘制跳跃动作的时候，要绘制出由于动作产生的惯性以及引力的作用，头发在人体向上跳跃的时候朝下，落下的时候向上扬起。

第三节　男装人体着装动态画法

男性人体着装绘制过程与女装相仿，用线较女装硬朗，重要的是通过线条表现服装穿着后的细节和形态，男装中裤子表现较多，画裤子时臀围和膝盖是表现重点，在臀围处裤子会贴合身体，腿部宽松时遮蔽腿形；腿部紧身时呈现腿形。下面是常见的男装人体着装动态（图5-3-1～图5- 3-22）。

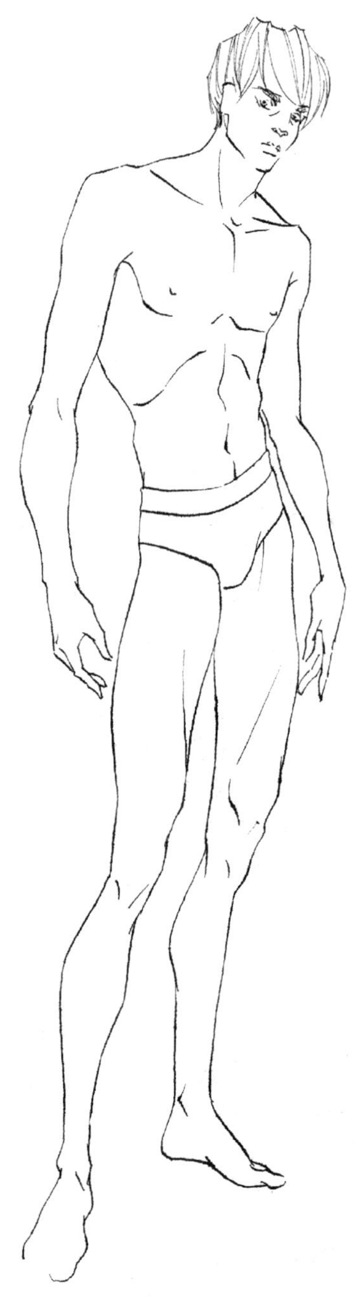

图5-3-1　3/4侧面站姿

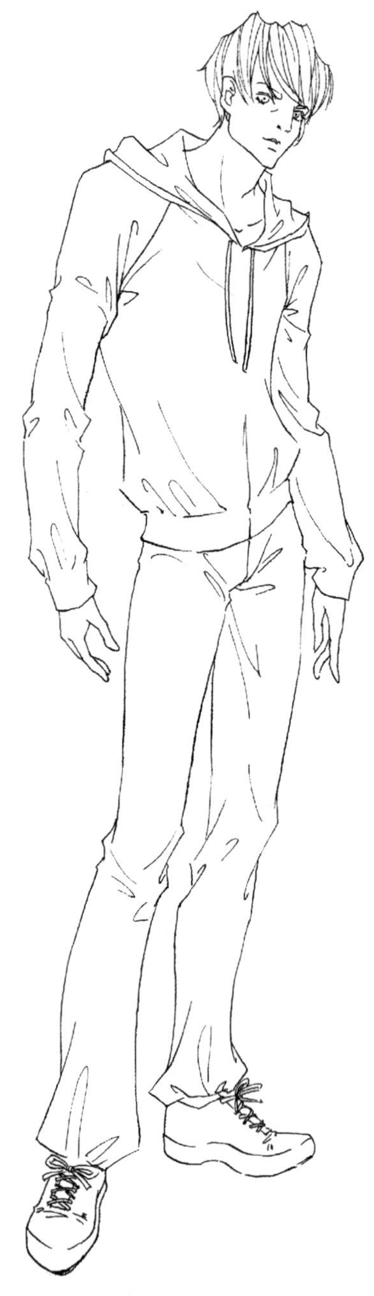

图5-3-2　休闲装着装表现

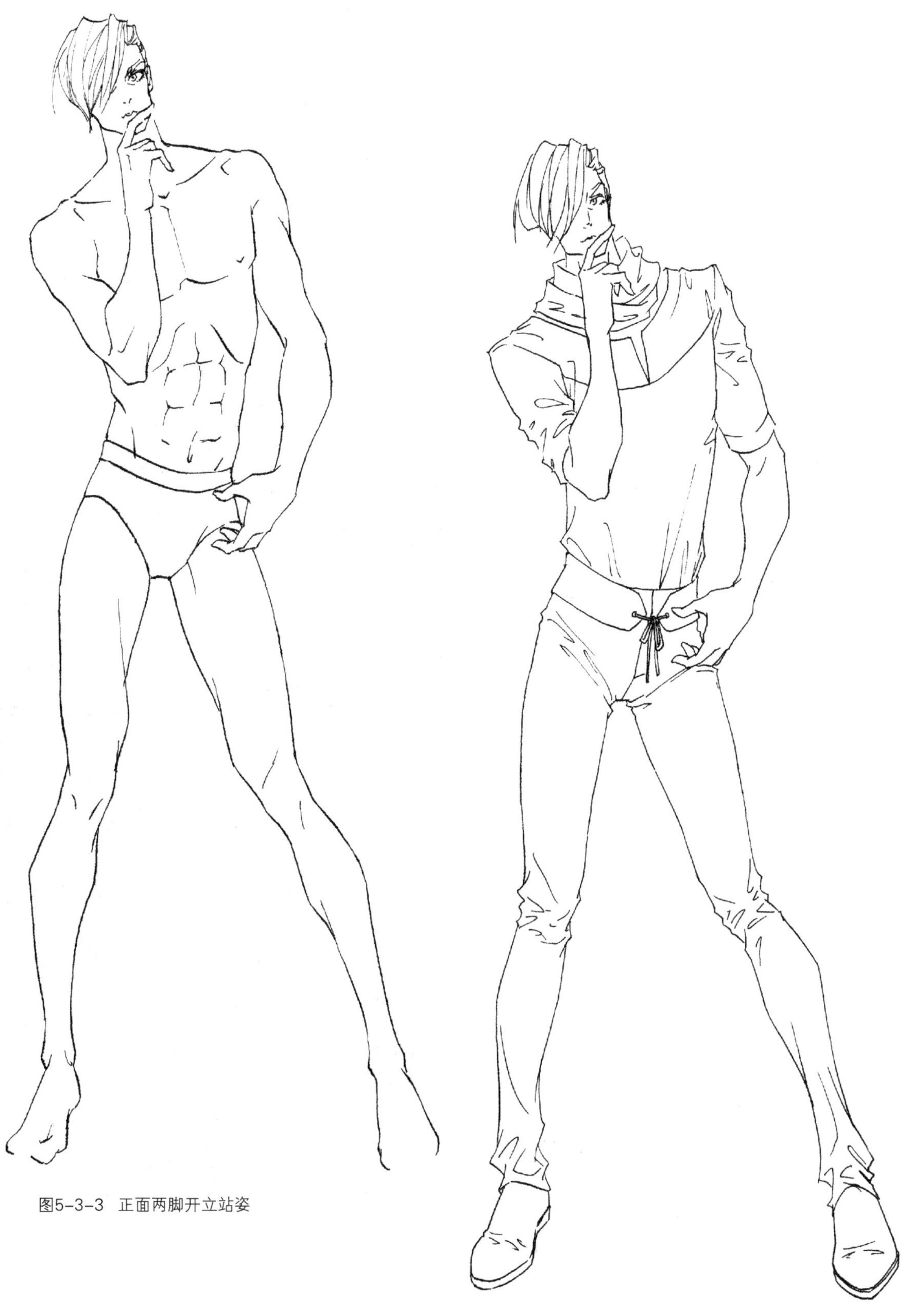

图5-3-3 正面两脚开立站姿

图5-3-4 紧身裤着装效果

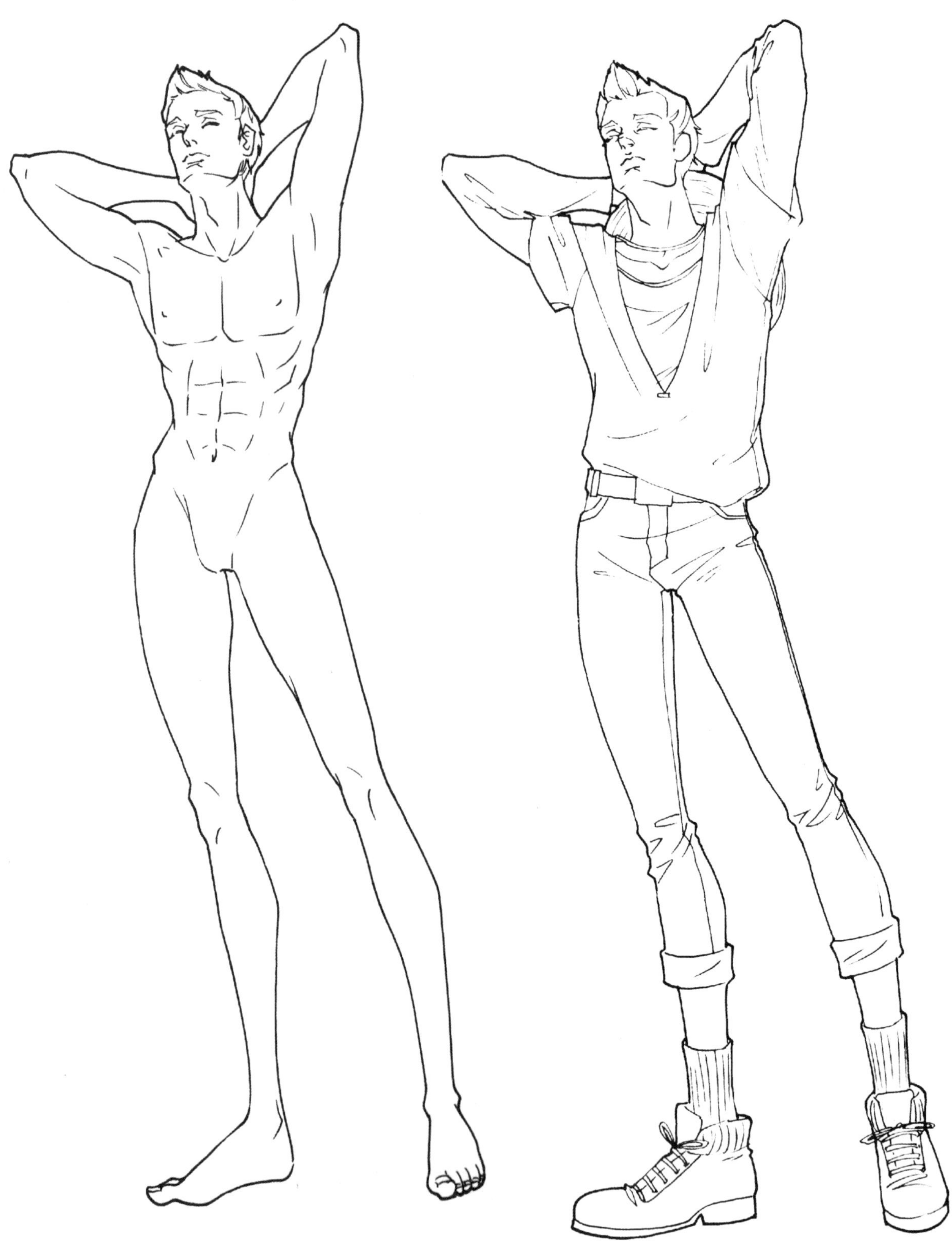

图5-3-5 仰头双臂抬起两脚开立站姿

图5-3-6 短袖着装效果

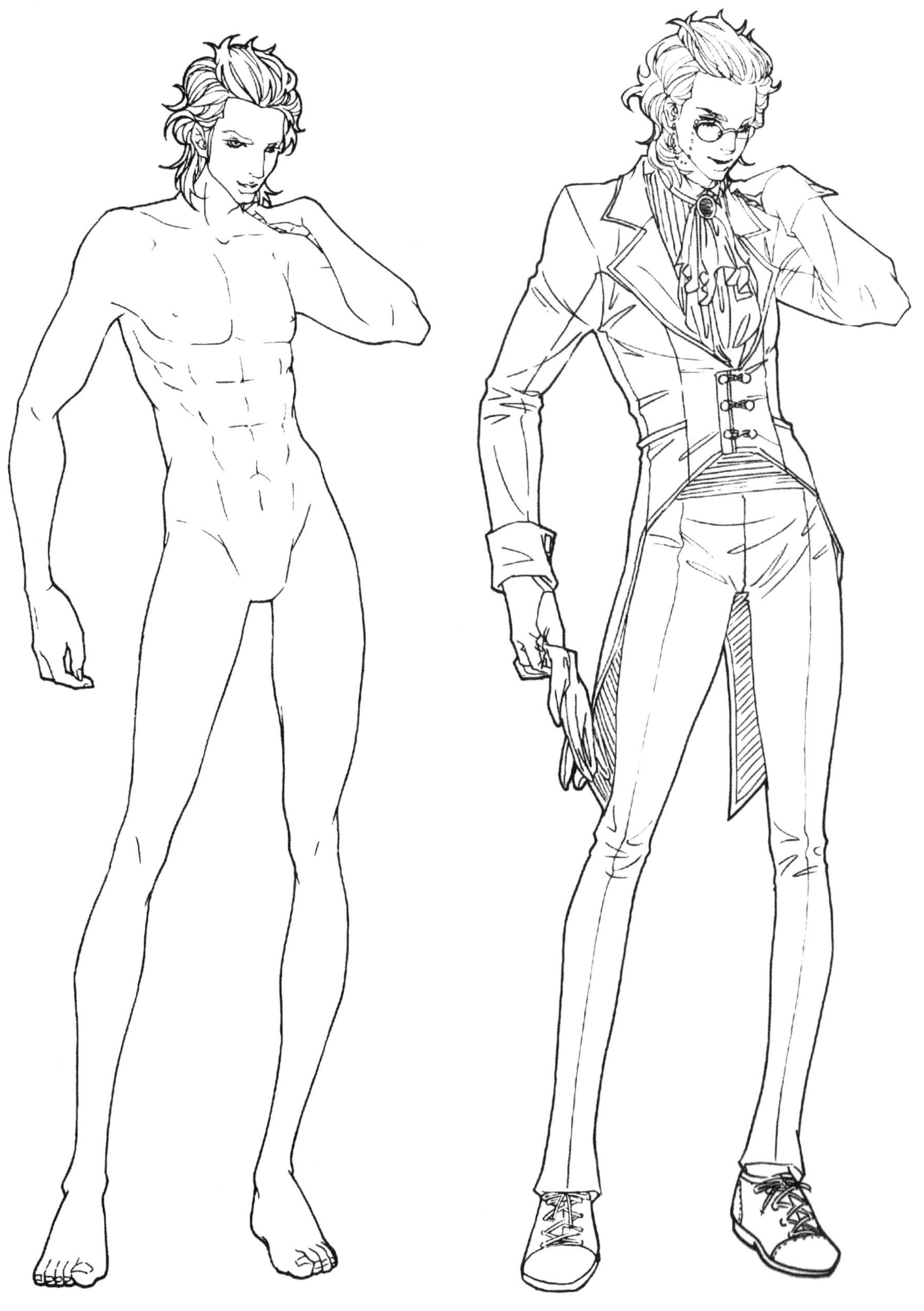

图5-3-7 低头两脚开立站姿

图5-3-8 小礼服着装效果

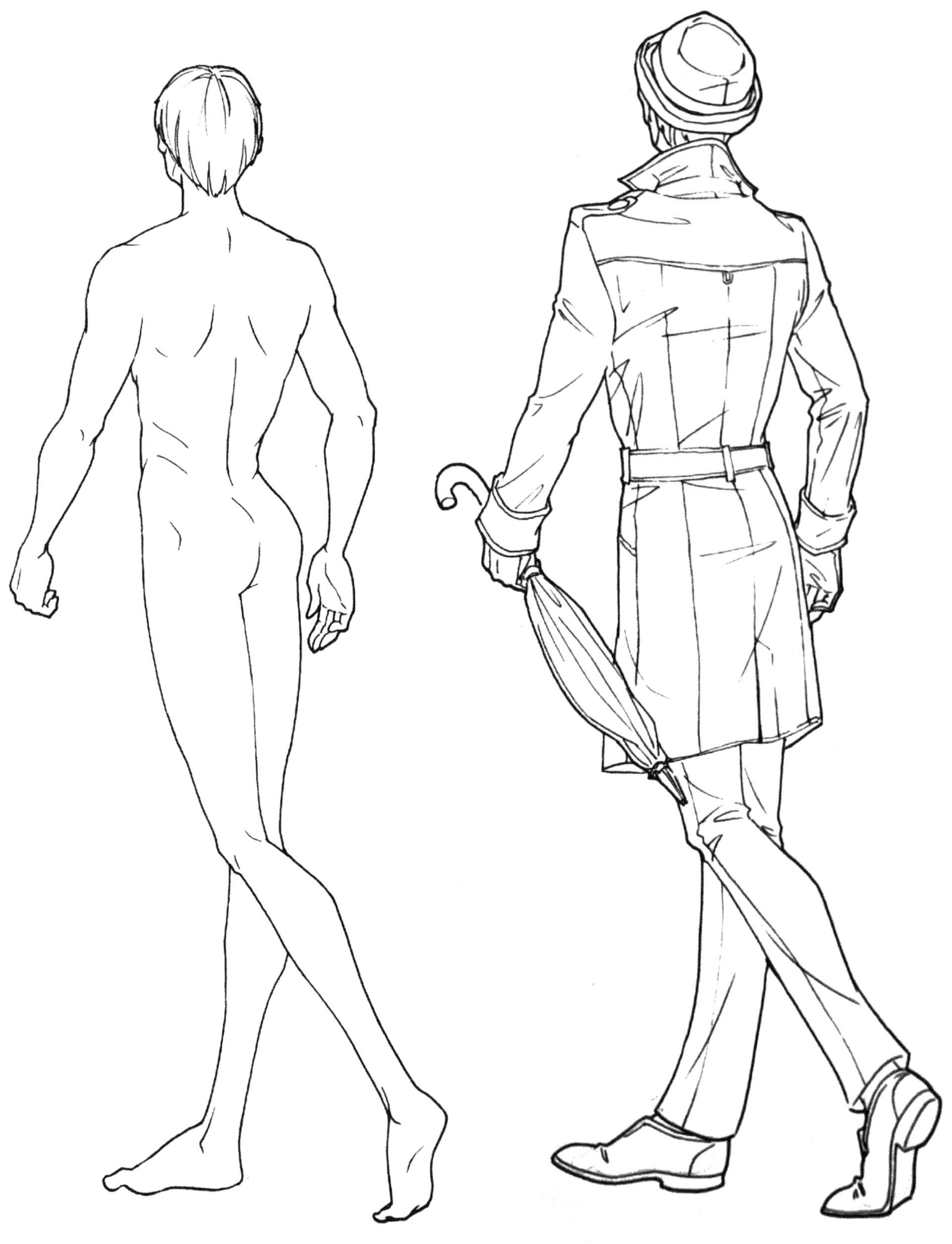

图5-3-9 背面行走姿态

图5-3-10 大衣着装效果

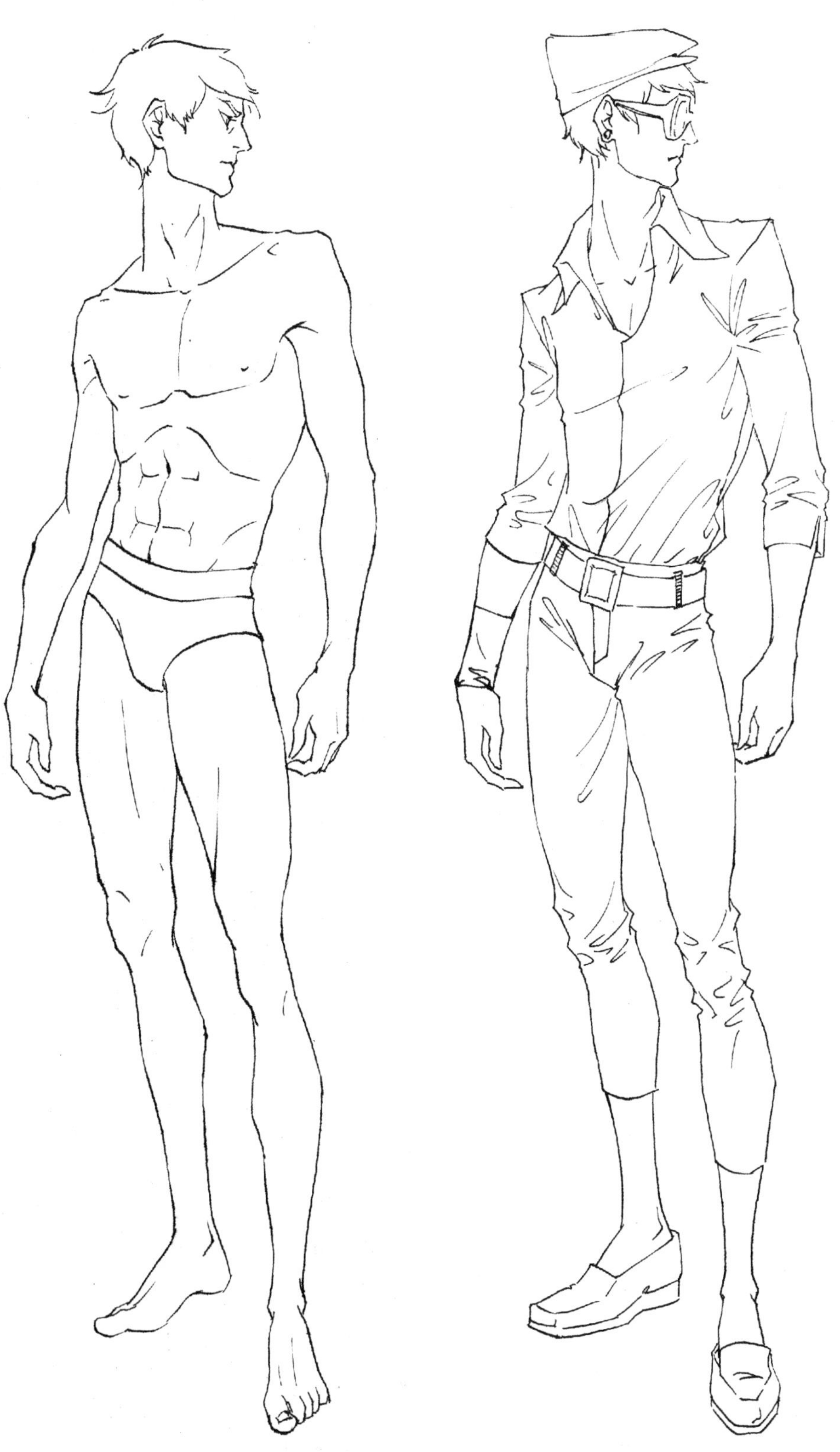

图5-3-11 小滑步站立姿态

图5-3-12 衬衫着装效果

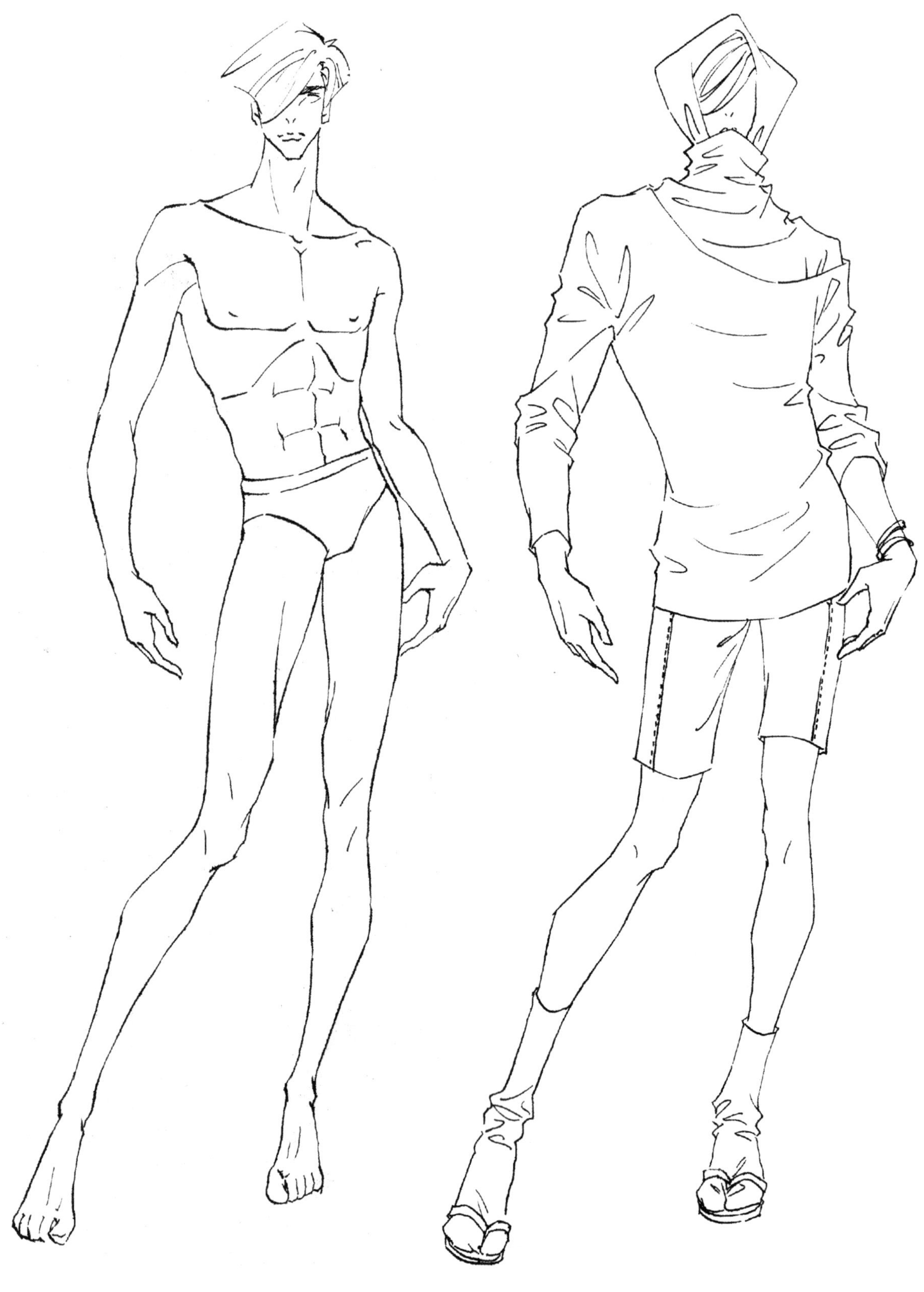

图5-3-13 小滑步站立姿态

图5-3-14 T恤着装效果

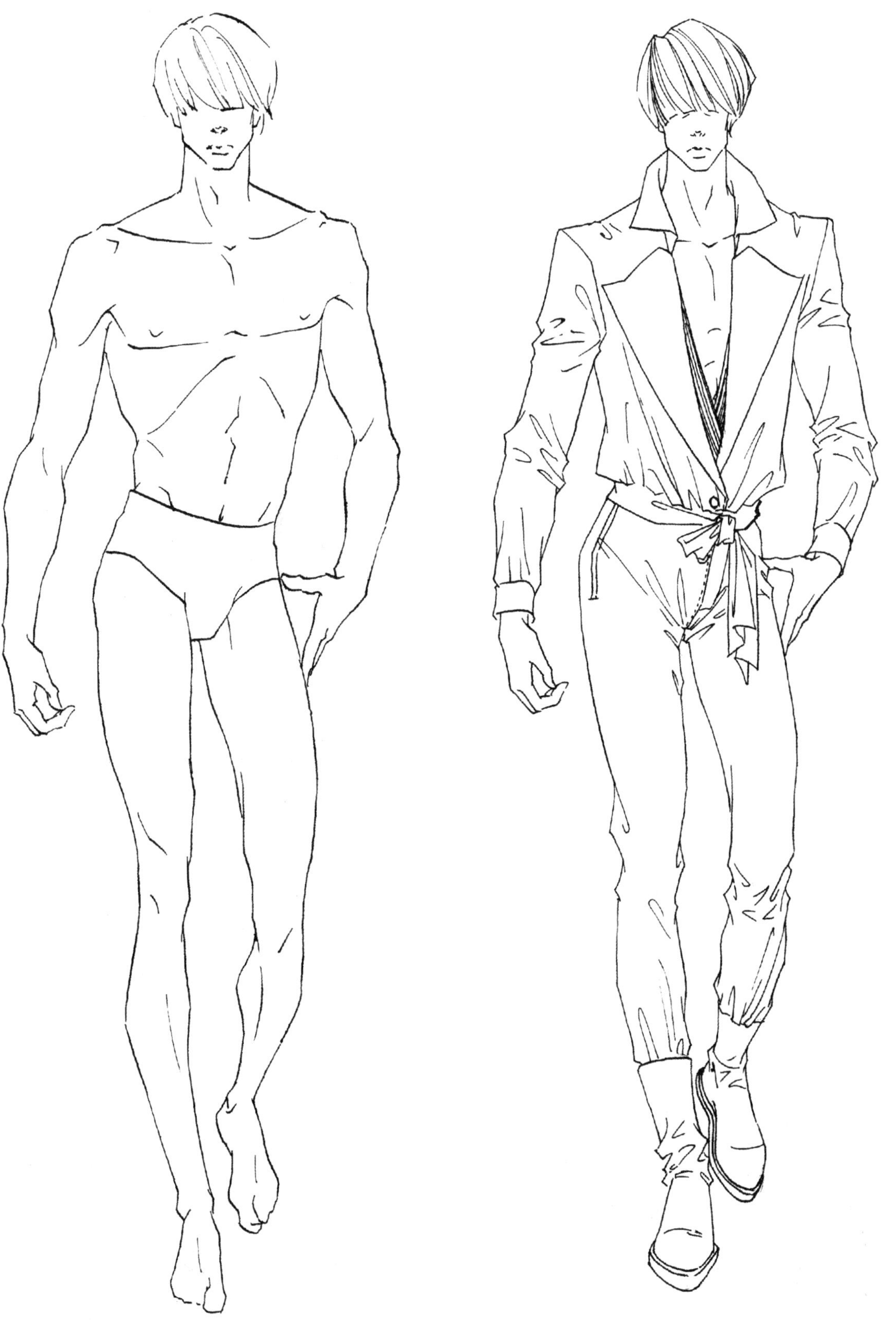

图5-3-15 行走姿态

图5-3-16 休闲套装着装效果

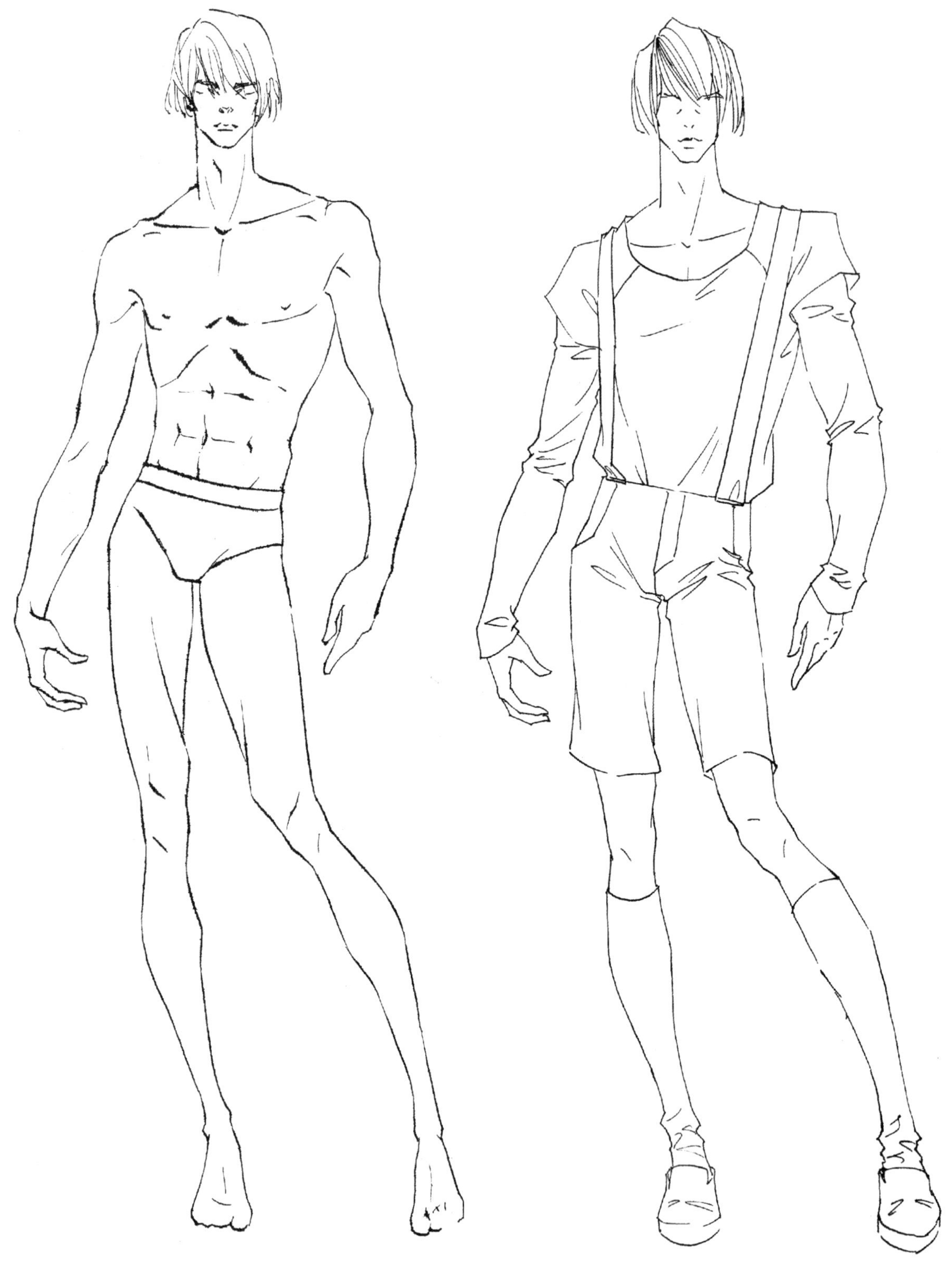

图5-3-17　正面站立姿态

图5-3-18　背带短裤着装效果

图5-3-19 侧面站立姿态

图5-3-20 小立领套装着装效果

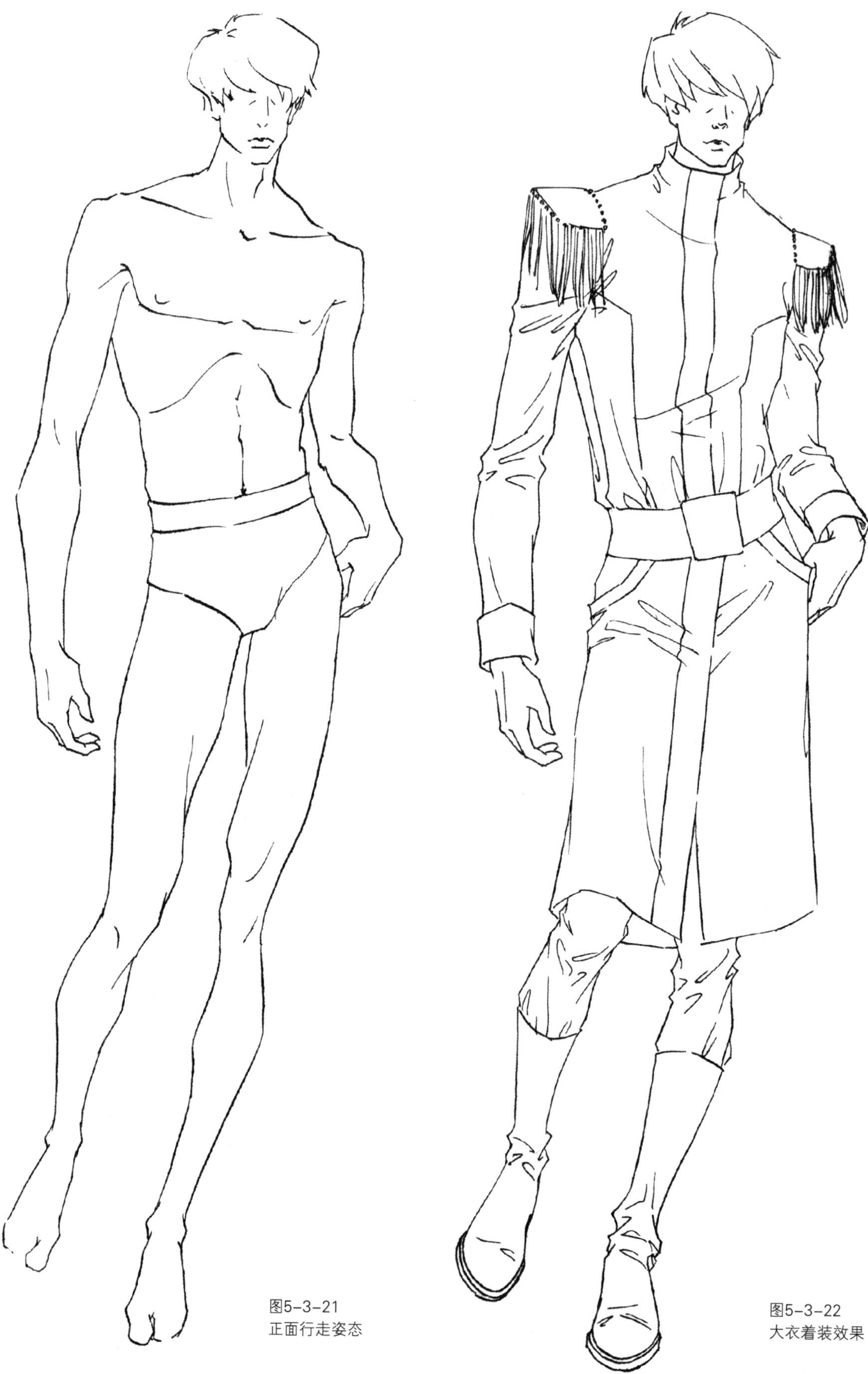

图5-3-21
正面行走姿态

图5-3-22
大衣着装效果

第六章　服装款式图人体模板与绘制技巧

第六章 服装款式图人体模板与绘制技巧

画好服装款式图，不是一件容易的事情。首先要了解人体的结构，并能够表现出人体的基本比例和结构，因为所有的服装都是靠人体来支撑的。人体的长度一般以头长为单位来计量，正常人体的高度为7个头到8个头之间，而为了满足服装效果图的视觉美感，服装画中应用的人体比例通常会比较夸张，高度一般在8个半到10个头之间，也有夸张到11个头，甚至12个头长的。

第一节 服装款式图男人体模板绘制

绘制步骤如图6–1–1～图6–1–10所示，男人体总高度约为9个头长。

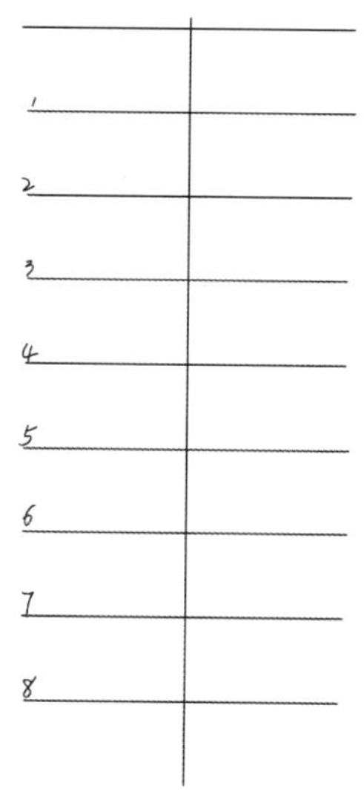

图6–1–1
绘制中轴线，定出模板人体的高度（从头顶到脚踝处的高度，款式图中无需绘制脚部），平均分成8格（脚部约半格，在这里已省略）

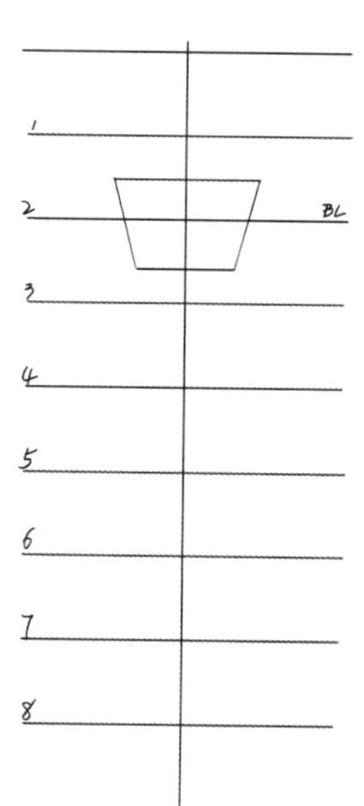

图6–1–2
在第2格上1/2处，定出肩宽线，宽度为1.8个头长；第3格上1/2处绘制胸腔下围线，线宽为1.3个头长。连接肩宽线和胸腔下围线的端点，绘制出上体箱型，胸围线在第2格底线上

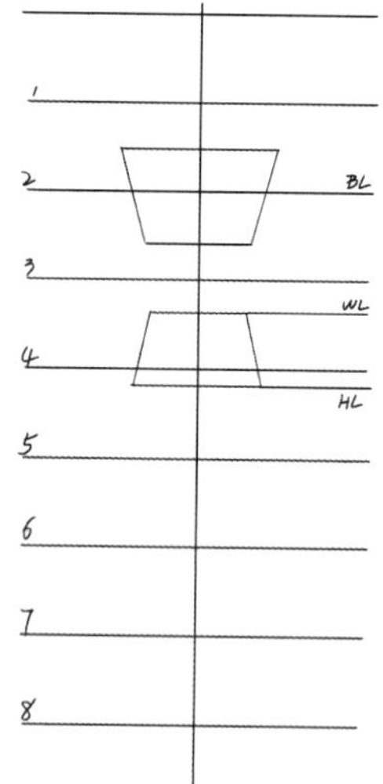

图6–1–3
在第4格线上 1/3 处绘制腰围线，宽度为1个头长。在第5格上1/6处绘制臀围线，宽度为1.5个头长。连接臀围线与腰围线的端点，绘出下体箱型

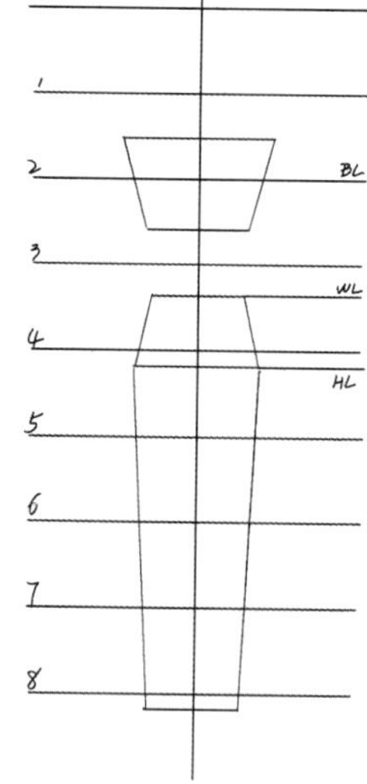

图6–1–4
在第8格下 1/6 处定出脚踝线，宽度为1个头长，与下体箱型连接，人体基础箱型绘制完成

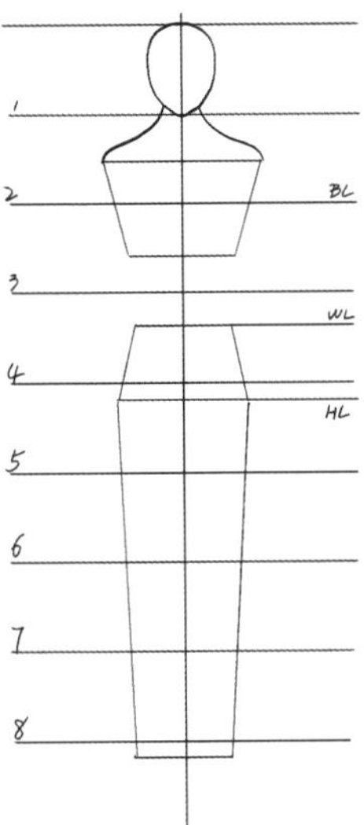

图6-1-5
绘制头部，并绘制颈部曲线连接至肩部。男性的颈部曲线呈梯形结构，脖根处比较宽厚

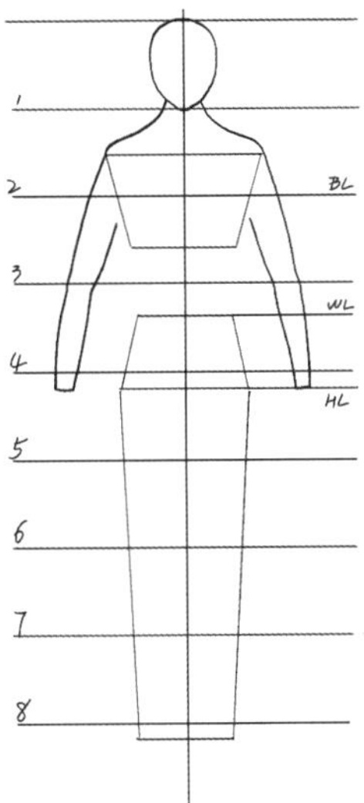

图6-1-6
绘制上臂曲线，肩部要与颈线圆滑对接，手臂与身体呈30°~45°角。肘部在第3格底线上，绘制手臂曲线到肘部时要注意曲线变化

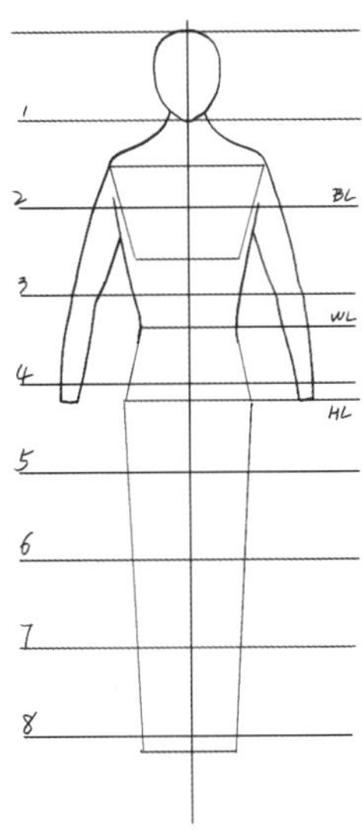

图6-1-7
沿上体箱型到腰围线绘制出上体体形

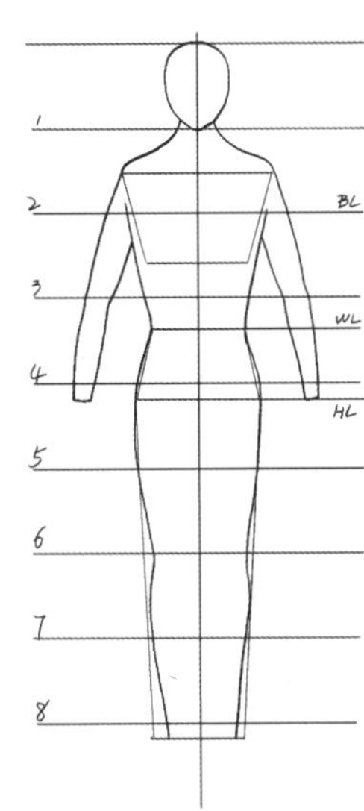

图6-1-8
从腰围线出发，经臀围线绘制腿部曲线，膝盖位置约在第6格底线上

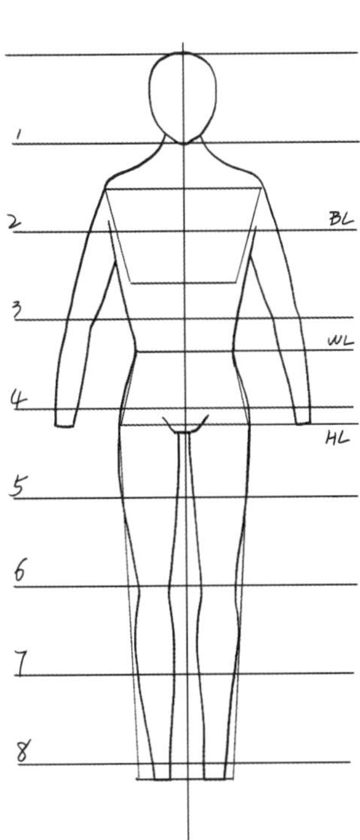

图6-1-9
定出臀部最低点的位置，约在第5格上端1/3处，绘制出腿部内侧线条。线条在膝盖部位要有变化，臀部底端要有一定长度的短横线

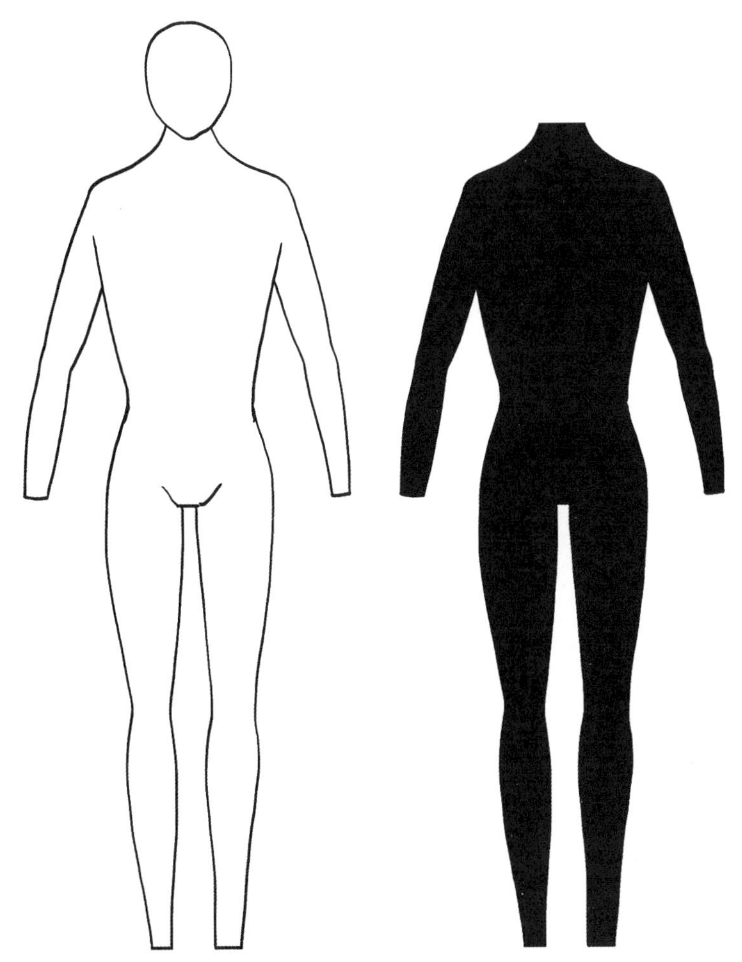

图6-1-10
人体模板绘制完成，胸围线在第2格底线上，绘制款式图时，头部可以忽略

第二节　服装款式图女人体模板绘制

绘制步骤例如图6-2-1～图6-2-10所示，女人体总高度约为9个头长。

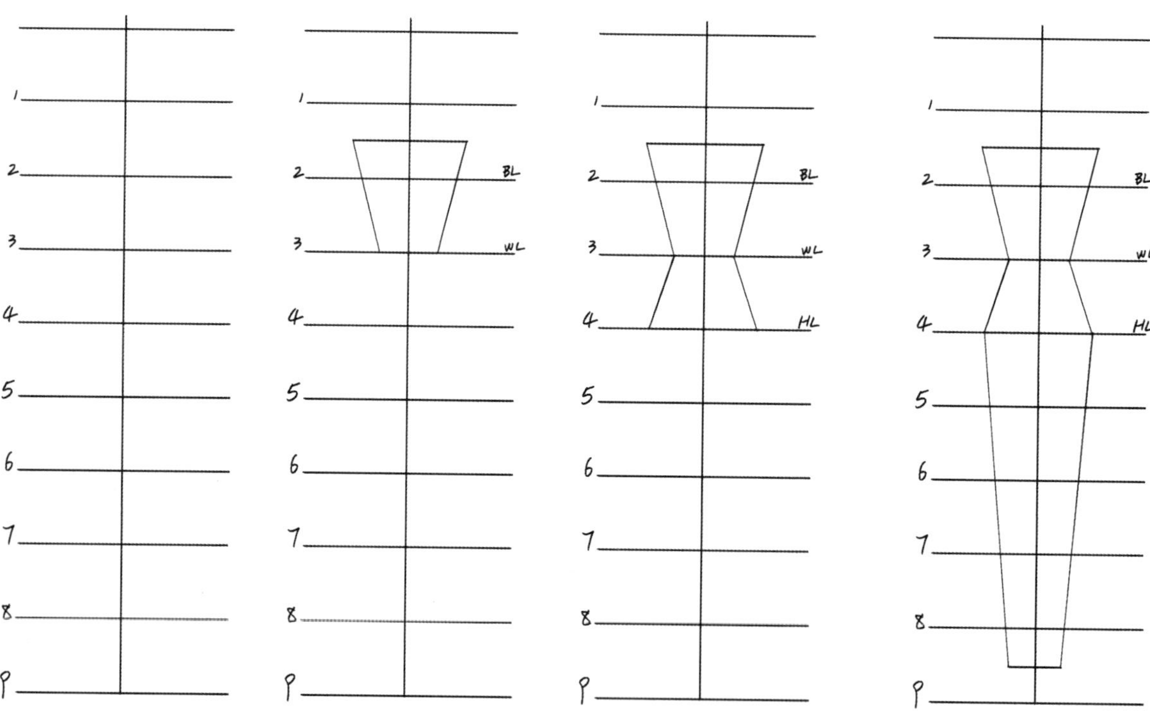

图6-2-1
绘制中轴线，定出模板人体的高度(从头顶到脚踝处，款式图中无需绘制脚部），平均分成9格（脚踝到第9格的1/2处）

图6-2-2
在第2格上1/2 处，定出肩高线，宽度为1.5个头长；在第3格处绘制腰围线，宽度为1个头长。连接肩宽线和腰围线的端点，绘制出上体箱型

图6-2-3
在第4格线上绘制出臀围线，宽度为1.5个头长。连接腰围线与臀围线的端点，得到下体箱型

图6-2-4
在第9格1/2处定出小于1个头长的线段与下体箱型连接，人体基础箱型绘制完成

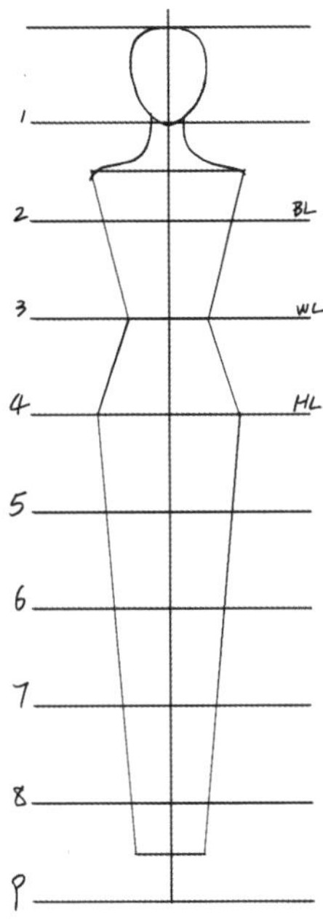

图6–2–5
绘制头部、颈部曲线连接至肩部，女性的颈部较为纤细，脖根处转折较大，肩部弧线微微挑起

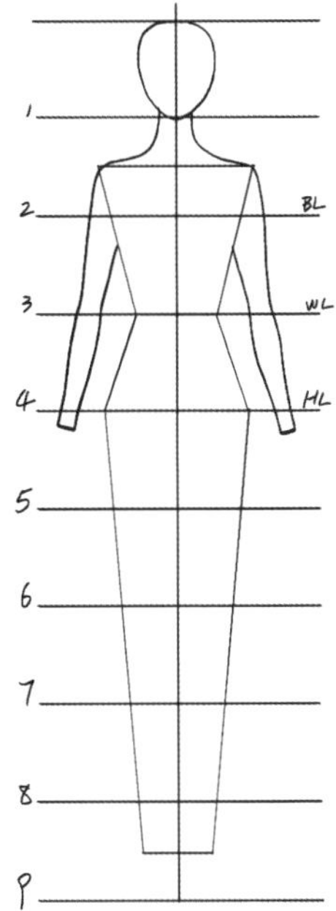

图6–2–6
绘制上臂曲线，肩部要与颈线圆滑对接，手臂与身体呈30°~45° 角。肘部在第3格上方，绘制手臂曲线到肘部时要注意曲线变化

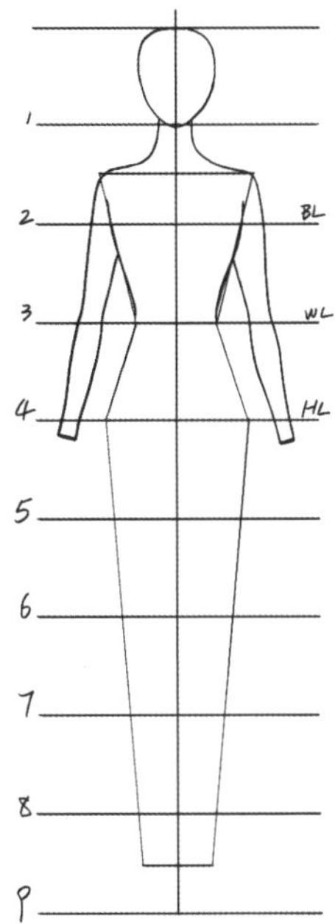

图6–2–7
沿上体箱型，到腰围线绘制出上体体形，由于女性胸部的结构特征，上体箱型在胸部应有些弧度变化

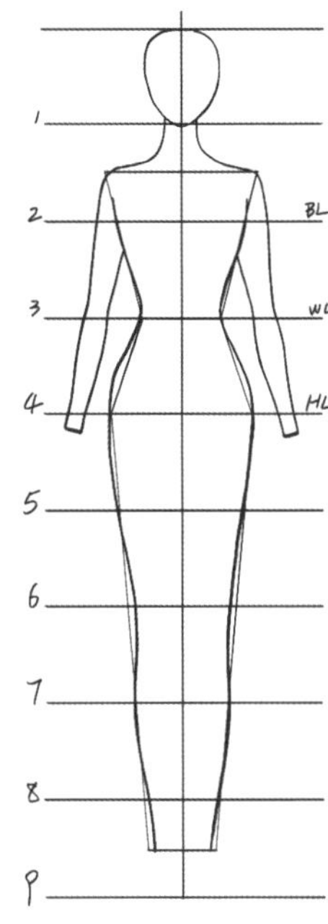

图6–2–8
从腰围线出发，经臀围线绘制腿部曲线。膝盖位置约在第7 格的1/2处，绘制腿部曲线到膝盖部位要有曲线变化

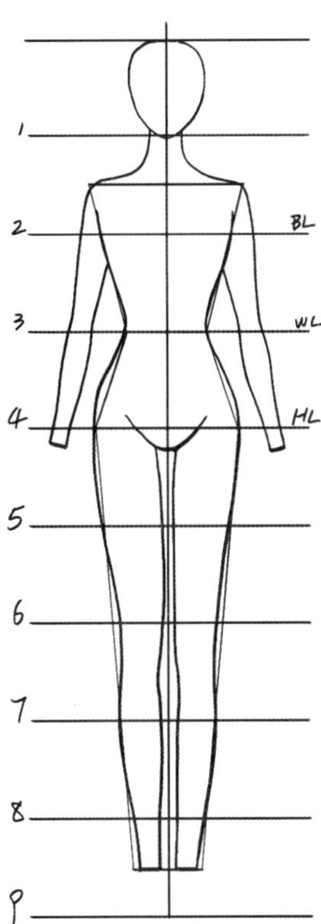

图6–2–9
定出臀部最低点的位置，约在第 4格偏下一点的地方，绘制出腿部内侧线条。线条在膝盖部位要有变化，臀部底端要有一定距离的短横线

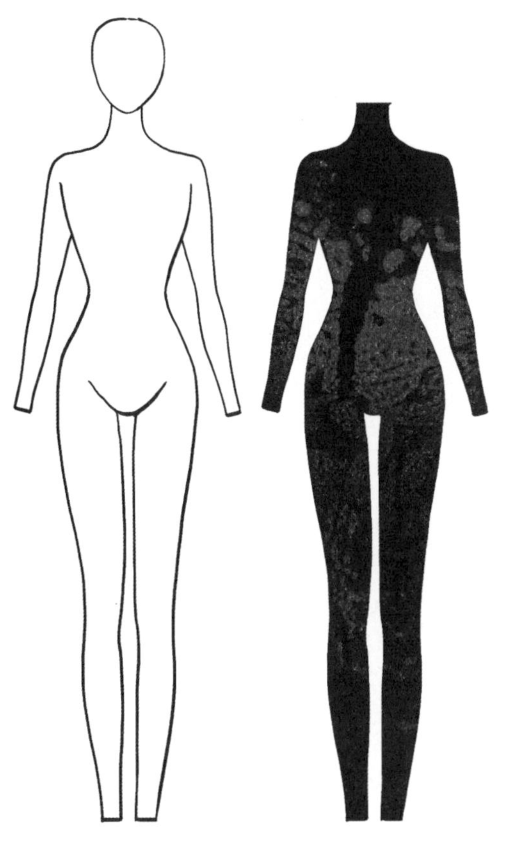

图6–2–10
人体模板绘制完成，胸围线在第3格上方，绘制款式图时，头部可以忽略

第三节　局部的着装表现

一、领子设计及表现

领子在服装中是距离人的面部最近的一个部位，所以领部的设计可以直接烘托出人物的精神，可以说领部的设计风格决定了服装整体的风格定位，是服装设计中的关键。

西装领的绘制步骤（图6-3-1~图6-3-7）。

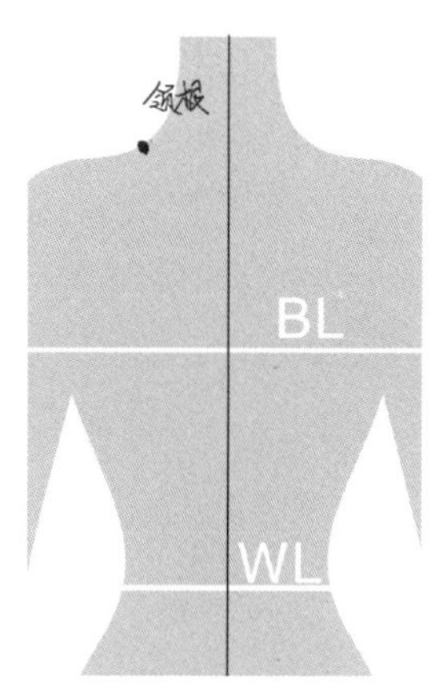

图6-3-1
在模板上确定领根位置，定出领根与脖颈的距离

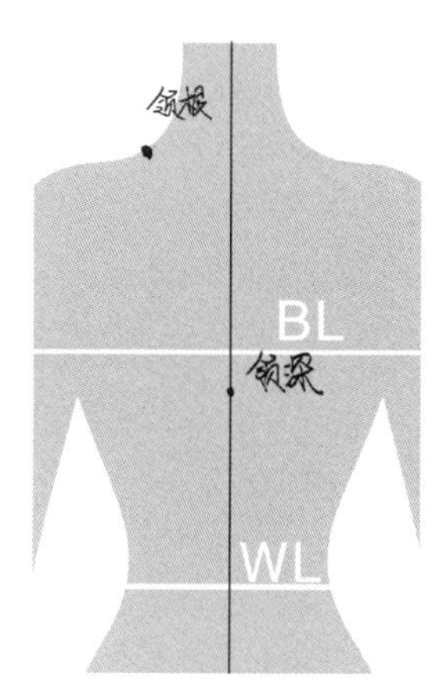

图6-3-2
找出前中心线，确定开领的深度

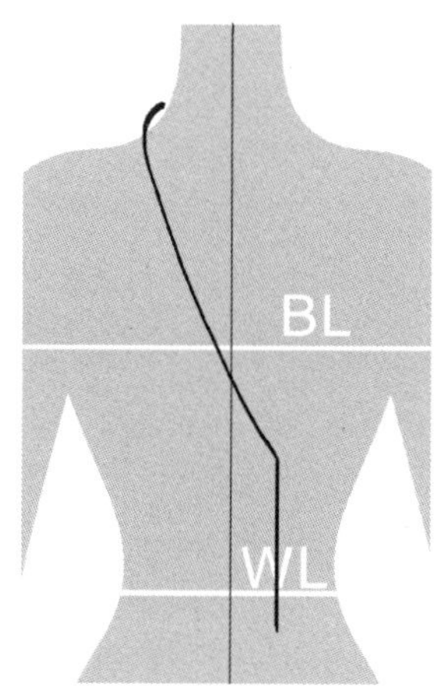

图6-3-3
连接领根和领深点，以弧线绘出领子在脖根处的转折结构

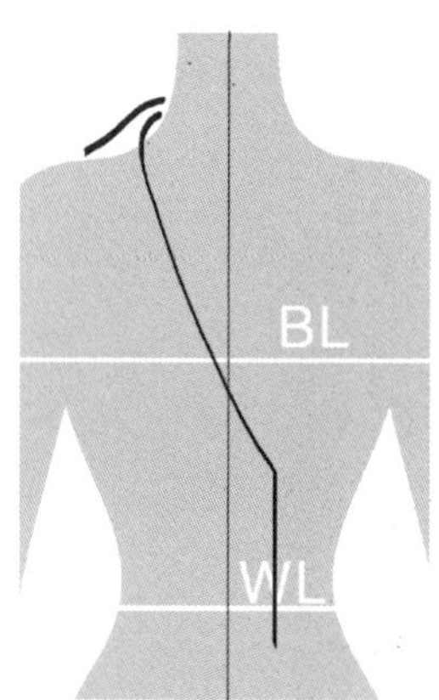

图6-3-4
绘制领根到肩部的斜线，斜线的倾斜度可以决定领子的宽度

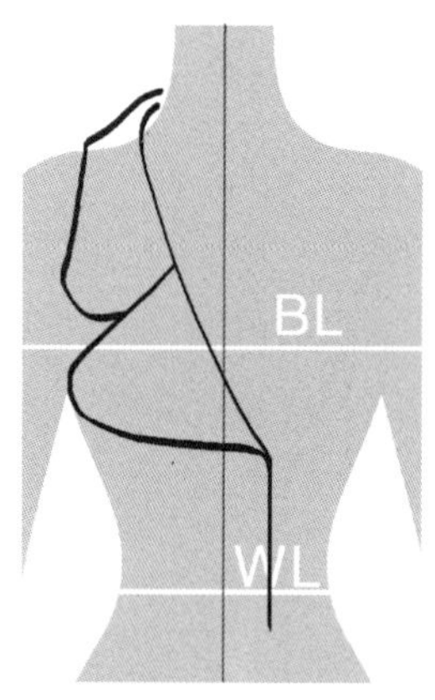

图6-3-5
从前中心点到领子与肩部的交点绘制出领型

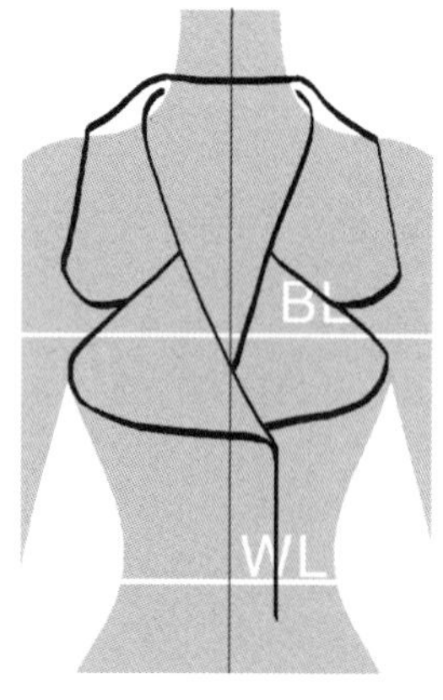

图6-3-6
调整领型是否对称，绘制领口处的结构

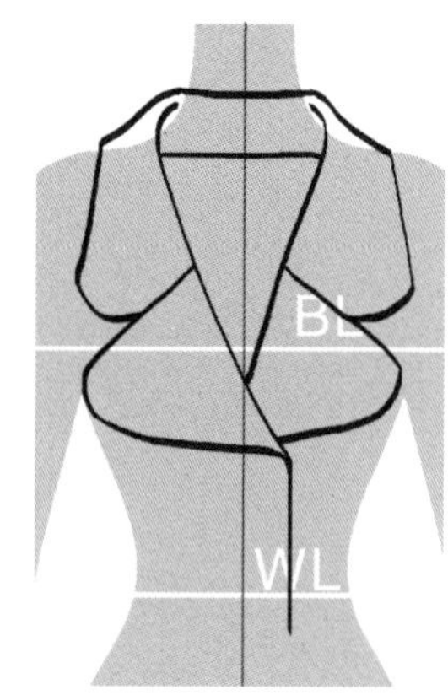

图6-3-7
绘制内部领座线，绘制完成

二、　袖子设计及表现

领和袖是相连的，什么样的领子就要搭配相应风格的袖子，领、袖的结合奠定了服装的基本风格和倾向。纵观历代服饰的变化，会发现主要的变化之一就在领、袖部位，所以袖子设计时与领子配合的连贯性、协调性是非常重要的。

袖子是通过袖山、袖身和袖口的设计来满足人体活动需要的，每个部位的设计是否合理都会影响到袖子造型的美观性和舒适性。

西装袖的绘制步骤（图6-3-8~图6-3-13）。

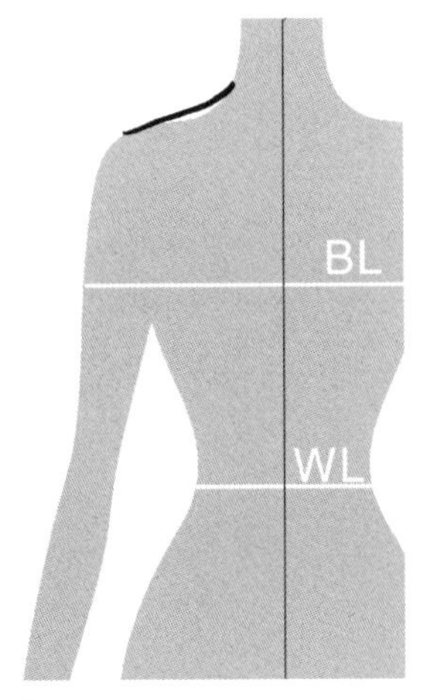

图6-3-8
定出袖子在肩部的起点，左右需对称

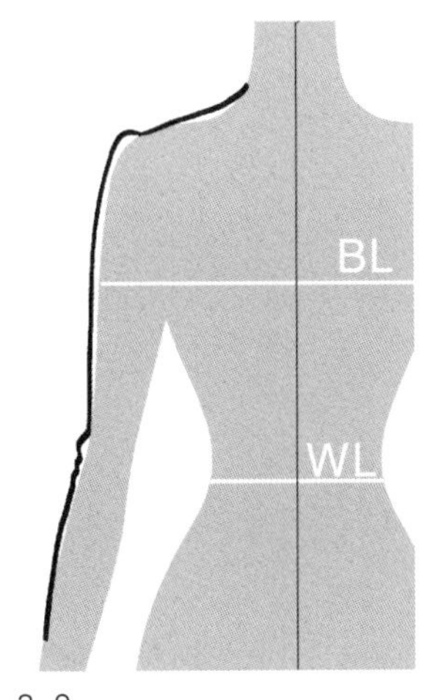

图6-3-9
从袖子起点开始，沿手臂外侧画出袖子的外轮廓线，起点要稍稍挑起一点弧度，轮廓线在肘部要有停顿和转折褶纹曲线

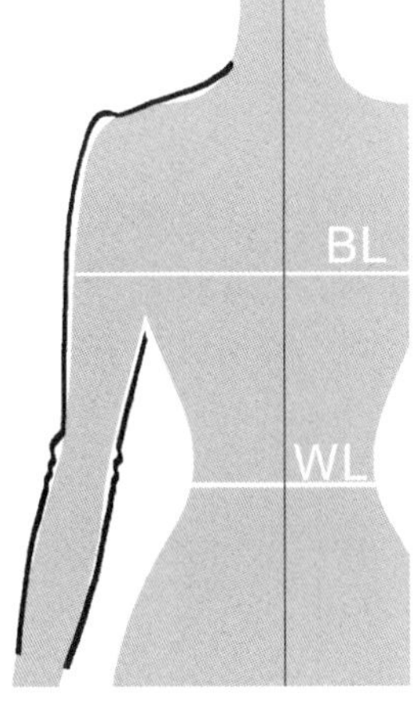

图6-3-10
从腋窝下起笔绘制袖子内轮廓线，起笔不要紧贴腋窝，而应偏下一些，轮廓线也不是完全贴着手臂的，同样需要偏下一些，肘部以曲线代表转折褶纹

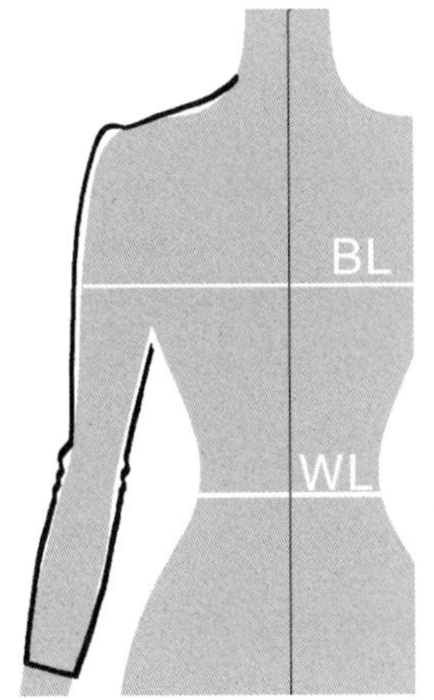

图6-3-11　绘制袖口结构

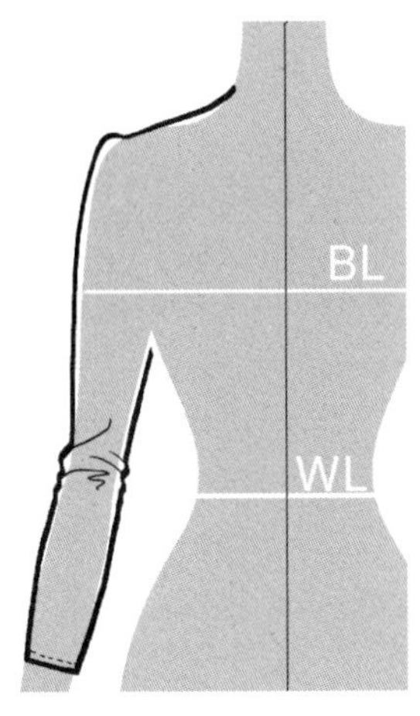

图6-3-12　绘制肘部褶纹

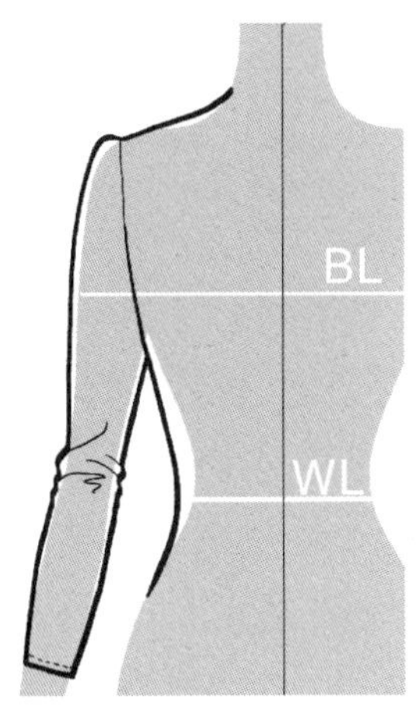

图6-3-13　绘制完成

三、腰部设计及表现

腰部设计是服装设计中的重要环节。女性的腰部是人体呈现完美S形的关键部位，腰部的设计会直接影响服装的整体造型效果。收腰在不同位置会形成不同的视觉效果，比如：高腰会在视觉上拉长人体下身比例，矫正人体下身较短的缺陷；中腰会使人感觉腰肢纤细；低腰令人感觉上身修长舒展。腰部设计是服装视觉的中心，牵动着人的视线上移或下沉，从而达到调节人体身材比例的作用。

裙装的绘制步骤（图6-3-14~图6-3-18）。

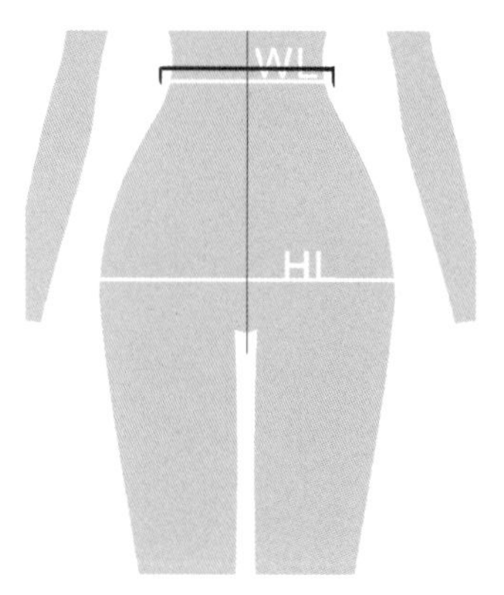

图6-3-14
定出腰线的高度及宽度，腰线略高于腰围线，宽度也要略宽于腰部宽度

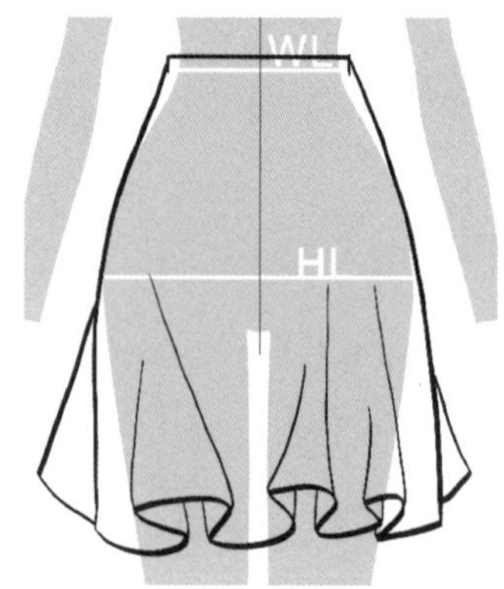

图6-3-15
从腰线的端点开始顺臀部曲线绘制出裙子的外轮廓线，按设计绘制裙子的下摆线

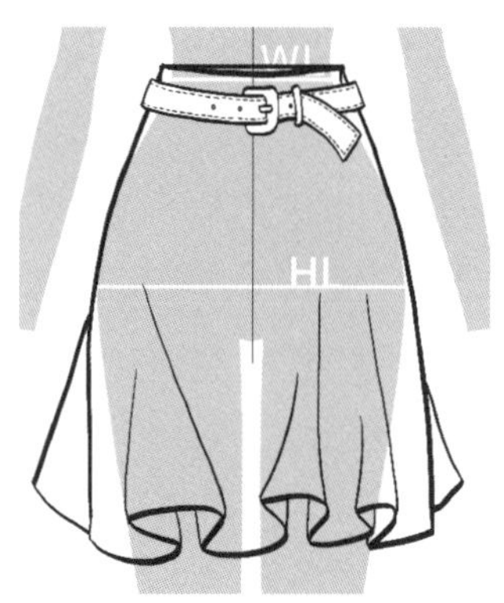

图6-3-16　绘制腰带结构及造型

图6-3-17　绘制收腰褶纹

图6-3-18　绘制完成

四、门襟设计及表现

门襟是人体穿着服装的大门，是从领部为起点在胸前部位的开口，可以方便服装的穿脱。门襟处于整个服装的中心位置，画门襟前要先确定好服装的中心线，依照这条线画门襟可避免一些不必要的错误。

门襟的分类可以从几个不同的角度进行划分：根据门襟对搭的宽度，可以分为单排扣门襟和双排扣门襟；根据门襟的对接形式，可以分为对襟和搭襟；根据门襟的开口方式，可以分为半开门襟和全开门襟；根据门襟开口的位置可以分为正开门襟、侧开门襟和斜开门襟。

门襟的绘制步骤（图6-3-19~图6-3-22）。

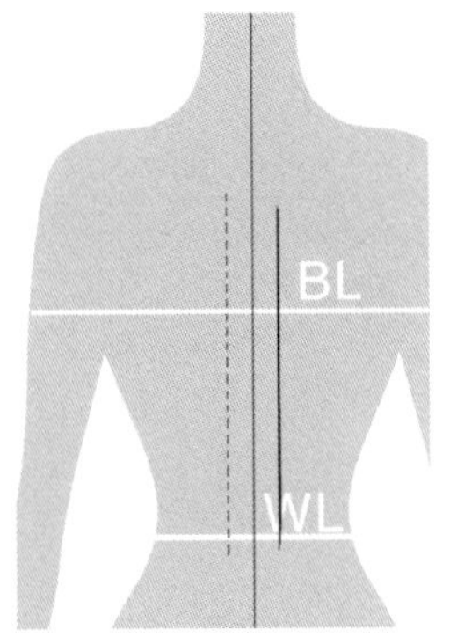

图6-3-19
找出前中心线，定出门襟宽度，中心线为轴心，左侧绘制虚线代表明线，右侧绘制实线代表开口处，绘制完成

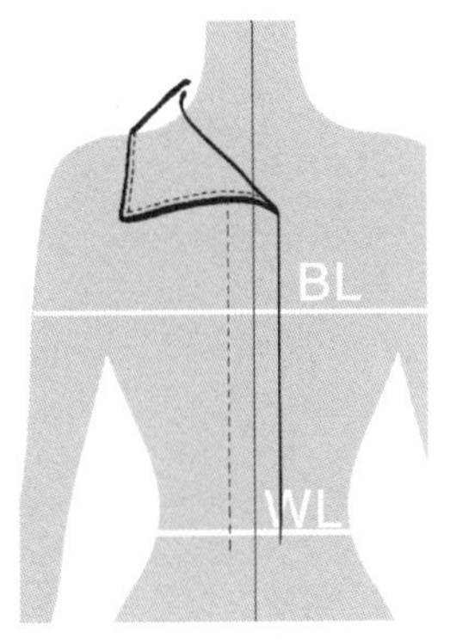

图6-3-20
绘制领子，画出领口与门襟线的连接线，急转的曲线控制在领口翻折线上

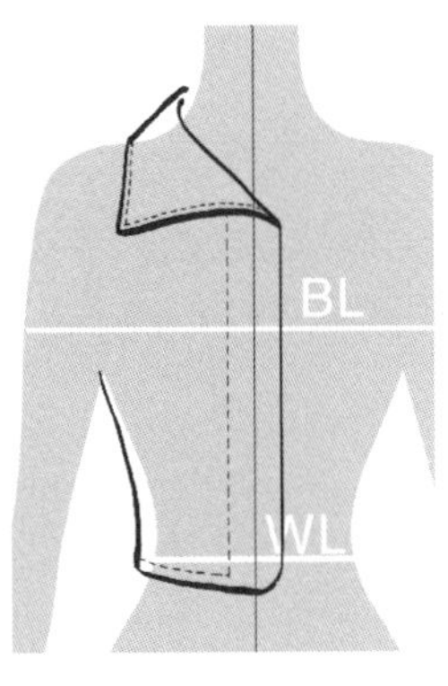

图6-3-21
绘制门襟及下摆

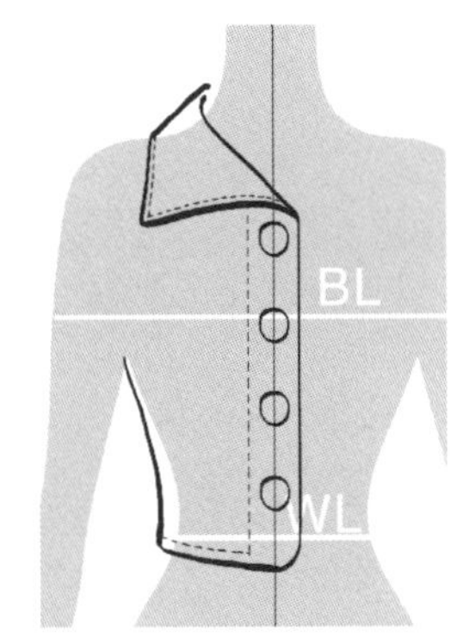

图6-3-22
绘制钮扣，平均分布钮扣位置

五、完整的服装款式图绘制步骤（图6-3-23~图6-3-27）

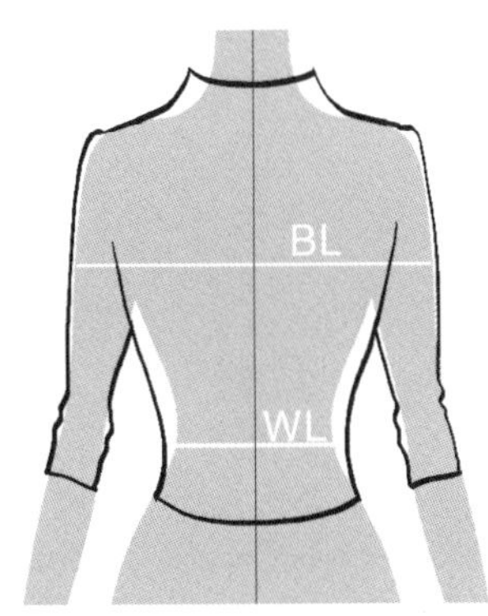

图6-3-23
绘制服装款式外轮廓

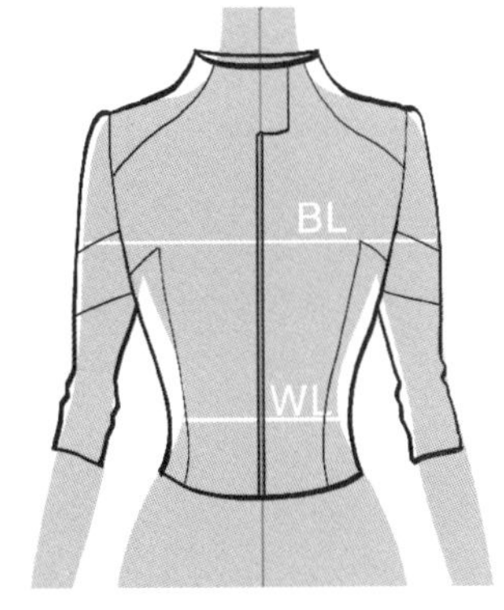

图6-3-24
绘制服装结构线、造型线、分割线

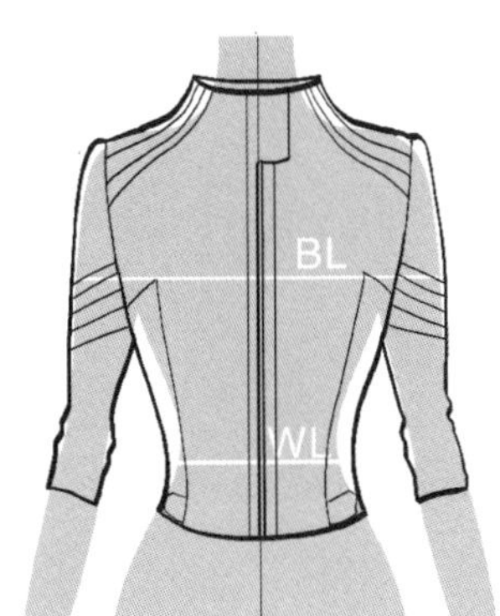

图6-3-25
绘制缝纫线及服装部件

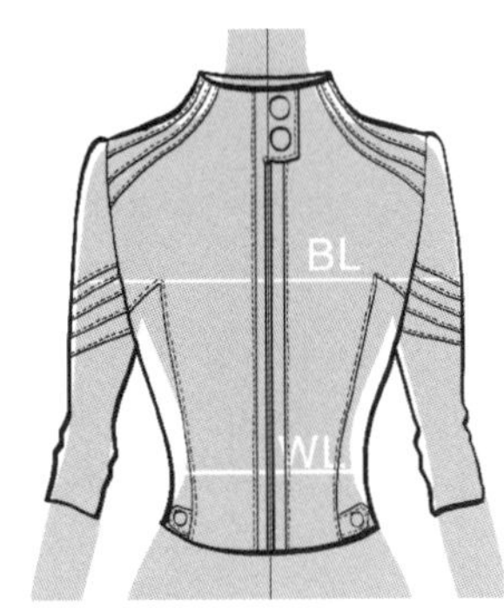

图6-3-26
绘制明线、钮扣及服装配饰

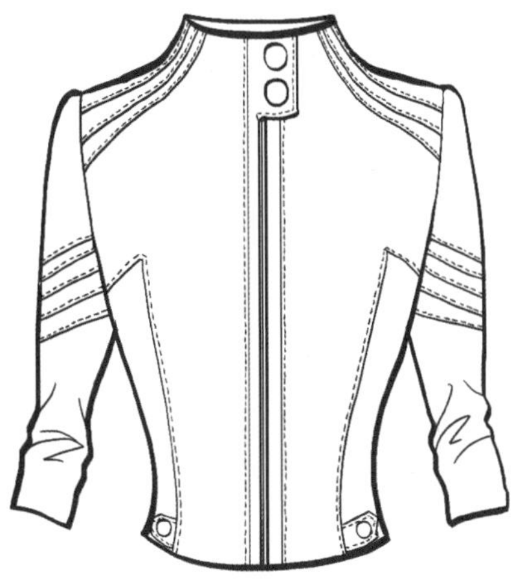

图6-3-27
绘制着装褶纹，绘制完成

六、常见各类服装款式图的绘制

1. 连衣裙款式图欣赏（图6-2-28～图6-2-19）

图6-3-28
多线分割裙装

图6-3-29
创意裙装

图6-3-30
拼接裙装

图6-3-31 螺纹领口裙装

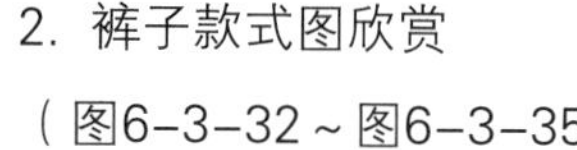
2. 裤子款式图欣赏
（图6-3-32～图6-3-35）

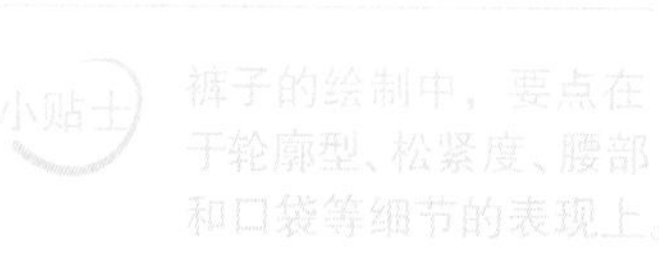

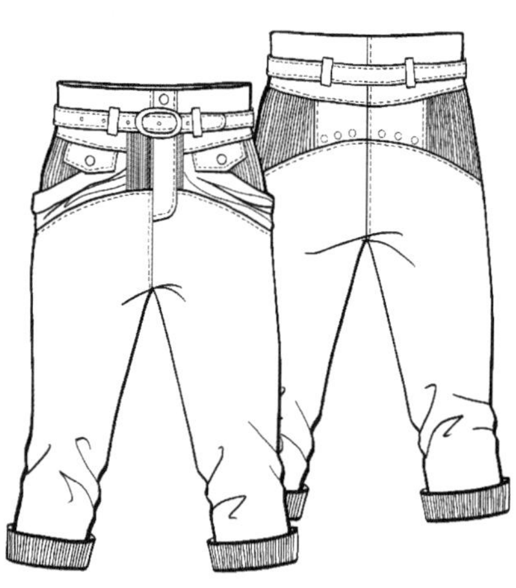
图6-3-32 翻脚裤

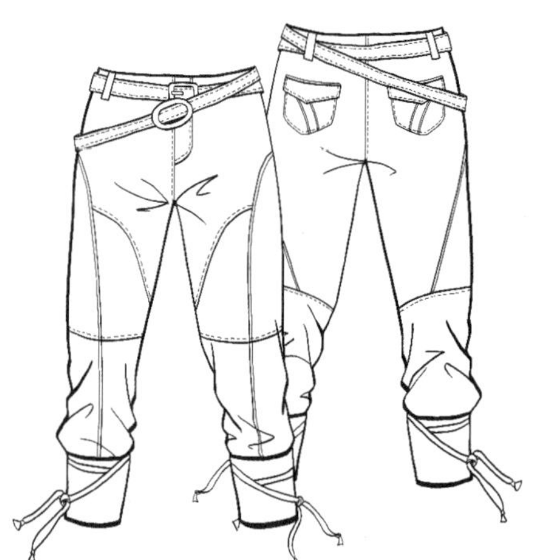
图6-3-33 分割长裤

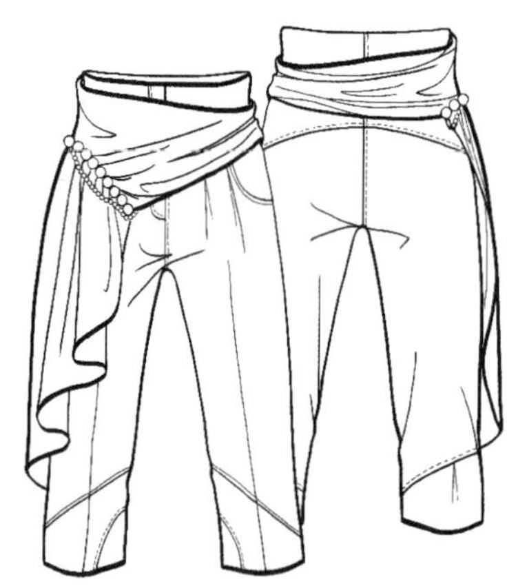
图6-3-34 围腰长裤

图6-3-35 牛仔裤

3. 半身裙款式欣赏（图6-3-36～图6-3-41）

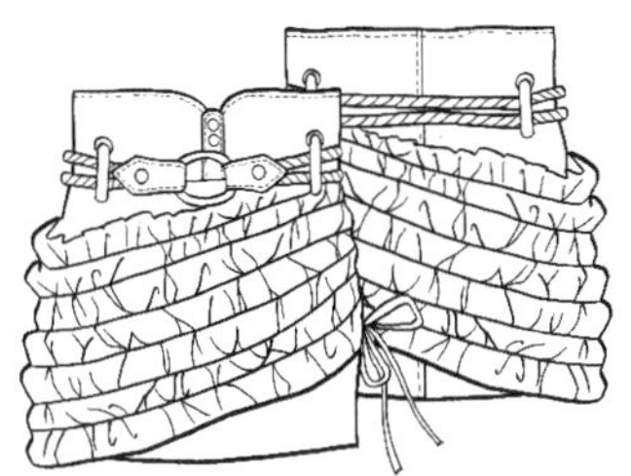

图6-3-36 荷叶边半身裙

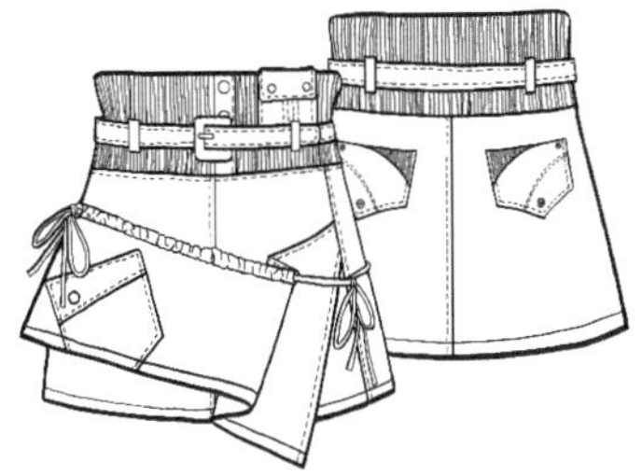

图6-3-37 不对称半身裙

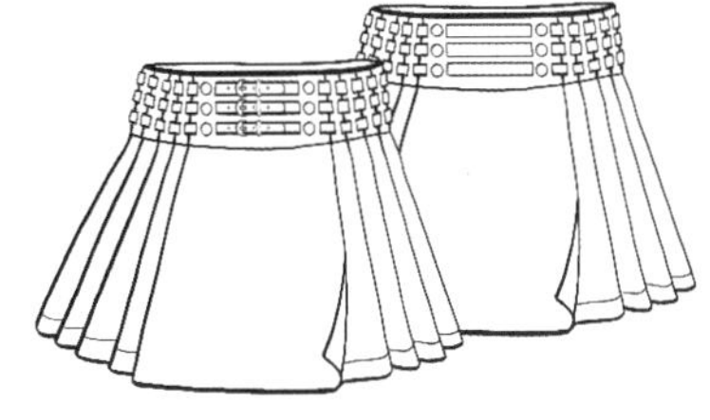

图6-3-38 压褶半身裙

图6-3-39 缠绕式假两件半身裙

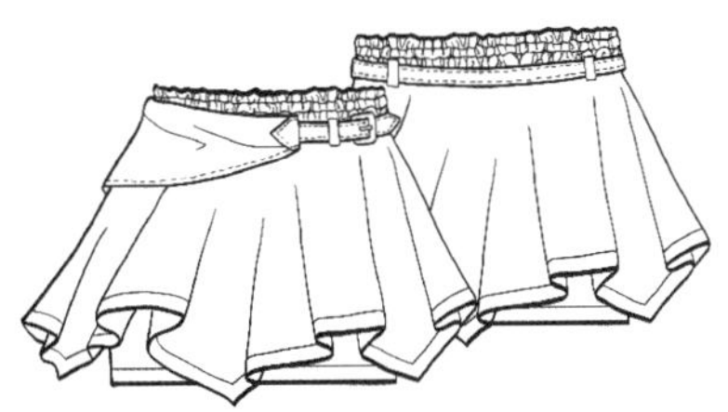

图6-3-40 多片半身裙

图6-3-41 花苞式半身裙

4. 针织服装款式图欣赏

（图6-2-42～图6-2-45）

针织服装的样式繁多。画针织服装时，要注意针织品较大的体积感和针脚方向。

图6-3-42 花苞式针织连衣裙

图6-3-43 流苏长款针织衫

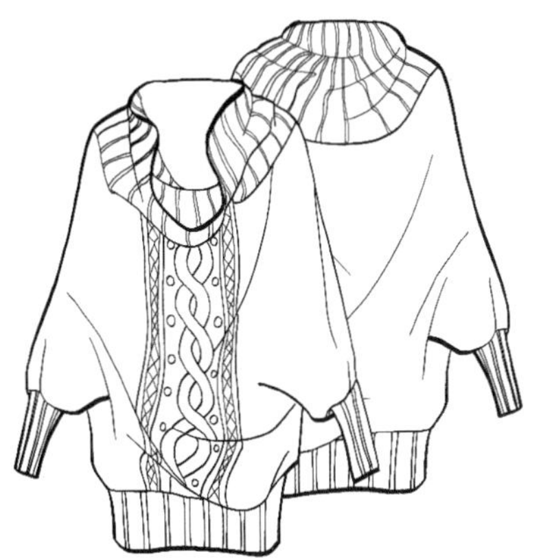

图6-3-44 蝙蝠袖毛衣

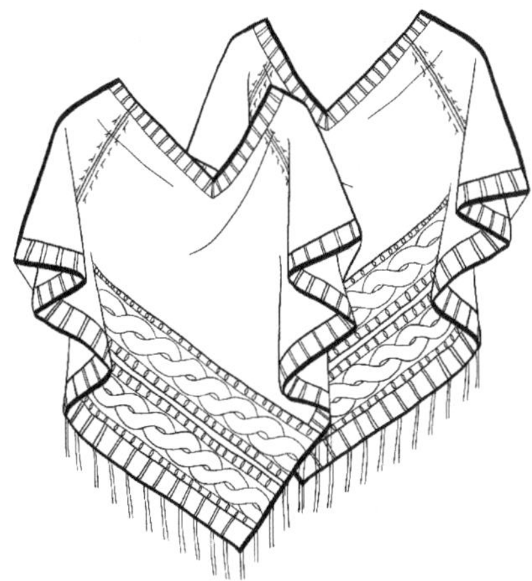

图6-3-45 斗篷式不对称领毛衣

5. 夹克款式图欣赏（图6-2-46～图6-2-49）

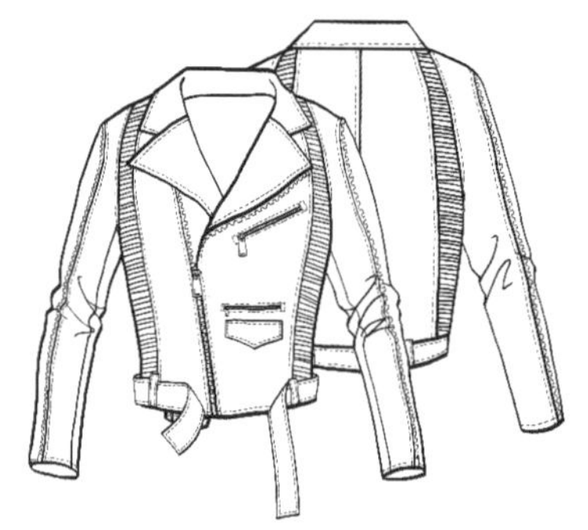

图6-3-46 短款拉链夹克

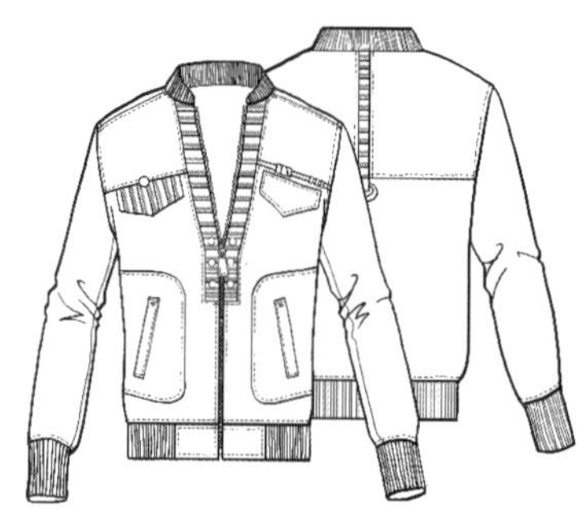

图6-3-47 立领夹克

图6-3-48 立领收腰皮夹克

图6-3-49 双排扣夹克上衣

绘制夹克的款式结构时要注意底摆、袖口等细节的刻画。

6. 羽绒服款式图（图6-3-50～图6-3-53）

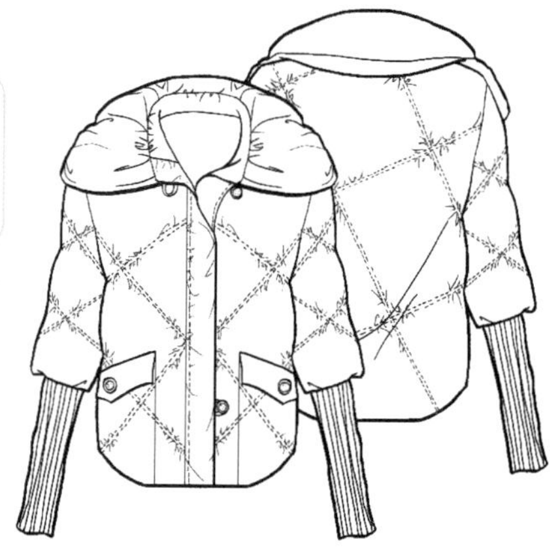

图6-3-50 针织袖口大领羽绒服

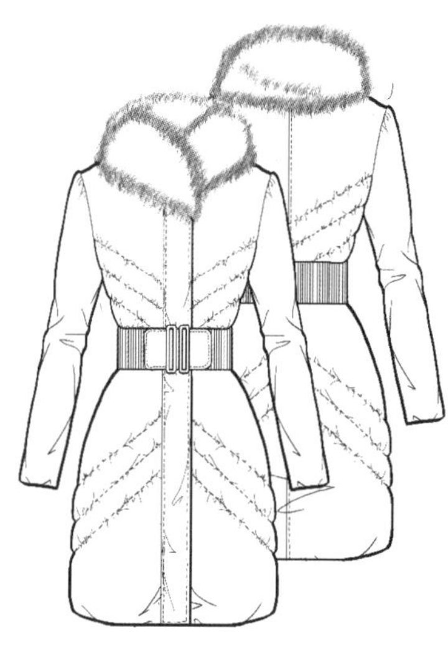

图6-3-51 毛领长款收腰羽绒服

图6-3-52 绗缝荷叶边羽绒服

图6-3-53 双排扣羽绒服

服装人体动态及着装表现1000例

第七章　常见人体着装作品

第七章　常见人体着装作品

本单元包含系列组合人体着装和其他一些常见人体着装作品（图7–1～图7–54），展示了不同材质服装与人体动态的关系，便于大家理解线条的特征，并能准确运用线条的特性绘出不同材质的服装。

要充分掌握衣纹的规律性，服装上的衣纹是服装样式、结构的具体体现，是人体姿势和运动所引发出来的具体形式。

图7–1 三人组合系列休闲装

图7-3 女童休闲装

图7-2 男童休闲装

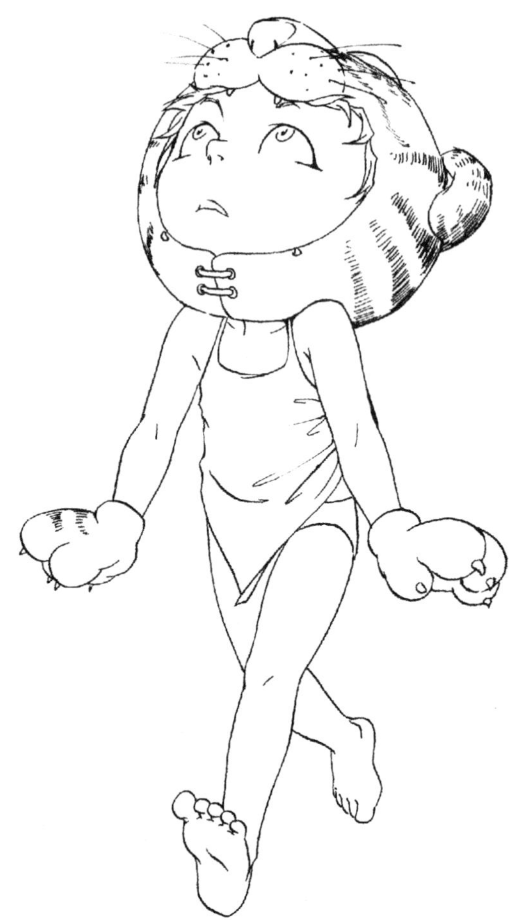
图7-4 幼儿肚兜

图7-5 女童泳装

图7-6 短裤

图7-7 短裤

图7-8 长裙

小贴士 被覆盖着的人体四肢或腰部产生运动时，最容易出现衣纹，在快速运动中产生的褶纹形状密集，在缓慢运动中产生的褶纹形状长而舒展。

图7-9　长裙

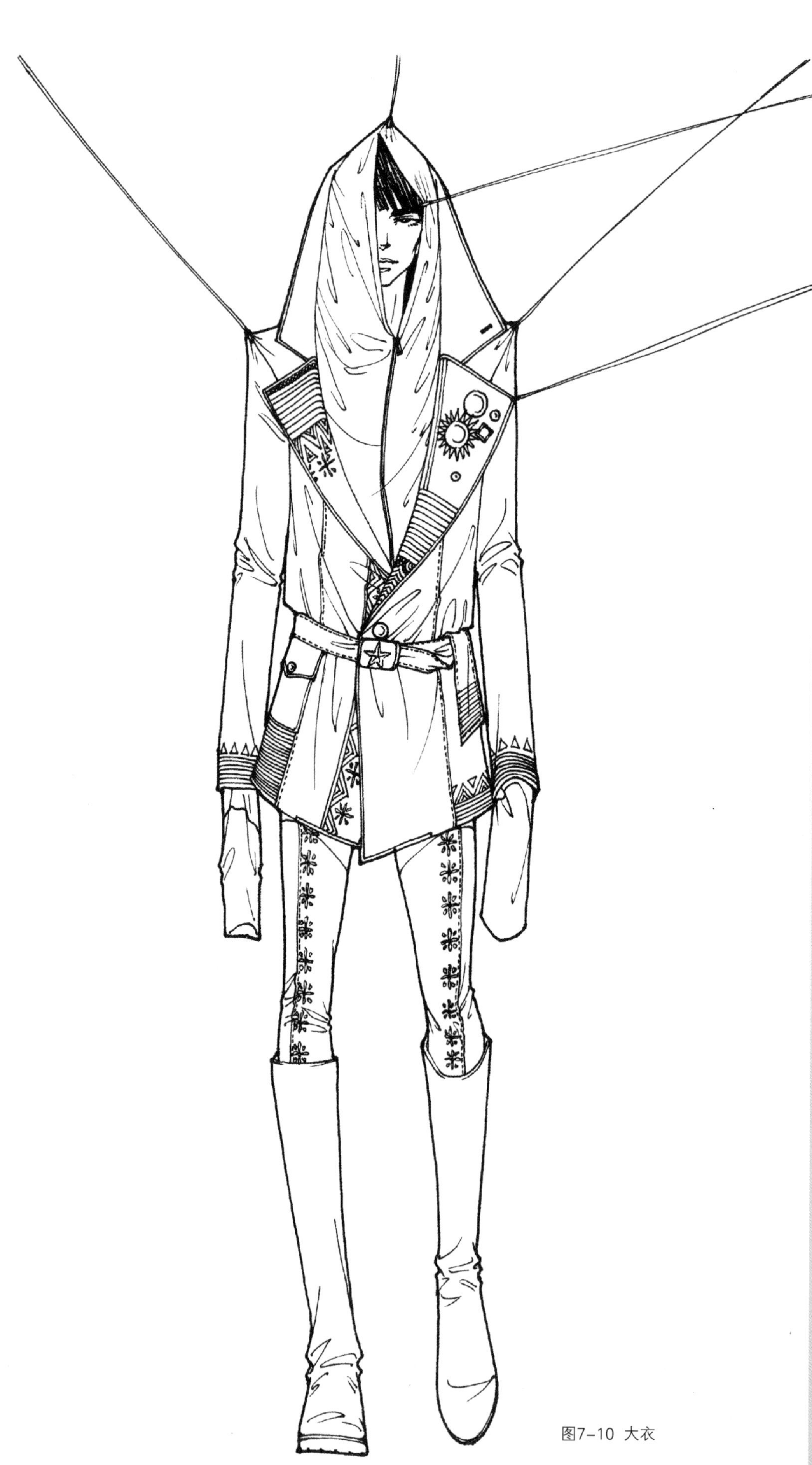

图7-10 大衣

图7-11 创意服装

图7-12 连衣裙

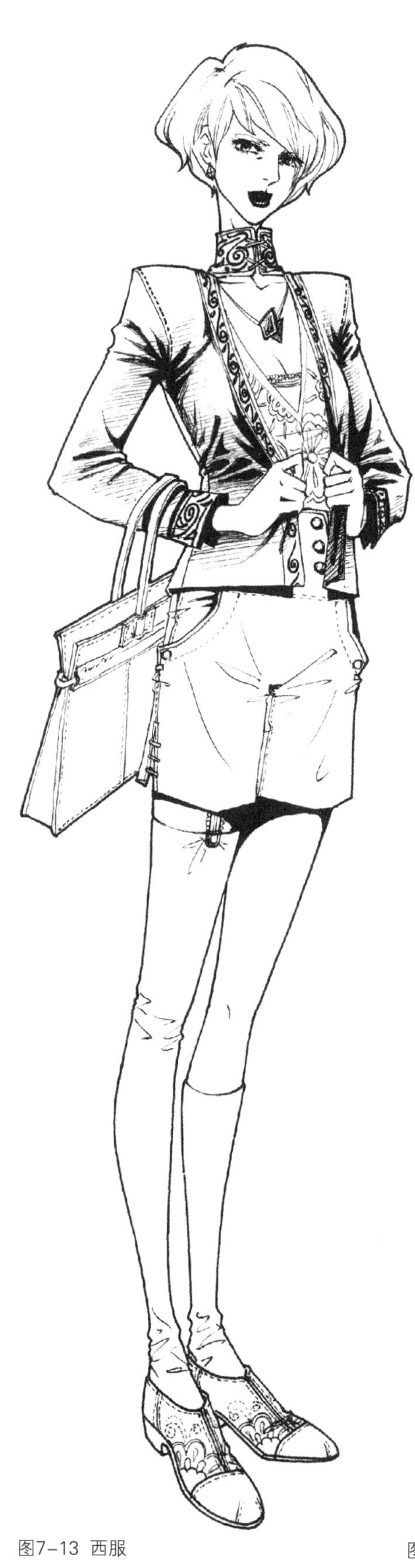

图7-13 西服

图7-14 连衣裙

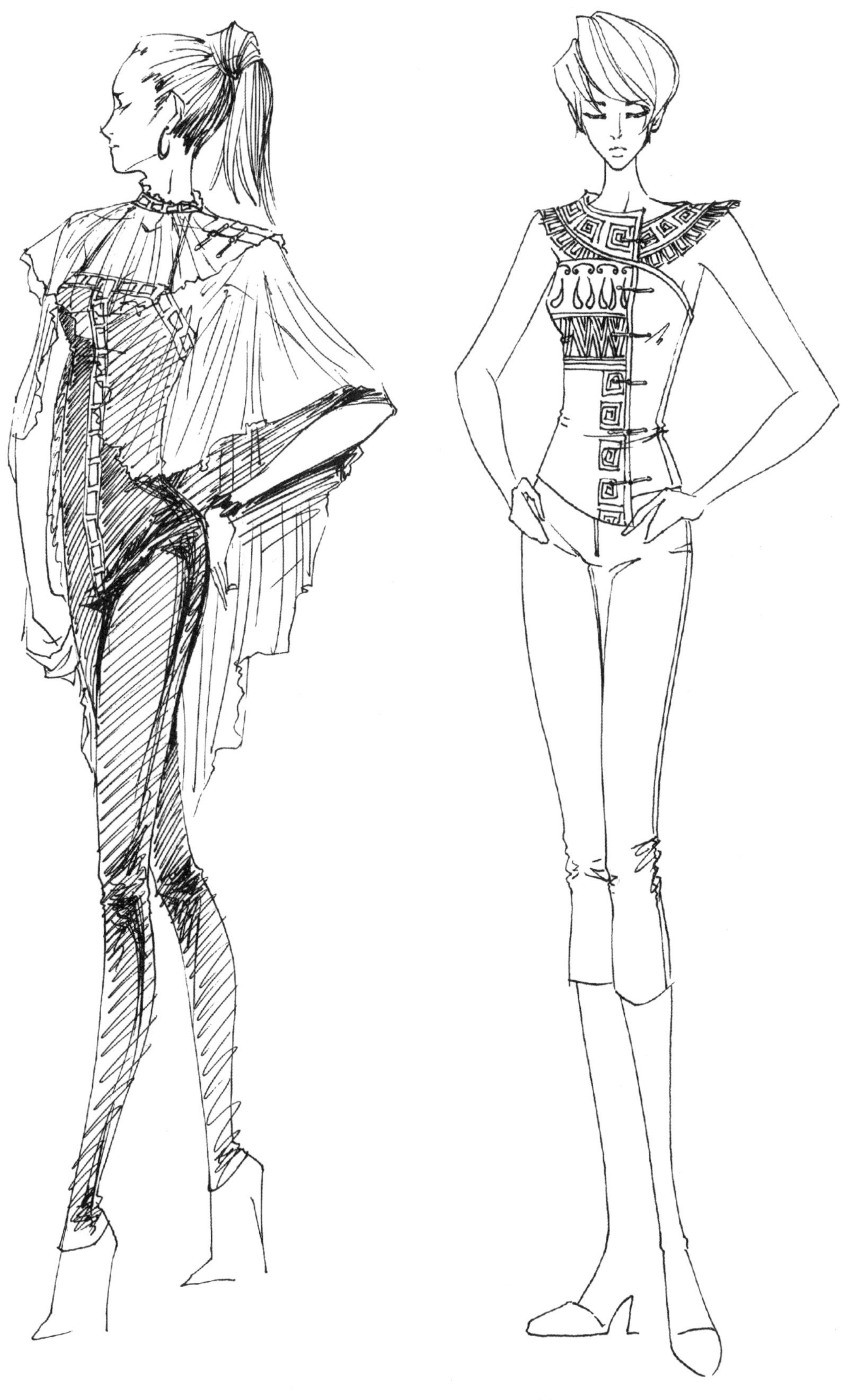

图7-15 披肩

图7-16 短袖及七分裤

小贴士 衣纹覆盖着人体，但不能掩盖人体。

图7-17 三人组合系列创意装

图7-18 双人组合休闲装

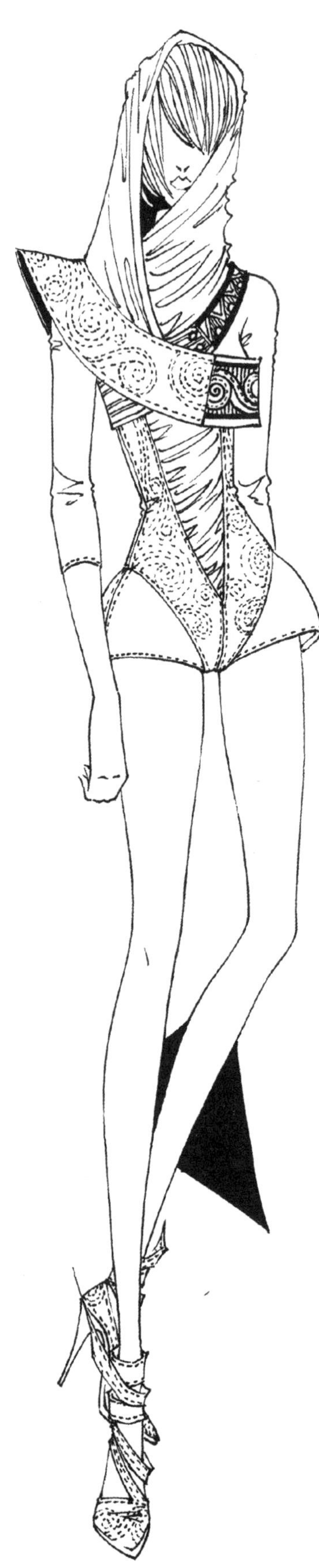

图7-19 连裤装

图7-20 打褶灯笼裤

图7-21 旗袍

图7-22 三人组合系列休闲装

小贴士 表现衣纹时，不要把注意力集中在衣纹的纹理本身，因为它是空的、虚悬着的。重要的是要顺着纹理走向，找到纹理形成的起点位置。

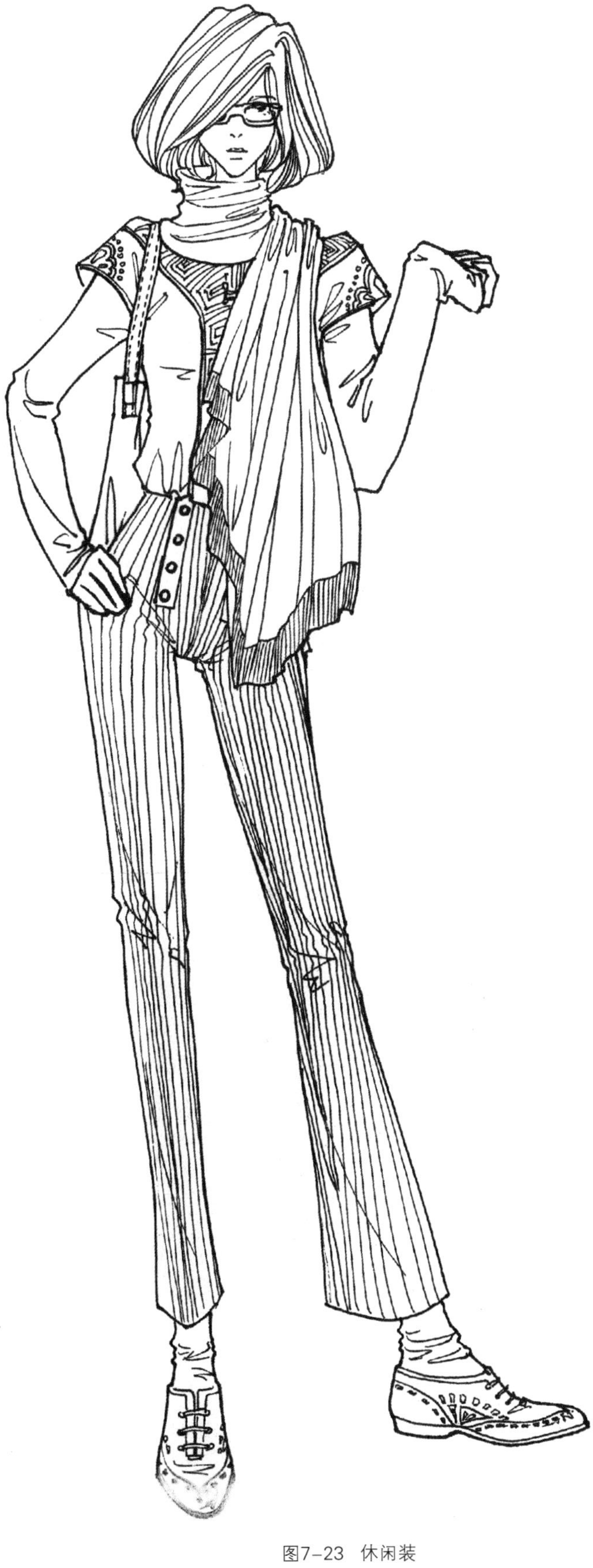

图7-23　休闲装

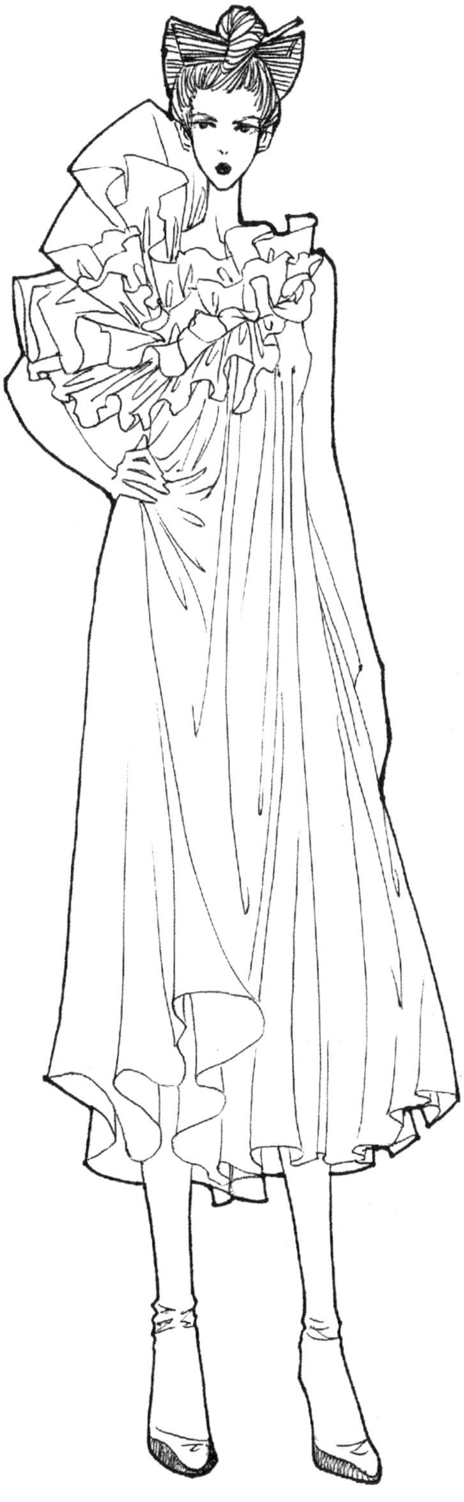

图7-24　连衣裙

小贴士

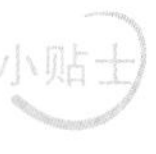

衣纹向内转入的面称为阴面，或称为凹面、里面，通常为背光面；向外伸展的面称为阳面，或称凸面、表面，通常为受光面。

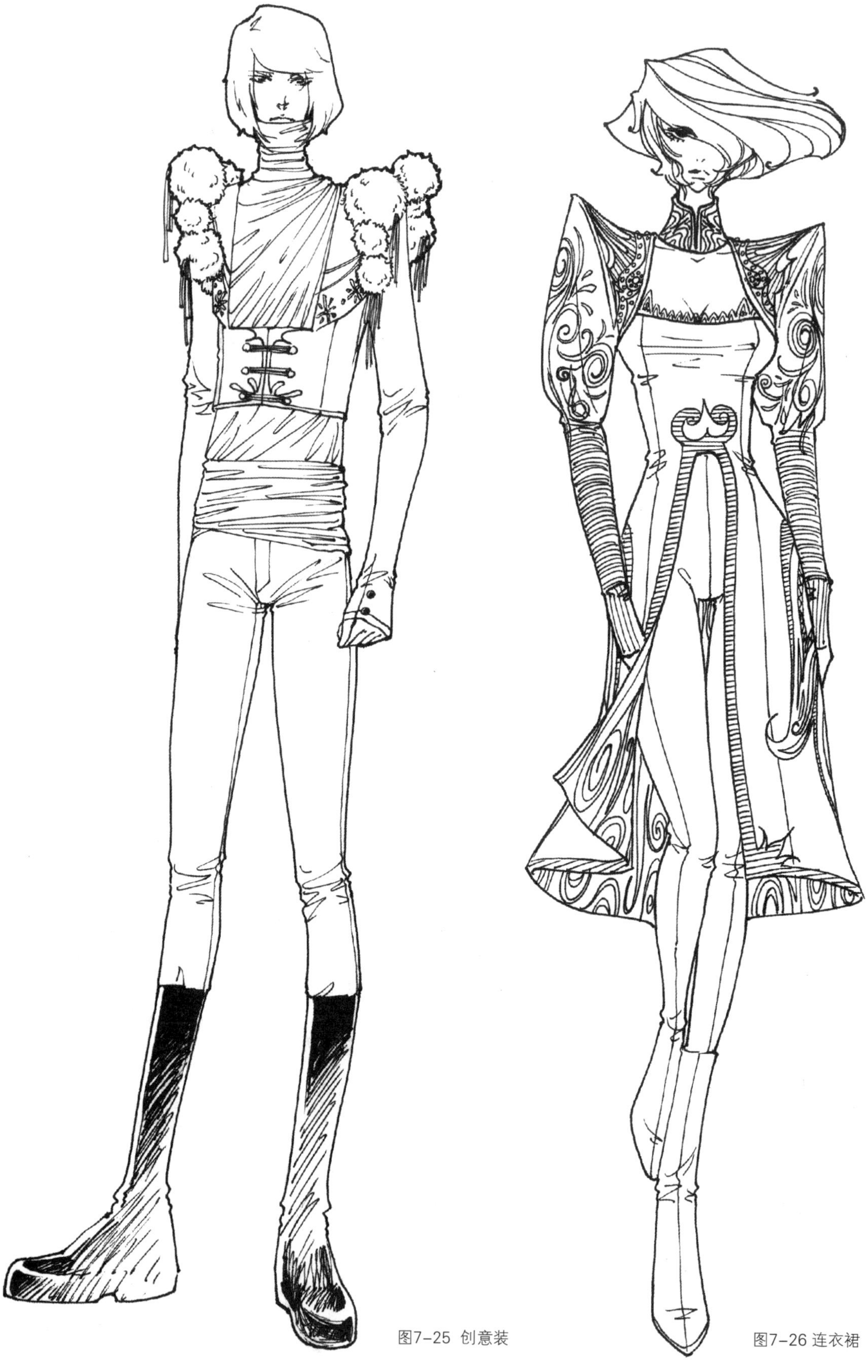

图7-25 创意装

图7-26 连衣裙

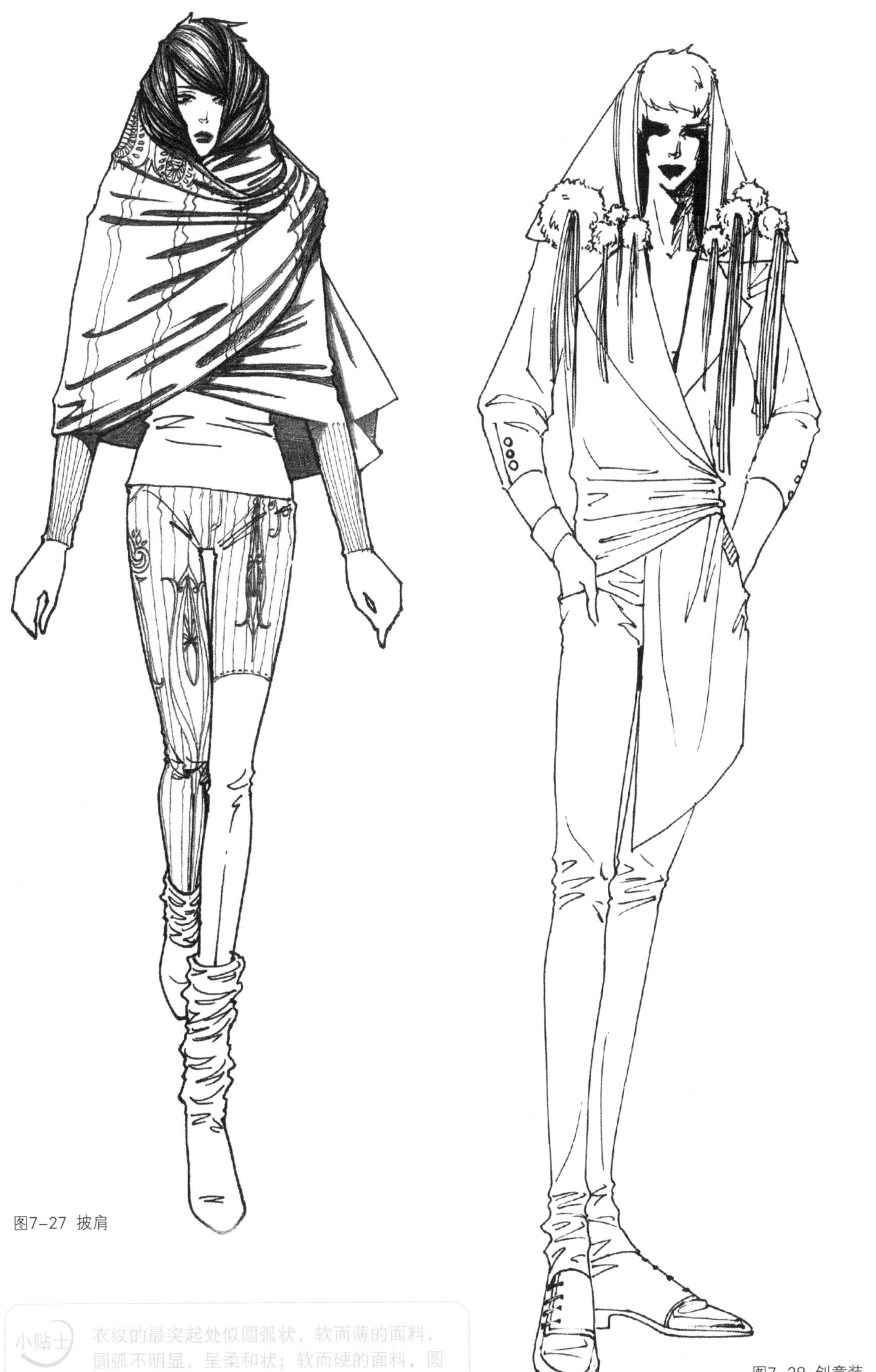

图7-27 披肩

图7-28 创意装

小贴士 衣纹的最突起处似圆弧状，软而薄的面料，圆弧不明显，呈柔和状；软而硬的面料，圆弧变成棱角状。

图7-30 内衣

图7-29 小西服

图7-31 裙装

图7-32 抹胸短裙

图7-33 长裙

图7-34 连衣裙

图7-35 内衣

图7-36 斗篷

图7-37 多褶裙

图7-38 多褶连衣裙

图7-39 紧身胸衣

图7-40 夹克

图7-41 创意女装

图7-42 创意男装

图7-43 休闲装

图7-44 阔袖连衣裙

图7-45 系带连衣裙

图7-46 大摆连衣裙

图7-47 假两件裤裙

小贴士 当每条纹理的走向都朝着衣纹的起点集中时，就会出现众多纹理方向一致，组成一个总体形象。

图7-48 晚礼服

图7-49 小礼服

图7-50 系列礼服

图7-51 系列创意装

图7-52 创意服装画

图7-53 系列创意装

图7-54 休闲装

参考文献：

[1] 王群山. 服装设计常用人体手册. 南昌：江西美术出版社，2009

[2] [英] 塔赫马斯比. 人体动态与时装画技法 . 北京：中国纺织出版社，2012

[3] 郭琦. 手绘服装款式设计1000例 . 上海：东华大学出版社，2013

[4] [美] 哈根. 美国时装画技法教程 . 张培 译 . 北京：中国轻工业出版社，2008

服装人体动态及着装表现 1000例

FUZHUANG RENTI DONGTAI JI
ZHUOZHUANG BIAOXIAN 1000 LI